"十三五"江苏省重点图书出版规划项目
国家自然科学基金青年科学基金项目（52008203）
国家留学基金管理委员会公派联合培养博士生项目（201506090017）
江苏省高等学校自然科学研究面上项目（20KJB560026）
新型低碳装配式建筑智能化建造与设计丛书
张宏　主编

构成秩序视野下新型工业化建筑的产品化设计与建造

罗佳宁　著

东南大学出版社

南京

图书在版编目（CIP）数据

构成秩序视野下新型工业化建筑的产品化设计与建造/
罗佳宁著. --南京：东南大学出版社，2020.10
（新型低碳装配式建筑智能化建造与设计丛书/张宏
主编）
ISBN 978-7-5641-9112-2

Ⅰ.①构… Ⅱ.①罗… Ⅲ.①工业建筑-建筑设计-
研究 Ⅳ.①TU27

中国版本图书馆CIP数据核字（2020）第175306号

构成秩序视野下新型工业化建筑的产品化设计与建造
Goucheng Zhixu Shiye Xia Xinxing Gongyehua Jianzhu De Chanpinhua Sheji Yu Jianzao

著　　者：罗佳宁
责任编辑：戴　丽　贺玮玮
责任印制：周荣虎

出版发行：东南大学出版社
社　　址：南京市四牌楼2号　　邮编：210096
网　　址：http://www.seupress.com
出 版 人：江建中

印　　刷：南京玉河印刷厂
排　　版：南京布克文化发展有限公司
开　　本：889 mm×1194 mm　 1/16　 印张：20.5　 字数：416千字
版　　次：2020年10月第1版　 2020年10月第1次印刷
书　　号：ISBN 978-7-5641-9112-2
定　　价：89.00元
经　　销：全国各地新华书店
发行热线：025-83790519　 83791830

序一

　　2013年秋天，我在参加江苏省科技论坛"建筑工业化与城乡可持续发展论坛"上提出：建筑工业化是建筑学进一步发展的重要抓手，也是建筑行业转型升级的重要推动力量。会上我深感建筑工业化对中国城乡建设的可持续发展将起到重要促进作用。2016年3月5日，第十二届全国人民代表大会第四次会议政府工作报告中指出，我国应积极推广绿色建筑，大力发展装配式建筑，提高建筑技术水平和工程质量。可见，中国的建筑行业正面临着由粗放型向可持续型发展的重大转变。新型建筑工业化是促进这一转变的重要保证，建筑院校要引领建筑工业化领域的发展方向，及时地为建设行业培养新型建筑学人才。

　　张宏教授是我的学生，曾在东南大学建筑研究所工作近20年。在到东南大学建筑学院后，张宏教授带领团队潜心钻研建筑工业化技术研发与应用十多年，参加了多项建筑工业化方向的国家级和省级科研项目，并取得了丰硕的成果，新型低碳装配式建筑智能化建造与设计丛书是阶段性成果，后续还会有系列图书出版发行。

　　我和张宏经常讨论建筑工业化的相关问题，从技术、科研到教学、新型建筑学人才培养等，见证了他和他的团队　路走来的艰辛与努力。作为老师，为他能取得今天的成果而高兴。

　　此丛书只是记录了一个开始，希望张宏教授带领团队在未来做得更好，培养更多的新型建筑工业化人才，推进新型建筑学的发展，为城乡建设可持续发展做出贡献。

序二

在不到二百年的时间里，城市已经成为世界上大多数人的工作场所和生活家园。在全球化和信息化的时代背景下，城市空间形态与内涵正在发生日新月异的变化。建筑作为城市文明的标志，随着现代城市的发展，对建筑的要求也越来越高。

近年来在城市建设的过程中，CIM 通过 BIM、三维 GIS、大数据、云计算、物联网 (IoT)、智能化等先进数字技术，同步形成与实体城市"孪生"的数字城市，实现城市从规划、建设到管理的全过程、全要素、全方位的数字化、在线化和智能化，有利于提升城市面貌和重塑城市基础设施。

张宏团队的新型低碳装配式建筑智能化建造与设计丛书，在建筑工业化领域为数字城市做出了最基础的贡献。一栋建筑可谓是城市的一个细胞，细胞里面还有大量的数据和信息，是一个城市运维不可或缺的。从 BIM 到 CIM，作为一种新型信息化手段，势必成为未来城市建设发展的重要手段与引擎力量。

可持续智慧城市是未来城市的发展目标，数字化和信息化是实现它的基础手段。希望张宏团队在建筑工业化的领域，为数字城市的实现提供更多的基础研究，助力建设智慧城市！

序三

  中国的建筑创作可以划分为三大阶段：第一个阶段出现在中国改革开放初期，是中国建筑师效仿西方建筑设计理念的"仿学阶段"；第二个是"探索阶段"，仿学期结束以后，建筑师开始反思和探索自我；最后一个是经过第二阶段对自我的寻找，逐步走向自主的"原创阶段"。

  建筑设计与建设行业发展如何回归"本原"？这需要通过全方位的思考、全专业的协同、全链条的技术进步来实现，装配式建筑为工业化建造提供了很好的载体，工期短、品质好、绿色环保，而且具有强劲的产业带动性。

  自 2016 年国务院办公厅印发《关于大力发展装配式建筑的指导意见》以来，以装配式建筑为代表的新型建筑工业化快速推进，建造水平和建筑品质明显提高。但是，距离实现真正的绿色建筑和可持续发展还有较大的距离，产品化和信息化是其中亟须提高的两个方面。

  张宏团队的新型低碳装配式建筑智能化建造与设计丛书，立足于新型建筑工业化，依托于产学研，在产品化和信息化方向上取得了实质性的进展，为工程实践提供一套有效方法和路径，具有系统性实施的可操作性。

  建筑工业化任重而道远，但正是有了很多张宏团队这样的细致而踏实的研究，使得我们离目标越来越近。希望他和他的团队在建筑工业化的领域深耕，推动祖国的产业化进程，为实现可持续发展再接再厉！

序四

　　建筑构件的制作、生产、装配，建造成各种类型建筑的方法、模式和过程，不仅涉及过程中获取和消耗自然资源和能源的量以及产生的温室气体排放量（碳排放控制），而且通过产业链与经济发展模式高度关联，更与在建筑建造、营销、运营、维护等建筑全生命周期各环节中的社会个体和社会群体的权利、利益和责任相关联。所以，以基于建筑产业现代化的绿色建材工业化生产—建筑构件、设备和装备的工业化制造—建筑构件机械化装配建成建筑—建筑的智能化运营、维护—最后安全拆除建筑构件、材料再利用的新知识体系，不仅是建筑工业化发展战略目标的重要组成部分，而且构成了新型建筑学（Next Generation Architecture）的内容。换言之，经典建筑学（Classic Architecture）知识体系长期以来主要局限在为"建筑施工"而设计的形式、空间与功能层面，需要进一步扩展，才能培养出支撑城乡建设在社会、环境、经济三个方面可持续发展的新型建筑学人才，实现我国建筑产业现代化转型升级，从而推动新型城镇化的进程，进而通过"一带一路"倡议影响世界的可持续发展。

　　建筑工业化发展战略目标是将经典建筑学的知识体系扩展为新型建筑学的知识体系，在如下五个方面拓展研究：

　　（1）开展基于构件分类组合的标准化建筑设计理论与应用研究。

　　（2）开展建造、性能、人文与设计的新型建筑学知识体系拓展理论与人才培养方法研究。

　　（3）开展装配式建造技术及其建造设计理论与应用研究。

　　（4）开展开放的 BIM（Building Information Modeling，建筑信息模型）技术应用和理论研究。

　　（5）开展从 BIM 到 CIM（City Information Modeling，城市信息模型）技术扩展应用和理论研究。

　　本系列丛书作为国家"十二五"科技支撑计划项目"保障性住房工业化设计建造关键技术研究与示范"（2012BAJ16B00），以及课题"水网密集地区村镇宜居社区与工业化小康住宅建设关键技术与集成示范"（2013BAJ10B13）的研究成果，凝聚了以中国建设科技集团有限公司为首的科研项目大团队的智慧和力量，得到了科技部、住房和城乡建设部有关部门的关心、支持和帮助。江苏省住房和城乡建设厅、南京市住房和城乡建设委员会以及常州武进区江苏省绿色建筑博览园，在示范工程的建设和科研成果的转化、推广方面给予了大力支持。"保障性住房新型工业化建造施工关键技术研究与示范"课题（2012BAJ16B03）参与单位南京建工集团有限公司、常州市建筑科学研究院有限公司及课题合作单位南京长江都市建筑设计股份有限公司、深圳市建筑设计研究总院有限公司、南京市兴华建筑设计研究院股份有限公司、江苏省邮电规划设计院有限责任公司、北京中外建建筑设计有限公司江苏分公司、江苏圣乐建设工程有限公司、江苏建设集团有限公司、中国建材（江苏）产业研究院有限公司、江苏生态屋住工股份有限公司、南京大地建设集团有限责任公司、南京思丹鼎建筑科技有限公司、江苏大才建设集团有限公司、南京筑道智能科技有限公司、苏州科逸住宅设备股份有限公司、浙江正合建筑网模有限公司、南京嘉翼建筑科技有限公司、南京翼合华建筑数字化科技有限公司、江苏金砼预制装配建筑发展有限公司、无锡泛亚环保科技有限公司，给予了课题研究在设计、研发和建造方面的全力配合。东南大学各相关管理部门以及由建筑学院、土木工程学院、材料学院、能源与环境学院、交通学院、机械学院、计算机学院组成的课题高校研究团队紧密协同配合，高水平地完成了国家支撑计划课题研究。最终，整个团队的协同创新科研成果："基于构件法的刚性钢筋笼免拆模混凝土保障性住房新型工业化设计建造技术系统"，参加了"十二五"国家科技创新成就展，得到了社会各界的高度关注和好评。

最后感谢我的导师齐康院士为本丛书写序，并高屋建瓴地提出了新型建筑学的概念和目标。感谢王建国院士与孟建民院士为本丛书写序。感谢东南大学出版社及戴丽老师在本书出版上的大力支持，并共同策划了这套新型低碳装配式建筑智能化建造与设计系列丛书，同时感谢贺玮玮老师在出版工作中所付出的努力，相信通过系统的出版工作，必将推动新型建筑学的发展，培养支撑城乡建设可持续发展的新型建筑学人才。

东南大学建筑学院建筑技术与科学研究所

东南大学工业化住宅与建筑工业研究所

东南大学 BIM-CIM 技术研究中心

东南大学建筑设计研究院有限公司建筑工业化工程设计研究院

前　言

　　建筑业和制造业都是伴随着人类文明进步发展的两大传统产业，随着工业革命的到来和各种新技术的产生，建筑业和制造业成为并行而独立的两个行业，建筑业和制造业的差距也随之拉大，建筑业已经远远落后于制造业。时至今日，新型建筑工业化已经成为我国未来建筑业发展的重要方向，是我国建筑业实现节能减排、结构优化、产业升级的有效途径。同时，建筑业和制造业也越来越具有趋同性，"精益建造"等理念的产生使两者的融合成为可能。

　　然而，两者融合的大部分研究都是从制造业的角度出发，改进制造业的生产理念，使之符合建筑业的要求，研究内容具有分散性、单一性和盲目性特征，同时研究角度具有一定的局限性，缺乏全局和系统的视角。因此，从建筑业的建造角度出发，厘清两者之间的趋同性和差异性，对探索两者全面、系统、综合的融合策略具有重要的现实意义。

　　本书首先分析了传统的建筑构成和建筑秩序理论，并在建筑工业化的视野下对其进行了拓展，构建了"建筑和产品的工业化构成（秩序）原理"的理论框架，并以典型建筑类型——预制装配式建筑和典型工业产品——汽车（车身）为例，对两者进行了全局、系统、深入的类比研究，填充和完善了此理论框架。其次，基于其中的技术策略要点，初步构建了建筑"产品化"策略应用框架模型。最后，对东南大学的预制装配式建筑工程实践和澳大利亚的预制装配式建筑项目进行建筑"产品化"技术策略要点的实证分析和研究。

　　本书从基于"构件构成"建造观念的"建筑构成"的角度出发，拓展了我国目前建筑工业化和精益建造的研究角度、研究模式和研究内容，构建了"建筑的工业化构成秩序的产品化"的策略框架模型和"构件法建筑设计"的新型建筑设计方法，探索了一种符合当代人文环境和物质环境的将制造业融合进建筑业的可行技术策略和路线，为我国建筑工业化的发展方向以及建筑工业化的研究和实践提供了新的思路。

目　录

第1章 绪论

1.1 研究背景

1.1.1 新型工业化背景下的建筑业和制造业

在一个逐渐发展的过程中，旧的手工建造房屋的过程正在转变为把工厂制造的工业化建筑部件运到工地装配的过程。

——沃尔特·格罗皮乌斯（Walter Gropius）

建筑业应该向制造业学习，将其成熟的生产理念和原则（精益生产等）应用到建筑业，提高建筑业的管理水平。

——劳里·科斯凯拉（Lauri Koskela）

建筑工业化，指通过现代化的制造、运输、安装和科学管理的生产方式，来代替传统建筑业中分散的、低水平的、低效率的手工业生产方式。建筑工业化思想基本形成于20世纪20—30年代的欧洲，20世纪50年代后在欧洲得以迅速发展。建筑工业化的发展使大规模的住宅建设成为现实，不仅解决了战后居民的居住问题，而且对这些国家60—70年代的经济腾飞起到了巨大的推动作用[①]。

我国的建筑工业化走过了近70年的曲折发展历程。20世纪50—60年代，我国借鉴苏联的经验，对建筑工业化进行初步探索；70—80年代，建筑工业化在我国得到大规模发展；90年代，随着现浇技术的不断提升，建筑工业化在我国出现短暂停滞。时至今日，在面对建筑业的传统生产方式在劳动生产率、资源与能源消耗、建筑环境污染、施工人员素质、建筑寿命、建筑工程质量安全和建筑行业管理等方面存在的诸多问题时，建筑工业化又被重新提出，进入了新的发展时期。

目前，在多个国家级、省市地方级的政府报告和战略蓝图中，如"十八大"报告、《国家中长期科学和技术发展规划纲要（2006—2020年）》《国家"十二五"科学和技术发展规划》《"十三五"装配式建筑行动方案》和《关于大力发展装配式建筑的指导意见》等都指出发展工业化、信息化、城镇化是维

① 纪颖波. 建筑工业化发展研究[M]. 北京：中国建筑工业出版社，2011.

持社会可持续发展的重要国家战略。建筑工业化是我国建筑业节能减排、结构优化、产业升级和进行重大产业创新的必经之路。

制造业和建筑业都是伴随着人类文明进步而发展的两大传统产业，在古代科技不发达的手工业时代，两者区别并不明显，建筑中的各个构件（砖、石、木等）都是手工制造业的产品，因此房屋建造过程实际上就是手工制造品装配的过程，农业社会中，这两个行业都属于工匠范畴，并无专业化的分工。但随着工业革命的到来和各种新技术的产生，社会的工业化进程使得建筑业和制造业都在自己的领域内出现了革新，成为并行而独立的两个行业，建筑业和制造业的差距也随之拉大了，从科技含量、工业化、自动化、智能化、劳动生产率、组织管理等方面来看，建筑业的发展都大大落后了[①]。

制造业根据自身发展的特点，生产方式先后经过单件生产、大量生产、精益生产、计算机集成制造、批量客户化生产、敏捷制造等阶段[②]。而建筑业传统"手工模式"带来的低效率、高消耗、重污染、质量性能难保证、劳动力短缺和成本居高不下等重大现实问题使得建筑业的发展远远落后于制造业。因此，Koskela 早在 1992 年就提出将制造业的生产原则如精益生产等应用到建筑业的想法[③]，并于 1993 年在 IGLC（International Group of Lean Construction）大会上正式提出"精益建造"的概念。随后，世界各国的许多专家学者、研究机构、建筑施工企业等开始关注精益建造，并将其思想原理用于实际的建筑项目之中。但是想要将其应用到传统建筑项目中并不容易，早在"精益建造"提出之初，Groak 就指出："如果要将制造业的技术和理念直接运用到建筑业中，就意味着针对每一个建筑项目都要建立相应的工厂，以满足不同建筑项目制造的要求，而建筑是固定在场地上的，这样做必将导致一系列的混乱。"[④] Gann 也提出了相似的观点："直接将制造业的技术和理念应用到建筑业中有很大的局限性，因为建筑是由多种多样的构件组成的复杂产品，制造商需要在工厂标准化生产中达到规模经济的目标，同时又需要在装配的不同阶段满足客户灵活性的要求中达到范围经济的目标。"[⑤]

然而，随着科学技术的发展，新材料和新技术的不断涌现，建筑业出现了新的发展态势：计算机和信息技术被大量应用，建造技术朝着工业化方向发展，建筑生产和管理朝着精细化方向发展等。尤其是当今新型建筑工业化，使制造业和建筑业呈现出越来越明显的趋同性[⑥]，这使得精益建造等制造业的先进理念能够更加容易地应用到建筑业中。"向制造业学习"在当今新型建筑工业化的背景下迎来了新的研究和实践契机。"建筑工业化"和"精益建造"之间具有了相互支撑和协同的关系[⑦]。两者的许多目标是一致的，如标准化作业、减少浪费、提高效率等，工业化建筑中的预制构件和工业产品在设计与研

① 张利, 陶全军. 论建筑业与制造业生产和管理模式的趋同性[J]. 建筑经济, 2001(11): 7-9.
② 潘明率. 制造视角下的小尺度建筑设计策略研究[J]. 华中建筑, 2016(7): 48-52.
③ Koskela L. Application of the new production philosophy to construction[M]. San Francisco: Stanford University Press, 1992.
④ Groak S. The idea of building: thought and action in the design and production of buildings[M]. London: Taylor & Francis: 1990.
⑤ Gann D M. Construction as a manufacturing process? Similarities and differences between industrialized housing and car production in Japan[J]. Construction Management and Economics, 1996, 14(5): 437-450.
⑥ 同①.
⑦ 李忠富, 李晓丹. 建筑工业化与精益建造的支撑和协同关系研究[J]. 建筑经济, 2016, 37(11): 92-97.

发、制造与生产、建造与装配等方面的趋同性使得制造业的许多先进理念和原则在工业化建筑中的应用成为可能。

1.1.2 将制造业融合进建筑业的策略探索——产品化

如果有了极棒的产品，对一家企业来说问题就不大了。

——卡洛斯·戈恩（Carlos Ghosn）

自 1990 年詹姆斯·P. 沃麦克（James P.Womack）等撰写的《改变世界的机器》一书出版起，"精益生产"在汽车制造业掀起了一场风暴，随后，"精益建造"的理念掀起了建筑业向制造业学习的浪潮，"精益建造"被作为典型学习理念被提出，关于制造业和建筑业之间的对比和应用研究也相继开展。

直到建筑业和制造业具有趋同性的建筑工业化时代，建筑产品和工业产品的界限才开始变得模糊，产品化的理念才开始潜移默化地支持和影响建筑工业化的活动，例如衡量建筑工业化程度的重要指标——产品化。建筑部品是指按照一定的边界条件和配套技术，由两个或两个以上的单一产品或复合产品在工厂或现场组装而成，构成建筑某一部位中的一个功能单元，满足该部位一项或几项功能要求的产品[1]。建筑部品本身就是按一定原则分类过的建筑产品在经过工厂大规模预制生产后组装形成的复杂建筑产品。在这种语境下，工业化建筑中某一部位的部品化过程在某种程度上可以看作是产品化的过程。虽然建筑和汽车等制造业一样进入了全面工厂化制造的时代，但建筑产品依然有自己的独特之处，这使得建筑业在向制造业转变的同时需要根据自身的特点做出调整[2]。因此，在转变过程中，香港中文大学建筑学院的朱竞翔教授团队和东南大学建筑学院的张宏教授团队均做了大量建筑产品化方面的探索。朱竞翔等将建筑作为产品进行设计[3]，开展了大量关于轻量建筑系统的技术探索和工程实践[4]。张宏等定义了建筑产品模式[5]，在建筑产品模式下进行了大量基于轻型房屋系统产品的研究和实践[6]。在建筑工业化飞速发展的新时期，"建筑产品化"和"建筑产品模式"作为一种将制造业融合进建筑业的策略，在引导制造业先进的生产理念和原则进入建筑业的时候，充当了重要的媒介之一。可以预见，随着建筑工业化进程的不断发展和深入，人们对建筑产品化的关注呈现上升趋势，因此，建筑产品化具有继续深入研究和实践的意义。

1.1.3 特殊的视角——建筑构成和秩序的观念

若没有构成就不会最终实现建筑。——小林克弘（Katsuhiro Kobayashi）

设计的逻辑秩序正是建筑师的核心工作。——史坦利·亚伯克隆比（Stanley

① Womack J P, Jones D T, Roos D. The machine that changed the world: the story of lean production [M]. New York: Harper Perennial, 1990.
② 董凌, 张宏, 史永高. 开放与封闭: 现代建筑产品系统的演变[J]. 新建筑, 2015(4): 60–63.
③ 陈科, 朱竞翔, 吴程辉. 轻量建筑系统的技术探索与价值拓展: 朱竞翔团队访谈[J]. 新建筑, 2017(2): 9–14.
④ 朱竞翔. 轻量建筑系统的多种可能[J]. 时代建筑, 2015(2): 59–63.
⑤ Luo J N, Zhang H, Sher W. Insights into architects' future roles in off-site construction [J]. Construction Economics and Building, 2017, 17(1): 107–120.
⑥ 张宏, 丛勐, 张睿哲, 等. 一种预组装房屋系统的设计研发、改进与应用: 建筑产品模式与新型建筑学构建[J]. 新建筑, 2017(2): 19–23.

Abercrombie）

所谓建筑构成，就是确定各个要素的形态和布局，并把它们在三维空间中进行组合，从而创作出一个整体。这个整体需要建筑师在某种构思下确定组合的规则与秩序，并在具体的构成中运用。构成的逻辑和原则本身是一种设计思维，从这个意义上来说，建筑是伴随某种建筑构成手法才得以产生的。对建筑师来说，考虑和运用合理的建筑构成手法是必经之路[1]。

关于秩序，很多的建筑师和美学家都做了论述，如美国著名的建筑家克里斯托夫·亚历山大在《秩序的本质》一书中系统描述了创造整体及其秩序的过程。他一开始就宣布"建筑是大规模地创造秩序的任务"[2]。他认为秩序就是一种整体性，是构成本质的东西背后的秘密。美国著名的建筑大师路易斯·康认为设计就是要感受和认识各种秩序。秩序不仅属于已经存在的事物，而且还属于尚未存在的事物[3]。徐洪岩认为秩序存在于自然界和人类社会的一切领域中，在建筑的不同层面和尺度中都存在着一定秩序。面对纷繁复杂的建筑现象，秩序是我们理解它们的内在的支撑。只有在建筑设计构思中树立一个基本的逻辑秩序框架，我们的设计才有所依托，设计中的多样和复杂的变化才不至于陷入混乱的境地[4]。

由此可以看出，秩序是观察建筑构成的一个视角，也是理解建筑设计本质的一种手段。在当今的建筑工业化时代，预制装配式建筑是我国未来建筑业发展的重要方向，建筑预制构件逐渐替代传统建筑设计中的"点、线、面、体"，成为构成建筑空间和形态的基本单元，建筑构成不再是"点、线、面、体"的组合，而是构件的组合。相较于传统的建筑设计，组合和秩序都被赋予了更多的意义，组合和秩序不仅仅是一种理性的建筑设计方法和思维模式，更融入了建筑构件的制造、生产、转运和装配等由设计到建造流程的原则和理念。

因此，"预制化的构件"和"标准化的流程"更加凸显了建筑构成秩序的观念在预制装配式建筑中的重要性。而目前从建筑构成和秩序的视角进行建筑工业化研究还不充分甚至存在空白。

1.2 国内外研究现状和文献综述

1.2.1 建筑工业化

1910 年，沃尔特·格罗皮乌斯（Walter Gropius）首次提出"住宅产业化"的概念后，西方建筑界开始开展住宅工业化学术研究和生产实践。勒·柯布西耶（Le Corbusier）提出"住宅是居住的机器"，认为住宅建筑应该向先进

① 小林克弘. 建筑构成手法[M]. 陈志华，王小盾，译. 北京：中国建筑工业出版社，2004.
② Alexander C. The nature of order: an essay on the art of building and the nature of the universe[M]. California: Center for Environmental Structure, 2002.
③ 李大夏. 路易·康[M]. 北京：中国建筑工业出版社，1993.
④ 徐洪岩. 浅析建筑设计中的建筑构成秩序[D]. 南京：东南大学，2005.

的科学技术和现代化的工业生产看齐。建筑工业化的概念虽然起源于西方的工业革命，但是在第二次世界大战后才真正发展起来。二战后住房的紧缺和劳动力的匮乏掀起了欧洲建筑工业化的高潮，随后这种浪潮席卷全球。

建筑工业化研究范围较广，方向诸多，文献也较为纷复繁杂，笔者在整理国外建筑工业化的相关基础研究时，按照国家对相关文献进行梳理。由于篇幅所限，在此只列举近 15 年来在国家中具有代表性、对建筑工业化研究较为全面的文献（排名不分先后），国外部分见表 1-1：

表 1-1　国外典型建筑工业化研究文献

序号	代表文献	地区
1	Barlow J, Ozaki R. Building mass customised housing through innovation in the production system: lessons from Japan[J]. Environment and Planning A: Economy and Space, 2005, 37（1）: 9-20.	日本
2	Venables T, Courtney R G, Stocker K. Modern methods of construction in Germany: playing the off-side rule[R]. London: Report of a DTI Global Watch Mission, 2004.	德国
3	Abdul K M R, Lee W P, Jaafar M S, et al. Construction performance comparison between conventional and industrialised building systems in Malaysia[J]. Structural Survey, 2006, 24（5）: 412-424.	马来西亚
4	Blismas N. Off-site manufacture in Australia: current state and future directions[M]. Brisbane: Cooperative Research Centre for Construction Innovation, 2007.	澳大利亚
5	Blismas N, Wakefield R. Drivers, constraints and the future of offsite manufacture in Australia[J]. Construction Innovation, 2009, 9（1）: 72-83.	
6	Mahapatra K, Gustavsson L. Multi-storey timber buildings: breaking industry path dependency[J]. Building Research and Information, 2008, 36（6）: 638-648.	瑞典
7	Gibb A G F. Standardization and pre-assembly-distinguishing myth from reality using case study research[J]. Construction Management and Economics, 2001, 19（3）: 307-315.	英国
8	Gibb A G F. Off-site fabrication: prefabrication, pre-assembly and modularisation[M]. New York: John Wiley and Sons, 1999.	
9	Pan W, Gibb A G F, Dainty A R J. Perspectives of UK housebuilders on the use of offsite modern methods of construction[J]. Construction Management and Economics, 2007, 25（2）: 183-194.	
10	Song J, Fagerlund W R, Haas C T, et al. Considering prework on industrial projects[J]. Journal of Construction Engineering and Management, 2005, 131（6）: 723-733.	美国

表来源：作者自绘

① Barlow J, Ozaki R. Building mass customised housing through innovation in the production system: lessons from Japan[J]. Environment and Planning A: Economy and Space, 2005, 37（1）: 9-20.
② Venables T, Courtney R G, Stocker K. Modern methods of construction in Germany: playing the off-side rule[R]. London: Report of a DTI Global Watch Mission, 2004.
③ Abdul K M R, Lee W P, Jaafar M S, et al. Construction performance comparison between conventional and industrialised building systems in Malaysia[J]. Structural Survey, 2006, 24（5）: 412-424.

Barlow 和 Ozaki 分析了日本大规模定制和生产房屋的建筑工业化方法，指出这种路径依赖（path dependency）促成了日本大规模的定制住宅市场[①]。Venables 等全面分析了德国预制装配式建造系统（off-site production）从设计（客户需求）、制造和生产（房屋技术）到运输整个的商业运作流程和生产建造流程，如设计理念、制造和生产技术、市场定位以及不同结构体系（木结构、混凝土结构、砖结构）等的技术现状，提出了未来的研究重点和发展方向[②]。Abdul 等比较了马来西亚传统建造系统和工业化建造系统之间的差异，基于 100 个实际工程项目的调研，指出工业化建造系统在劳动生产率和工期方面具有明显的优势[③]。Blismas 通过分析澳大利亚的 7 个真实案例，总结出了澳大利亚地区预制装配式建造技术（off-site manufacture）的优势和劣势，并从整体流程、建筑质量、施工安全、工程管理、市场文化等方面详细分析了装配式建造技术在推广方面的驱动力和主要障碍，并提出了未来的发展建议[1]。Mahapatra 和 Gustavsson 分析了多层木结构的工业化建造技术，指出这是打破传统建筑业路径依赖的一种手段[2]。Gibb 通过研究英国地区的案例，理清了标准化和预制装配式技术的基本概念，阐述了其和制造业（以汽车为例）的区别和联系，指出了这种技术的核心优势和发展意义[3]。Song 等则从决策的角度分析了预制装配式技术在提高项目绩效方面的作用和意义[4]。

我国的建筑工业化起步较晚，是在新中国成立后逐步发展起来的。20 世纪 50—60 年代，我国开始对建筑工业化进行初步探索，建筑业开始从传统手工业向机械工业化转变；70—80 年代，建筑工业化在我国得到大规模发展，并取得了一定的成果，为其今后的发展打下了技术基础；90 年代，随着商品住宅、福利分房的兴起，现浇技术的不断提升，我国建筑工业化出现了短暂的停滞[5]。而如今由于建筑能耗、建筑污染等问题的出现，建筑工业化迎来了新的发展阶段。国内外相继开展了大量的研究和实践。

上文已经提到，建筑工业化研究范围较广，方向诸多，文献也较为纷复繁杂，笔者在整理国内建筑工业化的相关基础研究时，按照战略发展类、工程技术类、国外借鉴类和案例实践类对相关著作进行梳理，并以工程技术类研究为例，通过列举典型期刊文章展示了工程技术类研究的主要内容。由于篇幅所限，在此只列举部分具有代表性的文献（排名不分先后），国内部分见表 1-2：

表 1-2　国内典型建筑工业化研究文献

序号	代表著作	研究类别
1	李忠富.住宅产业化论：住宅产业化的经济、技术与管理 [M].北京：科学出版社，2003.	战略发展类
2	纪颖波.建筑工业化发展研究 [M].北京：中国建筑工业出版社，2011.	
3	陈振基，深圳市建设科技促进中心.我国建筑工业化实践与经验文集 [M].北京：中国建筑工业出版社，2016.	
4	张宏，朱宏宇，吴京，等.构件成型·定位·连接与空间和形式生成：新型建筑工业化设计与建造示例 [M].南京：东南大学出版社，2016.	工程技术类
5	同济大学国家土建结构预制装配化工程技术研究中心.中国建筑工业化发展报告（2016）[M].北京：中国建筑工业出版社，2017.	
6	中国建筑国际集团有限公司.建筑工业化关键技术研究与实践 [M].北京：中国建筑工业出版社，2016.	
7	刘长春.工业化住宅室内装修模块化研究 [M].北京：中国建筑工业出版社，2016.	
8	丁成章.工厂化制造住宅与住宅产业化 [M].北京：机械工业出版社，2004.	
9	中国建筑金属结构协会钢结构专家委员会.钢结构建筑工业化与新技术应用 [M].北京：中国建筑工业出版社，2016.	
10	李桦，宋兵.公共租赁住房居室工业化建造体系理论与实践 [M].北京：中国建筑工业出版社，2014.	

① Blismas N. Off-site manufacture in Australia: current state and future directions[M]. Brisbane: Cooperative Research center for Construction Innovation, 2007.
② Mahapatra K, Gustavsson L. Multi-storey timber buildings: breaking industry path dependency[J]. Building Research and Information, 2008, 36(6): 638-648.
③ Gibb A G F. Standardization and pre-assembly-distinguishing myth from reality using case study research[J]. Construction Management and Economics, 2001, 19(3): 307-315.
④ Song J, Fagerlund W R, Haas C T, et al. Considering prework on industrial projects[J]. Journal of Construction Engineering and Management, 2005, 131(6): 723-733.
⑤ 同①.

序号	代表著作	研究类别
11	娄述渝，林夏．法国工业化住宅设计与实践 [M]．北京：中国建筑工业出版社，1986.	国外借鉴类
12	童悦仲，娄乃琳，刘美霞，等．中外住宅产业对比 [M]．北京：中国建筑工业出版社，2005.	
13	吴东航，章林伟，小见康夫，等．日本住宅建设与产业化 [M]．北京：中国建筑工业出版社，2009.	
14	社团法人预制建筑协会．预制建筑总论 [M]．朱邦范，译．北京：中国建筑工业出版社，2012.	
15	中国城市科学研究会绿色建筑与节能专业委员会．建筑工业化典型工程案例汇编 [M]．北京：中国建筑工业出版社，2015.	案例实践类
16	上海市住房和城乡建设管理委员会，华东建筑集团股份有限公司．上海市建筑工业化实践案例汇编 [M]．北京：中国建筑工业出版社，2016.	

序号	代表文献（以工程技术类为例）	研究主题
1	刘东卫，蒋洪彪，于磊．中国住宅工业化发展及其技术演进 [J]．建筑学报，2012（4）:10-18.	技术发展
2	郭正兴，朱张峰．装配式混凝土剪力墙结构阶段性研究成果及应用 [J]．施工技术，2014, 43（22）:5-8, 29.	混凝土结构
3	胡育科．建筑工业化趋势和钢结构住宅产业化方向 [J]．建筑，2015（12）:82-84.	钢结构
4	张树君．装配式现代木结构建筑 [J]．城市住宅，2016（5）:35-40.	木结构
5	李靖．浅谈模数系列在建筑工业化设计中的意义 [J]．建筑技艺，2016（10）:88-89.	设计技术
6	刘长春，张宏，淳庆．基于 SI 体系的工业化住宅模数协调应用研究 [J]．建筑科学，2011, 27（7）:59-61, 52.	
7	李忠富，李晓丹．建筑工业化与精益建造的支撑和协同关系研究 [J]．建筑经济，2016, 37（11）:92-97.	建造技术
8	蒋勤俭．住宅建筑工业化关键技术研究 [J]．混凝土世界，2010（3）:34-36.	
9	郭娟利．严寒地区保障房建筑工业化围护部品集成性能研究 [D]．天津：天津大学，2013.	部品部件
10	孟令鹏．基于集成制造理论的建筑工业化生产方式研究 [J]．建筑工程技术与设计，2015（5）:1122.	制造生产
11	刘禹，李忠富．建筑工业化产业组织体系构建研究：基于现代制造理论 [J]．建筑经济，2014（5）:5-8.	
12	纪颖波，周晓茗，李晓桐．BIM 技术在新型建筑工业化中的应用 [J]．建筑经济，2013（8）:14-16.	建筑信息模型（BTM）技术
13	刘东卫．住宅工业化建筑体系与内装集成技术的研究 [J]．住宅产业，2011（6）:44-47.	内装技术
14	邓斌．建筑工业化背景下的精益建造流程管理 [D]．厦门：华侨大学，2014.	管理技术
15	王玉．工业化预制装配建筑的全生命周期碳排放研究 [D]．南京：东南大学，2016.	节能环保

表来源：作者自绘

　　在战略发展类研究中，研究主要集中在梳理国内外建筑工业化的发展历程，分析行业发展现状，预测发展趋势和提出战略发展建议等方面。如纪颖波提出了我国建筑工业化的概念和建筑工业化发展程度的衡量标准，分析了我国现阶段发展建筑工业化的必要性和可行性，梳理了国外建筑工业化发展程度较高国家的发展历程和一般特征，建立了建筑工业化发展水平的参数模型，提出我国发展建筑工业化的宏观条件和各阶段发展目标，构建了可持续发展的工业化建筑认定标准体系，提出了我国发展建筑工业化需要制定的技术标准、变革行业体制并给出相应的政策建议[①]。刘卫东等通过对我国住宅工业化与技术发展的回顾与研究，将我国住宅工业化的发展划分为创建、探索和转变三个阶段，并对每个发展阶段的设计与标准、主体工业化技术、内装部品化技术和工业化项目实践等方面做出系统解析，以期为未来我国住宅工业化的探索与发展提供有益的启示[②]。

在工程技术类研究中，研究范围非常广泛，涵盖结构技术、设计技术、建造技术、制造生产技术、内装技术、信息化技术和其他相关支撑技术等。

在结构技术方面，郭正兴和朱张峰结合"十二五"国家科技支撑计划项目课题"装配式建筑混凝土剪力墙结构关键技术研究"，介绍了课题已经取得的研究成果及有代表性的试点工程应用情况，并对后续研究与推广应用工作做出了展望[③]。张树君介绍了现代木结构建筑的结构体系、木结构建筑图集及木结构标准应用实施指南等相关内容，旨在推动我国建筑业向绿色化、工业化、信息化转型升级发展[④]。

在制造生产方面，丁成章介绍了住宅的生产制造、运输安装以及室内外装修和建筑风格，系统描述了美国和主要西方发达国家的住宅产业化之路，研讨了工厂化制造住宅的设计思想、技术路标和发展战略，以及如何把其他产业成功的现代企业管理经验引入住宅制造产业中去[⑤]。

在设计技术方面，李靖结合我国当前建筑工业化实践过程中存在的问题，从模数和模数协调的角度进行分析，探讨建筑模数系列及其应用途径，通过研究归纳各类建筑模块化空间的优化尺寸，实现模数系列的构建和应用[⑥]。

在建造技术方面，李忠富和李晓丹通过案例梳理建筑工业化对精益建造在减少浪费、并行工程和提高客户价值方面的支撑作用，分析我国目前建筑工业化过程中的浪费，阐述精益建造在促进工厂和现场之间的计划协调、价值生产两方面的支撑作用，最后根据我国建筑工业化的工作流程，结合精益建造两大目标提出在建筑工业化过程中应用精益建造的方法框架[⑦]。蒋勤俭针对我国住宅建设存在的问题和实施工业化的必要性，分析了工业化住宅建造的关键技术和重点研究内容，结合我国住宅建设现状提出了推行住宅工业化实施的方案[⑧]。

在内装技术方面，刘卫东探讨了借鉴 SI 住宅的工业化住宅建筑体系及其建造设计方法来创建发展我国新型工业化住宅建筑体系的创新之路，并系统阐述了示范工程的集成技术研发和设计方法[⑨]。

在 BIM 信息化和其他相关工业化支撑技术方面，纪颖波等分析了 BIM 技术在建筑行业中的应用优势和新型建筑工业化的基本特征及其发展过程中的信息化管理问题，论述了 BIM 技术在新型建筑工业化发展中的建筑设计标准化、构件部品生产工厂化等五个方面的重要作用，并对 BIM 技术在新型建筑

① 纪颖波. 建筑工业化发展研究[M]. 北京: 中国建筑工业出版社, 2011.
② 刘东卫, 蒋洪彪, 于磊. 中国住宅工业化发展及其技术演进[J]. 建筑学报, 2012(4): 10-18.
③ 郭正兴, 朱张峰. 装配式混凝土剪力墙结构阶段性研究成果及应用[J]. 施工技术, 2014, 43(22): 5-8, 29.
④ 张树君. 装配式现代木结构建筑[J]. 城市住宅, 2016(5): 35-40.
⑤ 丁成章. 工厂化制造住宅与住宅产业化[M]. 北京: 机械工业出版社, 2004
⑥ 李靖. 浅谈模数系列在建筑工业化设计中的意义[J]. 建筑技艺, 2016(10): 88-89.
⑦ 李忠富, 李晓丹. 建筑工业化与精益建造的支撑和协同关系研究[J]. 建筑经济, 2016, 37(11): 92-97.
⑧ 蒋勤俭. 住宅建筑工业化关键技术研究[J]. 混凝土世界, 2010(3): 34-36.
⑨ 刘东卫. 住宅工业化建筑体系与内装集成技术的研究[J]. 住宅产业, 2011(6): 44-47.

工业化中的应用提出了相应的政策建议[①]。王玉针对建筑业的能耗问题，构建了全新的工业化预制装配建筑的全生命周期碳排放评价模型，为我国其他低碳建筑的健康、迅速发展提供了理论依据和实践指导[②]。

在国外借鉴类研究中，研究主要集中在探讨国外建筑工业化的发展模式、技术构成、制度构成、运行机制和我国的借鉴意义等方面。如童悦仲等对美国、日本、欧洲、澳大利亚等发达国家和地区做了大量的境外考察和对比研究[③]。社团法人预制建筑协会针对日本预装混凝土的技术构成做了深入的介绍，包括建筑领域预制混凝土结构的现状、预制技术的特征和采用的工法，预制混凝土结构的构造计划及结构设计，预制混凝土结构的施工计划及构件的制造、运输、组装及质量管理方法，预制混凝土结构中接合部的连接形式、连接方法及应力传递方法、设计强度公式等[④]。

在案例实践类研究中，研究主要集中在通过国内近年来典型的建筑工业化实践案例，展示目前国内建筑工业化实践的成果。如中国城市科学研究会绿色建筑与节能专业委员会共收录了 16 个各有特点的建筑工业化典型工程案例，包括沈阳万科春河里项目、香港启德 1A 公共房屋建设项目、新加坡环球影城项目等，针对这些工程中所采用的建筑工业化技术进行了介绍，并提供了大量施工图和现场照片，具有非常重要的借鉴意义和参考价值[⑤]。上海市住房和城乡建设管理委员会以及华东建筑集团股份有限公司对上海市近年来的建筑工业化实践做了总结，精选了 15 个典型案例，内容包括上海市最早的建筑工业化项目以及目前最新的预制装配式技术，反映了上海市建筑工业化的发展历程[①]。

时至今日，我国建筑工业化已经走过了将近 70 个年头，从第一阶段以追求数量、提高劳动力为重点，到第二阶段从追求数量向追求品质过渡，再到现在第三阶段以绿色节能、降低物耗、低碳环保为重点的资源循环利用的可持续发展的"第三代建筑工业化"[⑦]，对建筑工业化的研究和实践从未停止。目前国内外的建筑工业化在宏观战略发展层面、中观技术策略层面、微观技术细节层面等都进行了大量的研究和实践。在建筑工业化的发展过程中，各国或地区按照各自的特点，选择了不同的道路和方式。在建筑工业化发展的道路方面，美国较注重住宅的个性化、多样化，没有选择大规模预制装配化的道路，其他大部分国家或地区，如欧洲、中国香港地区和新加坡等都选择了大规模预制装配化的道路。在建筑工业化发展的方式方面，瑞典、丹麦和美国主要通过低层、中低层和独立式住宅的建造发展建筑工业化，中国香港地区和新加坡主要通过高层住宅建筑的建造发展建筑工业化，其他国家如日本、芬兰、德国等则是两种发展方式兼而有之[⑧]。

① 纪颖波,周晓茗,李晓桐. BIM技术在新型建筑工业化中的应用[J].建筑经济,2013(8):14-16.
② 王玉.工业化预制装配建筑的全生命周期碳排放研究[D].南京:东南大学,2016.
③ 童悦仲,娄乃琳,刘美霞,等.中外住宅产业对比[M].北京:中国建筑工业出版社,2005.
④ 社团法人预制建筑协会.预制建筑总论[M].朱邦范,译.北京:中国建筑工业出版社,2012.
⑤ 中国城市科学研究会绿色建筑与节能专业委员会.建筑工业化典型工程案例汇编[M].北京:中国建筑工业出版社,2015.
⑥ 上海市住房和城乡建设管理委员会,华东建筑集团股份有限公司.上海市建筑工业化实践案例汇编[M].北京:中国建筑工业出版社,2016.
⑦ 同②.
⑧ 同②.

1.2.2　向制造业学习——精益建造

精益生产（Lean Production）起源于日本丰田汽车公司的生产方式，尽管精益生产的某些内容早在 20 世纪 30 年代就被日本企业采用，目的是提高收益，实现与美国企业的抗衡，但是直到 20 世纪 70 年代，丰田公司的创始人丰田喜一郎、丰田英二和大野耐一等经过 20 多年的改革试验才创立了丰田生产方式。1985 年，美国麻省理工学院组织 50 多位专家对丰田公司的生产方式进行了研究。1990 年詹姆斯·P. 沃麦克（James P.Womack）等在其撰写的《改变世界的机器》一书中提出了"精益生产（Lean Production）"的概念，详细地阐述了"精益生产"的产品设计、工厂组织、供货环节、顾客和企业管理等五个特征[①]。随后 Womack 等详细论述了精益生产思想，并将其上升到了理论的高度[②]。至此，精益思想作为一种管理哲学被广泛传播和运用，精益物流、精益服务、精益政府等概念先后涌现[③]。相对于制造业而言，整个建筑行业一直以来存在建筑环境恶劣、效率低下、浪费较为普遍、工程质量难以有效保障等问题，因此，"精益建造（Lean Construction）"从精益生产延伸而来，并在 1993 年的 IGLC（International Group of Lean Construction）大会上被正式提出。

精益生产管理理论是精益建造生产模式的基础，精益建造强调的是以精益思想为指导对各个工程项目的各个过程进行精益设计，尽可能做到以最高的质量、最短的工期以及最低的资源能耗来完成项目，是一种项目工程管理模式。1997 年，精益建造理论的主要创始人 Ballard 和 Howell 创建了一个非营利的组织精益建造协会（LCI，Lean Construction Institute），研究和开发了以末位计划者为中心的精益项目交付体系，并在成员单位中积极应用和推广，旨在从设计、工程和施工方面对建筑生产管理进行改革。经过众多精益建造理论倡导者二十多年的不懈努力，精益建造理论和成果日益丰富。按照研究主题的不同，笔者对相关文献做了初步梳理，每种主题只列举具有代表性的典型文献，国外部分见表 1-3：

表 1-3　国外典型精益建造研究文献

序号	代表文献	研究主题
1	Koskela L. Application of the new production philosophy to construction[M]. San Francisco：Stanford University Press, 1992.	基础理论
2	Wright G. Lean construction boosts productivity[J]. Building Design and Construction, 2000, 41（12）：29-32.	基础理论
3	Ballard H G. The last planner system of production control[D]. Birmingham：The University of Birmingham, 2000.	生产计划和控制
4	Koskela L, Ballard G, Tanhuanpää V P. Towards lean design management[C]. Proceedings of the 5th annual conference of the International Group for Lean Construction, 1997：1-13.	产品开发和设计管理

① Womack J P, Jones D T, Roos D. The machine that changed the world：the story of lean production [M]. New York：Harper Perennial, 1990.

② Womack J P, Jones D T. Lean Thinking[M]. New York：Simon and Schuster, 1996.

③ 安同信，马荣全，苗冬梅. 精益建造工程项目管理[M]. 桂林：广西师范大学出版社, 2016.

续表

序号	代表文献	研究主题
5	Emmitt S. Lean design management[J]. Architectural Engineering and Design Management，2011，7（2）：67–69	产品开发和设计管理
6	Tilley P A. Lean design management：a new paradigm for managing the design and documentation process to improve quality?[C]//Kenley R. 13th International Group for Lean Construction Conference：Proceedings. International Group on Lean Construction，Sydney，2005：283.	
7	Santos A D. Application of flow principles in the production management of construction sites[D]. Manchester：University of Salford，1999.	建筑生产系统
8	Ballard G，Howell G. Lean project management[J]. Building Research and Information，2003，31（2）：119–133.	
9	Liker J. The toyota way[M]. New York：McGraw–Hill Education，2004.	企业文化和创新
10	Erik E P. Improving construction supply chain collaboration and performance：a lean construction pilot project[J]. Supply Chain Management：An International Journal，2010，15（5）：394–403.	供应链管理
11	Ballard G，Harper N，Zabelle T. Learning to see work flow：an application of lean concepts to precast concrete fabrication[J]. Engineering，Construction and Architectural Management，2003，10（1）：6–14.	预制件和开放型工程项目实施
12	Sacks R，Koskela L，Dave B A，et al. Interaction of lean and building information modeling in construction[J]. Journal of Construction Engineering and Management，2010，136（9）：968–980.	项目管理和信息系统结合
13	Pheng L S，Teo J A. Implementing total quality management in construction firms[J]. Journal of Management in Engineering，2004，20（1）：8–15.	安全、质量和环境
14	Zimina D，Ballard G，Pasquire C. Target value design：using collaboration and a lean approach to reduce construction cost[J]. Construction Management and Economics，2012，30（5）：383–398.	合同和成本管理

表来源：作者自绘

① Koskela L. Application of the new production philosophy to construction[M]. San Francisco, CA：Stanford University Press, 1992.
② Wright G. Lean construction boosts productivity[J]. Building Design and Construction, 2000, 41 （12）：29–32.
③ Ballard H G. The last planner system of production control[D]. Birmingham：The University of Birmingham, 2000.
④ Tilley P A. Lean design management：a new paradigm for managing the design and documentation process to improve quality? [C].Kenley R. 13th International Group for Lean Construction Conference：Proceedings International Group on Lean Construction, Sydney, 2005：283.
⑤ Santos A D. Application of flow principles in the production management of construction sites[D]. Manchester：University of Salford, 1999.
⑥ Ballard G，Howell G. Lean project management[J]. Building Research and Information, 2003, 31（2）：119–133.

　　精益建造的理论基础是如何将制造业中先进的生产管理理论运用到建筑业中去，最初的研究主要集中在对建筑业和制造业进行比较。如 Koskela 回顾了精益生产的思想、原则和方法，并对其在建筑业中应用的可行性做了深入分析①。Wright 认为在设计和建造过程方面，建筑业和制造业有很大不同，但精益建造方式有着相同的适用性，可以提高建筑物的交付效率，加快施工进度②。Ballard 深入研究了精益项目交付系统（Lean Project Delivery System），把产品设计和过程设计集成在一起，并在项目全寿命周期中施行控制，从而提高计划的可靠性③。Tilley 指出设计文件的低质量是降低工程项目总体性能和效率的主要因素，而精益设计（Lean Design）是提高工程整体质量的关键，在设计中引入精益生产的概念是一个管理设计流程的新范④。Santos 通过研究生产管理理论中的核心原则来提高施工流程效率⑤。Ballard 和 Howell 对生产系统的管理模式进行了阐释，建议通过生产系统的设计、操作和提高来实现项目的精益管理⑥。Liker 深入丰田企业 20 余年，遍访各地的丰田工厂，从理念、流程、发展等方面揭示了这个闻名世界的汽车厂商"精益制造"体系背后的 14 项根本性的管理原则[1]。Erik 揭示了精益思想在工程项目中的应用，以及精益思想是如何改善供应链的，并指出试点项目是精益建造持续发展的起点[2]。Ballard 等介绍了精益生产的概念和技术在预装混凝土构件制造和生产中的运用，指出运用的关键是利用合理的工作流程，而不是将管理工作的重点放在保持工人和工厂的繁忙状态上，从而减少加工周期和生产周期，提高生产率[3]。Sacks 等探讨了精益建造和建筑信息模型（BIM）的交互作用，并研究了一种框架来探索它们的交互程度[4]。Pheng 和 Teo 分析了全面质量管理（Total Quality Management）技术在两家建筑公司运用的案例，指出这种技术有助于降低成本，提高员工工作满意度，最后提出一个在建筑行业应用的框架[5]。Zimina 等通过 12 个美国的真实案例，证明了制造业的目标成本核算管理技术在建筑项目中运用时，能减少大约 15% 的成本，并指出建筑业需要有相似的管理技术来提高项目绩效[6]。

和国外一样，在中国，汽车制造业是最早应用精益思想的产业，自 1991 年《改变世界的机器》被翻译成中文后，精细化管理得到国内企业家和研究人员的重视，长春一汽集团、上海大众等汽车公司先后实施精益生产管理，并产生了巨大的经济效益。从 2004 年汪中求的《细节决定成败》一书的出版到《精细化管理》5 本系列丛书的出版，国内掀起了精细化管理的热潮。虽然国内关于精细化管理的文章如雨后春笋般涌现，精细化管理也在各个行业中逐渐被推行，但从其实际应用成功的企业以及所达到的效果来看，与欧美国家相差甚远[7]。

与制造业不同，由于建筑的特殊性，精益思想在国内建筑业起步更晚，国内一些大型建筑企业近几年才开始逐步实施精细化管理。安同信等通过对建筑业发展的企业管理、施工项目管理和精细化管理的研究文献进行梳理，发现企业管理、施工项目管理和精细化管理从时间上依次向后推移，企业管理的研究起步最早，精细化管理的研究起步最晚，在 2002 年以后才有相关的文献资料[8]。按照研究主题的不同，笔者对相关文献做了初步梳理，每种主题只列举具有代表性的典型文献，国内部分见表 1-4：

表 1-4 国内典型精益建造研究文献

序号	代表文献	研究主题
1	邱光宇，刘荣桂，马志强 . 浅谈精益建设在施工管理中的运用 [J]. 工业建筑，2006, 36（S1）：985-987.	基础理论
2	戴栎，黄有亮 . 精益建设理论及其实施研究 [J]. 建筑管理现代化，2005（1）：33-35.	
3	邓斌，叶青 . 基于 LPS 的精益建造项目计划管理和控制 [J]. 施工技术，2014, 43（15）：90-93.	生产计划和控制

[1] Liker J. The toyota way[M]. New York: McGraw-Hill Education, 2004.
[2] Erik E P. Improving construction supply chain collaboration and performance: a lean construction pilot project[J]. Supply Chain Management: An International Journal, 2010,15(5): 394-403.
[3] Ballard G, Harper N, Zabelle T. Learning to see work flow: an application of lean concepts to precast concrete fabrication[J]. Engineering, Construction and Architectural Management, 2003, 10(1): 6-14.
[4] Sacks R, Koskela L, Dave B A, et al. Interaction of lean and building information modeling in construction[J]. Journal of Construction Engineering and Management, 2010, 136(9): 968-980.
[5] Pheng L S, Teo J A. Implementing total quality management in construction firms[J]. Journal of Management in Engineering, 2004, 20(1): 8-15.
[6] Zimina D, Ballard G, Pasquire C. Target value design: using collaboration and a lean approach to reduce construction cost[J]. Construction Management and Economics, 2012,30(5): 383-398.
[7] 安同信，马荣全，苗冬梅. 精益建造工程项目管理[M]. 桂林：广西师范大学出版社，2016.
[8] 同[7].

续表

序号	代表文献	研究主题
4	闵永慧，苏振民.设计与施工的整合是精益建造的发展趋势 [J]. 集团经济研究，2006（32）：215-216.	产品开发和设计管理
5	许成德，侯恩普，马国庆.节地、节能、简约、美观：精益建造思想在工厂建筑设计中的应用 [J]. 工业建筑，2008，38（9）：1-3.	产品开发和设计管理
6	谢坚勋.精益建设：建筑生产管理模式的新发展 [J].建设监理，2003（6）：62-63.	建筑生产系统
7	殷彬.精益建造：建筑企业发展方向研究 [D]. 重庆：重庆大学，2009.	企业文化和创新
8	尤完，马荣全，崔楠.工程项目全要素精益建造供应链研究 [J]. 项目管理技术，2016，14（7）：63-69.	供应链管理
9	郑海波.精益建造理论在兰州西客站工程项目管理中的实践及应用 [J]. 中国铁路，2016（6）：47-51.	预制件和开放型工程项目实施
10	赵彬，牛博生，王友群.建筑业中精益建造与 BIM 技术的交互应用研究 [J]. 工程管理学报，2011，25（5）：482-486.	项目管理和信息系统结合
11	林陵娜，苏振民，王先华.基于精益建造体系的施工安全监控模式构建及运行 [J]. 中国港湾建设，2010（6）：78-81.	安全、质量和环境
12	毛洪涛，程培育，王子亮.基于精益建造的工程项目成本控制系统设计 [J]. 财会通讯，2010，505（29）：126-127.	合同和成本管理

表来源：作者自绘

邱光宇等介绍了推行精益建设的前提、精益建设的基础、精益建设的计划与控制体系，并根据我国建筑业国情，提出了精益建设的推行要点[1]。戴栎和黄有亮分析了建设项目过程中精益思想的具体体现，构建了精益建设系统的基本框架，研究了精益建设的具体实施方法，以及发展精益建设需注意的问题[2]。邓斌和叶青阐述了末位计划体系（LPS）的理论基础，分析了传统项目计划管理和控制的缺陷，探讨了改进的方法，并结合案例分析了 LPS 在工程项目计划管理和控制方面的优势[3]。许成德等以一汽天津丰田公司第二、三工厂为例，介绍了精益思想在汽车工厂建筑设计中的应用[4]。谢坚勋对建筑生产管理的基本理论进行了分析与回顾，结合传统生产管理行业基本理论的发展提出了建筑生产管理基本理论发展的必要性和两个发展方向[5]。殷彬提出了我国建筑企业引入精益建造的观点，指出精益建造给企业提供了一种科学的建筑管理模式[6]。尤完等提出了以工程项目经理部为运行主体的全要素精益建造供应链的概念，构建了全要素精益建造供应链结构的逻辑模型[7]。郑海波介绍了兰州西客站工程项目管理中精益建造理论体系的应用[8]。赵彬等通过构建交互关系矩阵，探索了精益建造和建筑信息模型两者间的交互作用，并给出协同应用建议[9]。林陵娜等针对传统施工安全监控模式的不足，结合精益建造理论，构建了一个以持续改进为基础，以 5S 管理、末位计划体系以及团队协作为核心的新的建筑施工安全监控模式[10]。毛洪涛等基于精益建造理论，设计开发了一种工程项目成本控制系统[11]。安同信等在分析精益建造和精益生产之间的联系、精益建造模式和旧的生产管理模式相比所具有的优势的基础上，以中国建筑第八工

① 邱光宇，刘荣桂，马志强.浅谈精益建设在施工管理中的运用 [J]. 工业建筑，2006，36（S1）：985-987.
② 戴栎，黄有亮. 精益建设理论及其实施研究 [J]. 建筑管理现代化，2005（1）：33-35.
③ 邓斌，叶青.基于 LPS 的精益建造项目计划管理和控制 [J]. 施工技术，2014，43（15）：90-93.
④ 许成德，侯恩普，马国庆. 节地、节能、简约、美观：精益建造思想在工厂建筑设计中的应用 [J]. 工业建筑，2008，38（9）：1-3.
⑤ 谢坚勋. 精益建设：建筑生产管理模式的新发展 [J]. 建设监理，2003（6）：62-63.
⑥ 殷彬. 精益建造：建筑企业发展方向研究 [D]. 重庆：重庆大学，2009.
⑦ 尤完，马荣全，崔楠.工程项目全要素精益建造供应链研究 [J]. 项目管理技术，2016，14（7）：63-69.
⑧ 郑海波. 精益建造理论在兰州西客站工程项目管理中的实践及应用 [J]. 中国铁路，2016（6）：47-51.
⑨ 赵彬，牛博生，王友群.建筑业中精益建造与 BIM 技术的交互应用研究 [J]. 工程管理学报，2011，25（5）：482-486.
⑩ 林陵娜，苏振民，王先华.基于精益建造体系的施工安全监控模式构建及运行 [J]. 中国港湾建设，2010（6）：78-81.
⑪ 毛洪涛，程培育，王子亮.基于精益建造的工程项目成本控制系统设计 [J]. 财会通讯，2010，505（29）：126-127.

程局有限公司为例，积极借鉴日本精益建造的成功经验，深入开展精益建造的建筑施工项目实例分析，发现其中存在的问题，探讨中国建筑企业开展精益建造中的影响因素等，着力提出中国建筑业开展精益建造管理的措施[①]。

综上所述，目前精益建造在理论和应用层面都进行了大量的研究和实践，研究主题主要有以下十个方面:（1）基础理论研究；（2）生产计划和控制研究；（3）产品开发和设计管理研究；（4）建筑生产系统设计；（5）企业文化和创新研究；（6）供应链管理研究；（7）预制件和开放型工程项目实施研究；（8）项目管理和信息系统结合研究；（9）安全、质量和环境研究；（10）合同和成本管理研究。以上方面形成了完整的理论体系（图 1-1）[②]。

到目前为止，精益建造（Lean Construction）的思想与技术已经在英国、美国、芬兰、丹麦、新加坡、韩国、澳大利亚、巴西、智利、秘鲁等国得到了广泛的实践与研究。很多实施精益建造的建筑企业已经取得了显著的效益，如建造时间缩短、工程变更和索赔减少以及项目成本下降等。与此同时，这些企业在精益建造的实践中积累的业绩数据又成为精益建造研究和发展的源泉，通过分析和研究这些数据，可以进一步完善和发展精益建造，这也是精益建造经久不衰的原因之一。

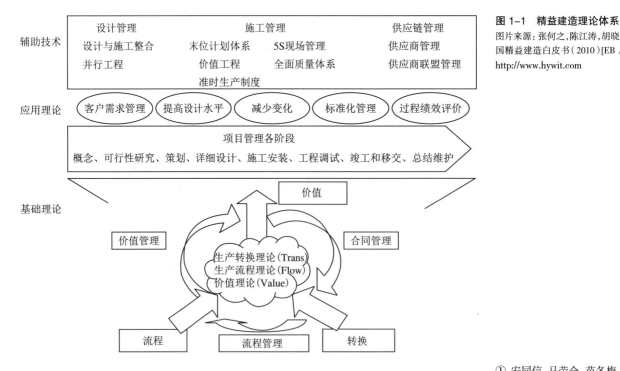

图 1-1　精益建造理论体系
图片来源: 张何之, 陈江涛, 胡晓瑾. 中国精益建造白皮书（2010）[EB／OL].
http://www.hywit.com

1.2.3　向制造业学习——产品化

长久以来，建筑业的现状不容乐观，建筑行业劳动生产率总体偏低，资源与能源消耗严重，建筑环境污染问题突出，建筑施工人员素质不高，建筑

① 安同信, 马荣全, 苗冬梅. 精益建造工程项目管理[M]. 桂林：广西师范大学出版社, 2016.
② 毛洪涛, 程培育, 王子亮. 基于精益建造的工程项目成本控制系统设计[J]. 财会通讯, 2010, 505（29）: 126-127.

寿命短，建筑工程施工质量与安全存在问题。上述情况一方面与建筑业"手工模式"的建造技术有关，另一方面与建筑本身的复杂性和特殊性有关。从方案设计到最终建筑，建筑本身就是一个系统的庞大机构，其中夹杂着主观的意识，如客户需求、建筑师设计理念等，也夹杂着客观条件，如生产和建造技术等，更夹杂着不定因素，如现场施工遇到的问题、外界自然条件等。这就导致建筑流程（由图纸到真实建筑）、建筑供应链等被定义为是独一无二的、不可复制的、不可量化的、不可预测的、碎片化的以及效率低下的[1][2][3]。

为了能够改变这种现状，缩小与其他行业的差距，各国学者和工程师将关注点转向了制造业，随着建筑工业化的发展，建筑业和制造业的趋同性日益明显。Egan的报告更是全面总结了这种趋同性，指出供应链合作、标准化、预制装配技术，以及将制造业的先进理念和思想融入建筑业将有助于提高建筑业的生产效率和改善其碎片化的流程[4]。融入的过程自然而然带来了工业产品和建筑产品的对比，Fox等认为面向制造的设计（Design for Manufacture）使得制造业的生产力和产品质量大幅提升，随后，针对建筑业和制造业的差异，总结了不同的应用策略，最后指出将面向制造的设计方法用在建筑业中的最大障碍是建筑本身的特殊性，即建筑通常不是标准化工业产品。面向制造的设计原则能够运用到标准化的建筑或建筑构件中，但不能运用到客户订制的建筑或建筑构件中[5]。Blismas经过调查分析认为建筑设计的不确定性和定制性（非标准性）是阻碍工厂生产（off-site production）运用到建筑中最大的一个障碍[6]。Pan等也阐述了相同的观点，认为设计流程的标准化是提高建筑业效率的一大重要驱动力[7]。张利和陶全军在分析制造业和建筑业异同时，指出房屋是固定的、单体性的，不是重复性的产品，不像制造业那样可以连续性、批量化、流水作业[8]。建筑的工业化带来了建筑构件的标准化、预制化和部品化。预制装配式建筑和预制构件被赋予了更多产品的特征，因此，产品化是将制造业融合进建筑业的一种策略。

朱竞翔团队将建筑作为产品进行设计，陈科等在访问朱竞翔团队时，朱竞翔团队指出传统意义上建筑设计的价值与设计师高度依赖，是一门技能，需要很多应激判断。但建筑师时间和精力有限，一个房子只能服务一个业主，而产品有可能服务千家万户。如果建筑可以被产品化，那么就可以脱离设计师跳到前台来，变成一个能在市场上自我更新的东西。设计上通过考虑类型化的问题，用类型化的方案去解决，这部分设计就有一定的典型性，可以复制和量化[9]。团队还做了大量的有关建筑产品化的研究和实践，如朱竞翔等阐述了建筑师如何借用产品开发的理念来进行建筑产品设计，以香港中文大学的轻型建筑系统开发中的一例产品——童趣园为例，介绍了这一产品在设计

① Blismas N, Wakefield R. Drivers, constraints and the future of off-site manufacture in Australia[J]. Construction Innovation, 2009, 9 (1): 72-83.

② Ofori G. Greening the construction supply chain in Singapore[J]. European Journal of Purchasing and Supply Management, 2000, 6 (3): 195-206.

③ Blismas N, Wakefield R, Hauser B. Concrete prefabricated housing via advances in systems technologies: development of a technology roadmap[J]. Engineering, Construction and Architectural Management, 2010, 17 (1): 99-110.

④ Egan J. The Egan report: rethinking construction[R]. In report of the construction industry task force to the deputy prime minister, London, 1998.

⑤ Fox S, Marsh L, Cockerham G. Design for manufacture: a strategy for successful application to buildings[J]. Construction Management and Economics, 2001, 19 (5): 493-502.

⑥ Blismas N G, Pendlebury M, Gibb A, et al. Constraints to the use of off-site production on construction projects[J]. Architectural Engineering and Design Management, 2005, 1 (3): 153-162.

⑦ Pan W, Gibb A G F, Dainty A R J. Strategies for integrating the use of off-site production technologies in house building[J]. Journal of Construction Engineering and Management, 2012, 138 (11): 1331-1340.

⑧ 张利, 陶全军. 论建筑业与制造业生产和管理模式的趋同性[J]. 建筑经济, 2001 (11): 7-9.

⑨ 陈科, 朱竞翔, 吴程辉. 轻量建筑系统的技术探索与价值拓展: 朱竞翔团队访谈[J]. 新建筑, 2017 (2): 9-14.

时运用到的制造业中整体设计和敏捷开发的理念和原则，并指出其与大学学术形式之间的耦合关系[①]。韩国日和朱竞翔通过实际案例介绍了产品模式下轻型建筑系统研发应用中的转换设计和开发设计，并在转换设计中提到了产品库的概念，开发设计则借鉴了产品研发的流程，经历了任务规划—设计—发展—实施—测试—反馈的多次循环，耗时 7 个月开发出预制箱式的房屋产品原型[②]。

张宏团队也做了大量的有关建筑产品化的研究和实践。张宏等基于"十二五"国家科技支撑计划的科研成果，研究了钢筋混凝土结构构件成型、定位、连接和装备技术的国内外发展及现状，以构件成型、定位、连接技术和外墙板预制装配技术为主要研究对象，通过建造示例，展示了自主研发的成套混凝土构件成型定位装备的应用实况。结合结构空间的限定和使用，从建筑学和工程学的角度，研究了建筑工业化产品模式的构成和实现方法[③]。

张宏等以"梦想居"为例，展示了其装配式集成房屋的建造系统，该系统以构件的分类与组合为基础，实现了建筑空间的最大化利用和性能控制，进而实现了房屋设计研发、构件生产与装配，以及性能与质量维护一体化的建筑产品化目标[④]。

Luo 等从建筑师角色出发，分析了建筑工业化背景下建筑师思维定式和传统建筑设计的局限性，并根据张宏教授的观点，定义了建筑作品模式和建筑产品模式，指出建筑的产品化是打破这种思维定式和设计局限的一种途径[⑤]。

丛勐和张宏以可移动铝合金预制装配式建筑为例，阐述了设计和建造的产品化过程，指出这种产品研发模式替代了传统的建筑设计模式，并初步实现了向制造业方向的转变[⑥]。

综上所述，建筑工业化背景下的预制建筑构件所逐渐呈现出的产品特征在某种程度上正在逐渐突破建筑业和制造业长久以来的桎梏，为建筑业和制造业的结合提供了可行的路径，也为建筑的标准化和大批量生产提供了可能。目前国外的相关研究尚未明确提出"建筑产品化"的概念，但是研究内容对建筑业和制造业、建筑和工业产品的比较多有涉及。可以预见，随着建筑工业化进程的不断发展和深入，建筑产品化的研究和实践在未来将呈现上升趋势。

1.2.4 建筑构成和建筑秩序的观念

在现代建筑设计中，将建筑作为构成或组合是从巴黎美术学院开始的。例如 18 世纪迪朗教导的设计方法通常采用方格纸辅助，将平面由一系列的方块组合而成，19 世纪后期，盛行于绘画中的组合概念进入巴黎美术学院

① 朱竞翔,韩国日,刘清峰,等. 从原型设计到规模定制 如何在建筑产品开发中应用整体设计及敏捷开发? [J]. 时代建筑,2017（1）: 24–29.
② 韩国日,朱竞翔. 轻型建筑系统研发应用中的设计类型及其效能[J]. 建筑学报,2014（1）: 95–100.
③ 张宏,朱宏宇,吴京,等. 构件成型·定位·连接与空间和形式生成: 新型建筑工业化设计与建造示例[M].南京: 东南大学出版社,2016.
④ 张宏,丛勐,张睿哲,等. 一种预组装房屋系统的设计研发、改进与应用: 建筑产品模式与新型建筑学构建[J].新建筑,2017（2）: 19–23.
⑤ Luo J N, Zhang H, Sher W. Insights into architects' future roles in off-site construction [J]. Construction Economics and Building, 2017,17（1）: 107–120.
⑥ 丛勐,张宏. 设计与建造的转变: 可移动铝合金建筑产品研发 [J]. 建筑与文化,2014（11）: 143–144.

的建筑学科中。随着城市的发展，大型复杂建筑的出现，建筑开始被设计成多体块和空间的组合，结合构件、组合元素的设计模式逐渐受到重视[①]。随后，朱利安·加代（Julien Gaudet）放弃了构图的提法，以"构成"代之。在俄国的构成主义、荷兰"风格派"、德国现代主义设计的基础上，1919 年建立的德国魏玛包豪斯（Bauhaus）对建筑构成理论的形成起到巨大的推动作用，包豪斯奠定了设计理论中平面构成、色彩构成与立体构成"三大构成"的基础教学体系，并以严谨的态度使构成理论体系向着更加理性和科学的方向发展。构成理论体系对全世界的艺术设计发展产生了深远的影响，其中最具代表性的是日本水谷武彦，他将包豪斯的思想带回日本，应用到设计教学当中。随后各国学者在"三大构成"的框架体系内进行构成手法或构成形式等研究。

小林克弘将建筑构成定义为确定各要素的形态和布局，并把它们在三维空间中进行组合，从而创作出一个整体。这个整体需要建筑师在某种构思下确定组合的规则和秩序，并在具体的构成中运用，因此建筑构成是一种创作手法[②]。之后小林克弘结合案例，按照比例、几何学、对称、分解、深层与表层、层构成来展示六个基本建筑构成的概念和手法。

Don 通过探讨建筑组织方式中隐含的样式，将建筑理论与设计过程结合起来，他认为样式的五个形式属性数、几何、比例、层次和方向产生自然界中从宇宙尺度到原子尺度的一切样式，并将建筑设计的本质定义为样式的创造，建筑构成则是将一系列不同的复杂事物样式彼此组织在一起[③]。

中国内地的构成理论起步较晚，主要受到日本和中国香港的影响，直到 20 世纪 80 年代，随着学术交流活动的展开，构成理论才开始在我国内地的建筑教育中普及。朝仓直已把四大构成（平面构成、立体构成、色彩构成、光构成）的体系完整地介绍到中国，并且他的几本教材也被完整地翻译成中文，成为重要教材，如《艺术·设计的平面构成》《艺术·设计的立体构成》《艺术·设计的色彩构成》《艺术·设计的光构成》等系列丛书。这些书分别介绍了不同类型构成的原理、方法等与造型和设计之间的关系[④⑤⑥⑦]。

国内的相关著作如王中军将建筑构成分为格式塔原理与形态设计基础，从平面构成、空间构成、色彩构成等方面展开论述，讲解了与建筑密切相关的形态设计基础与空间构成原理，并将建筑构成与建筑设计、建筑史等专业课有机结合[⑧]。张亚峰依据现代艺术美学的构成方法和建筑设计的基本法则，从科学的角度分析建筑的功能性和形式美之间的关系，并对三大构成理论的内涵和实例加以阐述，进而对构成艺术的点、线、面、体、色彩等各元素的审美法则和其心理效应进行系统的分析，并对建筑的建造理念、构造元素、建筑的形

① 徐洪岩. 浅析建筑设计中的建筑构成秩序[D]. 南京: 东南大学, 2005.
② 小林克弘. 建筑构成手法[M]. 陈志华, 王小盾, 译. 北京: 中国建筑工业出版社, 2004.
③ Don H. 建筑构成[M]. 张楠, 译. 北京: 电子工业出版社, 2013.
④ 朝仓直已. 艺术·设计的平面构成[M]. 吕清夫, 译. 台北: 梵谷图书出版事业有限公司, 1985.
⑤ 朝仓直已. 艺术·设计的立体构成[M]. 林征, 林华, 译. 北京: 中国计划出版社, 2000.
⑥ 朝仓直已. 艺术·设计的色彩构成[M]. 赵郧安, 译. 北京: 中国计划出版社, 2000.
⑦ 朝仓直已. 艺术·设计的光构成[M]. 白文花, 译. 北京: 中国计划出版社, 2000.
⑧ 王中军. 建筑构成[M]. 2版. 北京: 中国电力出版社, 2012.

式美进行简单的介绍①。

《中国土木建筑百科辞典》对建筑秩序的定义是："事物构成的规律性在时间和空间上表现的形式……自原始建筑一直发展到现代建筑，人们都在探索以某种秩序对建筑进行组织，反映了建筑的不同情调和风貌。现代建筑则出现了多向性，即追求着多秩序。"②

在多元化的建筑领域，不同的建筑师和学者对建筑秩序有着不同的理解和研究方式。如维特鲁威在《建筑十书》中提道："建筑是由秩序、布置、比例、均衡、适合和经营构成的，秩序即法式，典式。"③柯布西耶认为建筑师通过使一些形式有序化，实现了一种秩序，这种秩序是他精神的纯创造④。他将"模度"作为理性的控制工具来探寻建筑的内在秩序。路易斯·康认为，人们按照自然和精神的法则制定规则。物质的自然属于法则。自然法则互相和谐地作用，所谓秩序就是这种和谐⑤。路易斯·康追求大自然的法则，认为有运动的序，有光的序，有风的序，还有围绕我们的一切……所谓"序"，是了解其本质，了解它能做什么。正如关于砖的秩序他讲了经典的那句话"你问砖，你想要什么？砖会说我爱拱券。"

亚历山大也把秩序看成事物的本质，并在《秩序的本质》一书中将其称为"无名特质"和"整体性"。他主张追求建筑的有机秩序，即在建筑形式设计中运用自然秩序，认为有序的设计是宇宙中所表现出的更大秩序的一部分。他的三部曲著作是《建筑的永恒之道》《建筑模式语言》《俄勒冈实验》。亚历山大力图寻找一种永久的本质，即建筑的永恒之路，并将模式语言作为入口⑥。

赖特认为整体的、有机的观念给建筑带来秩序和安宁，他在《赖特论美国建筑》中提道："形式本身有规律地与目的或功能相联系，各部分本身与形式相一致；材料与应用要和形式及各个部分相一致，这是一种自然的统一体——各局部与总体统一，总体又与各局部统一。这是严格的新规律。"⑦荷兰结构主义建筑师赫茨伯格也将这种整体和部分统一的关系视为建筑秩序，他在《建筑学教程：设计原理》中提道："简单地说，当由各个部分共同决定整体，或当以一种相同的逻辑从整体形成各部分时，所产生的建筑的统一性可以成为建筑秩序。"⑧

美国阿恩海姆认为秩序必须被理解为任何有组织的系统在发挥功能作用时所必不可少的东西，而不管其功能是精神的还是物质的，所以一件艺术或建筑作品，除非呈现出一种有秩序的模式，否则就不可能发挥作用和传递信息⑨。他认为"秩序"是一种必要的强制，而且"在复杂性的各层次上都可以找到秩序"。

① 张亚峰. 构成理论在建筑设计中的应用[D]. 哈尔滨：哈尔滨师范大学，2012.
② 侯学渊，范文田. 中国土木建筑百科辞典：隧道与地下工程[M]. 北京：中国建筑工业出版社，2008.
③ 维特鲁威. 建筑十书[M]. 高履泰，译. 北京：中国建筑工业出版社，1986.
④ 柯布西耶. 走向新建筑[M]. 陈志华，译. 北京：商务印书馆，2016.
⑤ 李大夏. 路易·康[M]. 北京：中国建筑工业出版社，1993.
⑥ 李威. 建筑秩序的回归[D]. 天津：天津大学，2004.
⑦ 弗兰克·劳埃德·赖特. 赖特论美国建筑[M]. 姜涌，李振涛，译. 北京：中国建筑工业出版社，2010.
⑧ 赫曼·赫茨伯格. 建筑学教程：设计原理[M]. 仲德崑，译. 天津：天津大学出版社，2003.
⑨ 鲁道夫·阿恩海姆. 艺术与视知觉[M]. 孟沛欣，译. 长沙：湖南美术出版社，2008.

国内有关建筑秩序的研究如程大锦将秩序看作建筑形式与空间的组合。他认为秩序不单单是指几何规律性，而是指一种状态，即整体之中的每个部分和其他部分的关系，以及每个部分所要表达的意图都处理得当，直至产生一个和谐的结果[1]。随后，程大锦将秩序原理分为轴线、对称、等级、基准、韵律、重复和变换七个方面，并结合实际案例阐述了形成秩序的原理。

汤凤龙在他的《秩序与建造》系列丛书中，将"秩序"看作是将"建造"转化为"建造的诗学"的关键，并研究了现代建筑大师密斯·凡·德·罗、路易斯·康和弗兰克·劳埃德·赖特的建筑法则。汤凤龙认为在密斯那里，秩序是结构，"结构"表现为"匀质"的几何网格秩序[2]；在赖特那里，秩序是原则，"原则"表现为整体"有机"的灵活秩序组合[3]；而在路易斯·康那里，秩序是秩序，"秩序"表现为"间隔"的井格秩序[4]。

李威认为秩序既是一种思维又是一种力量，控制和协调着建筑的整体和方向，并以秩序作为研究建筑的契机，通过对建筑秩序的内涵解析，摈弃单纯的风格、流派的纷争，从自然的规律、秩序的本质去探讨建筑秩序的方法论意义，从而在多元化的建筑领域中把握建筑的本质和时代的意义[5]。

徐洪岩指出建筑构成秩序的观点是观察和理解建筑的一个视角，也是建筑设计构思的思维方法，并从建筑的一些最基本的方面来论述建立建筑基本秩序的观念和方法[6]。

综上所述，就像亚历山大所认为的那样，秩序要用主观感觉去评判，但它又是客观的，不以个人的感受而变化。对建筑来说，建筑本身包含的东西太多、太复杂，我们所理解和讲出来的只能是其一部分。国内外对建筑秩序的研究范围很广，理解的角度也有很多，正如菲利浦·约翰逊所讲的，"法则是没有的，只有事实。没有程式，只有偏爱。必须遵循的规则是没有的，只有选择[7]。

在建筑现象多元化的今天，秩序无处不在，充满多样性与可能性，秩序是策略性的选择，同时秩序又是深入观察和理解建筑的一个视角。

1.3　释题："建筑的构成秩序"和"产品化"

1.3.1　问题整理

1.3.1.1　建筑工业化相关研究

目前国内外有关建筑工业化的研究从宏观战略层面到微观技术层面都较为全面，如工程技术类的研究主要集中在结构技术（钢筋混凝土、木结构、钢

① 程大锦. 建筑:形式、空间和秩序[M]. 天津：天津大学出版社，2008.
② 汤凤龙. "匀质"的秩序与"清晰的建造"[M]. 北京：中国建筑工业出版社,2012.
③ 汤凤龙. "有机"的秩序和"材料的本性"[M]. 北京：中国建筑工业出版社,2015.
④ 汤凤龙. "间隔"的秩序与"事物的区分"[M]. 北京：中国建筑工业出版社,2012.
⑤ 李威. 建筑秩序的回归[D]. 天津：天津大学,2004.
⑥ 徐洪岩. 浅析建筑设计中的建筑构成秩序[D]. 南京：东南大学,2005.
⑦ 小林克弘,南京：建筑构成手法[M]. 陈志华，王小盾，译. 北京：中国建筑工业出版社,2004.

结构等）、设计技术、建造技术、装配制造技术、管理技术、信息化（BIM）技术和相关支撑技术等方面。但目前的研究和实践存在以下不足或空白：

1. 行业分散性

建筑不同于其他产品，其生命周期长，机构复杂，从最初的原材料到最终的建筑涉及不同的参与者。因此建筑工业化的研究面广而杂，不同专业从不同的角度对建筑工业化进行研究，各专业之间的研究成果自成体系，相对独立，难以与其他专业衔接和实现系统全面的转化。

2. 专业单一性

目前各专业对建筑工业化的研究缺乏全局和整体的视野。如结构技术主要集中在预制钢筋混凝土结构，研究重点主要集中在抗震设计、节点构造、施工安装等技术体系实验和优化上。而设计技术主要集中在"模数化""标准化""系列化"等单项设计技术上。这些都难以与其他专业配套。

3. 发展盲目性

目前我国建筑工业化尚未形成完善的技术体系，然而引进各种数控设备、争相申请专利、编制技术规程成为当下时髦的现象，这种现象反映了从业者追求"工业化"形式本身，对技术过度依赖，对建筑设计和建筑本体关注不足，忽视建筑是由设计图纸到真实建筑的本质。

1.3.1.2 精益建造相关研究

精益建造从基础的生产转换理论、生产流程理论和价值理论（TFV 理论），到应用理论，再到辅助技术，已经形成了完整的理论体系。但是在将精益思想从制造业融合到建筑业的过程中，目前的研究和实践还存在以下不足或空白：

1. 时效滞后性

精益建造源于精益生产，建筑业在向制造业学习的过程中不可避免地存在研究的滞后性，而且建筑业在借鉴、转化、吸收制造业的先进理念的同时需要较长的时间周期。近年来建筑业的各种新理念、新技术日新月异，但精益建造的研究和实践则略显迟缓。如在建筑工业化领域鲜有系统性的、有针对性的精益建造的相关研究，因此，这方面的研究还不充分甚至存在空白。

2. 行业差异性

虽然制造业和建筑业在工业化的背景下有着相似性，但不可否认的是两者之间仍然存在较大差异。目前精益建造的大部分研究集中在分析两者的差异性、借鉴生产系统优化管理模式等单项技术的技术层面上，对如何集成化、系统化、系列化地将制造业融合进建筑业缺乏全局的视角和系统的研究。而建筑的多元性、复杂性特征又导致精益理念在应用过程中困难重重。

3. 角度局限性

目前精益建造的大部分研究都是从制造业的角度出发,分析、借鉴、转化、改进制造业某些先进的生产理念,使之符合建筑业的要求,但鲜有从建筑业的建造角度出发,反思、分析、更新、改进目前建筑业本身陈旧的思维模式和理论定式,使之符合新时期工业化和制造业的要求。因此,从改变建筑业自身的角度出发,融合精益思想这方面的研究还不充分甚至存在空白。

1.3.1.3 研究问题总结

无论是建筑工业化还是精益建造,均起源于制造业,都是将传统建筑业的生产方式和管理方法向先进制造业的生产方式和管理方法改进,两者在很多目标上是一致的,但在协同发展的同时首先要理清建筑业的本质问题,向制造业学习并非意味着直接嫁接制造业的概念,也并不仅仅是分析、借鉴、转化、改进制造业的某些先进理念,使之符合建筑业的要求。

建筑是复杂的机构,它既需要受到客观技术条件的约束,又需要满足主观艺术风格的人文诉求,而建筑本身的多元性、复杂性使得制造业的先进理念在融合应用的同时也不可避免地迷失在复杂的机构之中。

因此,从建筑自身的角度出发,了解建筑的本质,是非常必要的。建筑设计是工程项目的先行者,一直以来扮演着"龙头"的角色,起着至关重要的作用,在项目前期就影响着其他相关专业的技术路线走向,也决定着整个工程项目的工业化程度,有研究表明,建筑工业化应从设计开始[①]。更加重要的是,了解工业化建筑设计的本质,将有助于从建筑业的建造角度出发,反思、分析、更新、改进目前建筑业本身陈旧的思维模式和理论定式,一方面将制造业的理念系统地应用到建筑业当中,另一方面理清建筑专业与其他相关专业建筑工业化和精益建造研究的关联性和区别性,从而有效地整合其他专业的研究成果,进而系统地应用到建筑业,形成合力。

1.3.2 视角引入——建筑构成秩序的观念

建筑构成的理念起源于巴黎美术学院,经历了包豪斯时代,逐渐形成了"三大构成"的基础教学体系,并且随着时代的发展不断扩充。把设计看作是要素的构成或组合的观念早在建筑学教学体系确立之初就已存在,正如小林克弘所说:"建筑师在某种构思下确定组合的规则与秩序,并在具体的构成中应用,因此建筑构成是一种创作手法,若没有构成就不会最终实现建筑。"[②]

建筑构成和建筑设计有着千丝万缕的联系,建筑的构成过程本身就是建筑设计的过程。设计是逻辑分析和思维创造的过程,任何复杂的建筑都是基本的物质要素单元通过理性的逻辑规则构成的,在设计师那里总是受到某种

① 王华. 建筑工业化是行业现代化的关键[J]. 建筑, 2004(7): 57–59.
② 小林克弘. 建筑构成手法[M]. 陈志华, 王小盾, 译. 北京: 中国建筑工业出版社, 2004.

秩序的引导，并且贯穿于建筑设计的全过程。

建筑构成秩序不仅是探寻建筑设计理性逻辑规则的一个视角，更是理解建筑本质的有效手段。

1.3.3　策略引入——产品模式和产品化策略

在当今的建筑工业化时代，建筑业和制造业越来越具有趋同性，建筑产品和工业产品的界限变得模糊，而建筑工业化背景下的预制建筑构件所呈现出的产品特征在某种程度上正在逐渐突破建筑业和制造业长久以来的桎梏，为制造业融合进建筑业提供了可行的路径。

建筑的产品模式和产品化策略从建筑业的建造角度出发，是减轻建筑业和制造业之间差异性的一种策略，其可以突破建筑业本身陈旧的思维模式和理论定式，使之符合新时期工业化和制造业的要求。

建筑产品模式和产品化可以具体定义为：建筑师把建筑看作产品，把建筑设计过程看作产品研发过程，在设计初期，就综合考虑客户需求，并将后续的生产和施工过程的因素纳入设计，以保证建筑构件在制作、生产、装配等整个建造流程中合理有序地进行。在这种模式下，建筑构件具备了产品属性，继而建筑也具备了产品属性。客户能够像对待典型工业产品一样挑选、使用、保养、维护和回收建筑构件甚至建筑[①]。产品模式和产品化不仅是一种策略，更是一种媒介。

1.3.4　引入的动因和意义

综上所述，在建筑工业化和精益建造的背景下，引入建筑构成秩序的观念、建筑产品模式和产品化策略的动因和意义在于解决建筑工业化和精益建造在研究和实践中的分散性、单一性、盲目性、滞后性、差异性、局限性等问题。结合上文对建筑工业化和精益建造的问题梳理，引入的动因和意义可总结为：

1. 系统融合建筑业和制造业的关键技术

由于建筑业的复杂性和特殊性，建筑工业化和精益建造的相关研究和实践大多集中在单项技术上。具体体现在建筑业各专业间的研究成果自成体系，相对独立，难以与其他专业衔接和实现系统全面的转化。同时，精益建造的研究难以集成化、系统化、系列化地将制造业融合进建筑业，缺少系统性的研究。因此，研究和实践存在分散性、孤立性等问题。

建筑构成秩序的观念和产品化策略的引入提供了一个探索制造业和建筑业融合的系统化视角，不再局限于研究建筑业或制造业的单项技术，而是着眼于从设计图纸到真实建筑，再到建筑的维护和拆除研究建筑的全生命周期。

① Luo J N，Zhang H，Sher W. Insights into architects' future roles in off-Site construction [J]. construction Economics and Building,2017,17(1): 107-120.

2. 拓展融合建筑业和制造业的研究角度

目前建筑工业化的设计技术研究主要集中在"模数化""标准化""系列化"等层面上，精益建造的大部分研究则从制造业的角度出发，改进制造业先进的生产理念，使之符合建筑业的要求，鲜有从建筑业的建造角度出发，改进建筑业本身陈旧的思维模式和理论定式，使之符合工业化和制造业的要求。因此，思维方式和研究模式有着一定的局限性。

建筑构成秩序的观念和产品化策略的引入提供了一个探索工业化建筑设计本质的特殊视角，不再局限于研究制造业，而是着眼于从建筑业的建造角度出发，运用产品模式和产品化的策略对建筑业进行改进，从而更加有助于减轻两者的差异性。

3. 探索融合建筑业和制造业的可行策略

目前精益建造有许多关于建筑业和制造业对建筑产品和工业产品的对比研究，但研究局限于同类别、单一的建筑产品或工业产品，鲜有针对整体建筑的研究，国外的相关研究中也尚未明确提出"建筑产品化"的概念。但是，"产品模式"和"产品化"作为一种融合策略，在国内已经有了一定的研究和实践基础，因此，值得进一步研究。

建筑构成秩序的观念和产品化策略的引入提供了一个探索制造业和建筑业融合的实验性策略，不再局限于建筑业本身陈旧的思维模式和理论定式，而是着眼于从"产品化"建筑入手，分析、借鉴、转化、改进制造业先进的生产理念。

1.3.5　引入后的预期创新点

1. 构建基于"建筑构件"建造观念的系统融合制造业和建筑业的理论框架——"建筑的工业化构成秩序原理"

运用建筑的工业化构成秩序的理论框架，即"预制"和"装配"的建造技术和组合原理，将"建筑构件"作为构成建筑的基本要素，以"建筑的工业化构成秩序原理"为重要线索将制造业融合进建筑业，以预制装配式建筑和汽车（车身）的"半定量"类比研究结果为理论基础和依据，为探索一种在当今新型建筑工业化背景下切实可行地将制造业融合进建筑业的策略提供理论依据。

2. 建立基于"构件构成"建造观念的新型工业化建筑设计方法——"构件法建筑设计"

运用建筑的工业化构成秩序的理论框架，即"预制"和"装配"的建造技术和组合原理，将"构件构成"的建造观念作为建筑设计的重要依据，以"构件法建筑设计"作为具体的建筑设计理论和方法，拓展传统的建筑设计方法，为探索符合当今新型建筑工业化时代背景和需求的建筑设计理念和方法提供新思路和新角度。

3.探索基于"建筑产品模式"产品观念的系统融合制造业和建筑业的应用技术系统——"建筑的工业化构成秩序的产品化"

基于"构件法建筑设计"的"建筑产品模式"，运用"产品化"策略，以"建筑的工业化构成秩序的产品化"策略框架模型为重要路径将制造业融合进建筑业，在宏观发展战略、中观技术策略和微观技术路线三个层面上，从建筑业的思维角度、整体角度、建造角度出发，探索一种在当今新型建筑工业化背景下切实可行地将制造业融合进建筑业的全局、系统、合理的解决方案。

1.4　研究范围与研究对象界定

至此，本书的研究范围和研究对象界定在"建筑的工业化构成（秩序）的产品化"上。如图1-2所示，本书不是直接嫁接制造业，也不是间接转化制造业的理念，而是从建筑业的建造角度出发，运用建筑构成秩序的视角，在建筑工业化背景下对将制造业融合进建筑业进行策略性研究。本书首先分析和拓展建筑构成和建筑秩序的传统理论，建立构成秩序的工业化的原理框架，其次在此框架内分析目前建筑产品和工业产品的工业化构成秩序，通过"半定量"类比研究，归纳将制造业融合进建筑业的局限性、可行性和借鉴意义，进而建立建筑"产品化"的融合策略框架模型，同时探索并创建适合此策略

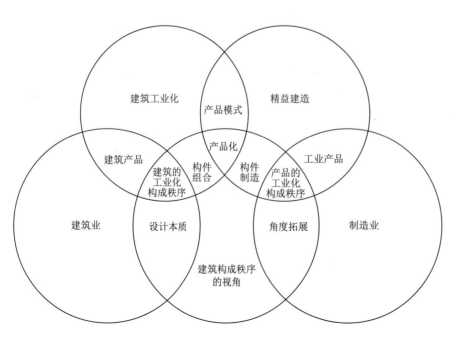

图 1-2　研究范围界定
图片来源：作者自绘

框架模型的建筑设计方法，完善"建筑产品化"应用模式，最后基于真实的项目案例进行分析验证，指出其应用价值。

1.5 研究目标

1. 在建筑工业化的视野下拓展目前建筑构成和建筑构造理论，建立"建筑的工业化构成原理"的理论框架。

2. 在"建筑的工业化构成原理"的框架内，对预制装配式建筑和典型工业产品（汽车车身）进行"半定量"的类比，总结两者之间的趋同性和差异性、两者融合的可行性和局限性以及借鉴意义。

3. 基于两者类比分析的结果，探索如何在宏观战略发展层面、中观技术策略层面以及微观技术路线层面上将制造业合理地引入建筑业。

4. 以预制装配式建筑和典型工业产品（汽车车身）两者类比分析的结果为例，建立"建筑的工业化构成秩序的产品化"的策略框架模型，探索并创建适合此策略框架模型的建筑设计方法，完善"建筑产品化"应用模式。

5. 基于真实的预制装配式建筑项目案例，分析验证"建筑产品化"应用模式对建筑项目的提升优势和存在的局限，完善"建筑的工业化构成秩序的产品化"的策略框架模型，实现将制造业全局、系统、合理地融合进建筑业的最终目标。

1.6 研究内容

1. 拓展传统建筑构成和建筑秩序理论，初步建立"建筑的工业化构成原理"的理论框架。

首先从目前建筑构成理论的体系现状和建筑秩序的观念出发，分析其在建筑工业化视野下拓展的动因和意义，从而构建"建筑的工业化构成原理"，其次从建筑工业化视野的界定、原理的命名、范围界定、对象、可行性、推导、内容、目标、意义和应用等方面建立理论框架，最后阐述其在本研究中的作用和应用（第二章）。

2. 应用"建筑的工业化构成原理"的理论框架，分析预制装配式建筑的工业化构成秩序。

分析目前预制装配式技术在中高层预制装配式钢筋混凝土重型结构（住宅类型）建筑以及中低层预制装配式轻型钢（钢木）结构（住宅和小型公建类型）建筑中的应用，从设计构成、物质构成、技术构成三个方面展开，分析和归纳建筑的工业化构成秩序，从而完善"建筑的工业化构成原理"的理论框架（第三章）。

3.借鉴"建筑的工业化构成原理"的理论框架，构建"产品的工业化构成原理"的理论框架，分析工业产品的工业化构成秩序，并和建筑进行类比。

根据制造业和建筑业的差异性转化"建筑的工业化构成原理"的理论框架，形成"产品的工业化构成原理"的理论框架，并基于此框架，分析和归纳目前典型工业产品（汽车车身）的工业化构成秩序，总结"工业产品的构成原理"，并将其与预制装配式建筑（主体结构和外围护结构）进行"半定量"的类比分析，借助蜘蛛图建立数学模型，总结两者之间的趋同性和差异性、两者融合的可行性和局限性以及借鉴意义（第四章、第五章）。

4.构建"建筑的工业化构成秩序的产品化"的策略框架模型，系统融合建筑业和制造业。

基于预制装配式建筑（主体结构和外围护结构）和典型工业产品（汽车车身）的类比分析结果，推导"建筑产品模式"，并建立"建筑的工业化构成秩序的产品化"的策略框架模型，探索并创建适合此模型的新型建筑设计方法，即"构件法建筑设计"，完善"建筑产品化"应用模式（第五章）。

基于东南大学建筑学院的预制装配式建筑工程实践和澳大利亚相关企业的预制装配式建筑工程项目，分析验证"建筑产品化"应用模式的提升优势和存在的局限，揭示应用模式的启示。最后总结研究的结论、创新点和局限，并展望后续的研究路径（第六章）。

1.7 研究意义

本书对建筑业和制造业在当今工业化背景下互相融合的学科交叉进行了研究，拓展了我国目前建筑工业化和精益建造的研究角度、研究模式和研究内容。本书探索和创建的"建筑的工业化构成秩序的产品化"的策略框架模型和"构件法建筑设计"的新型建筑设计方法反映了新型建筑工业化的时代要求和趋势，为我国建筑工业化的发展方向以及工业化建筑设计的研究和实践提供了新的思路。在建立、整理、归纳和提炼"建筑的工业化构成原理"的基础上，构建"产品化"的策略框架模型和"构件法建筑设计"的新型建筑设计方法，实现工业化背景下建筑设计的定量化、秩序化和可视化操作及管理，从而协助建筑师在建筑全生命周期的各个阶段挑选合适的建筑构件、出具合理的设计方案、选择最佳的技术路线，使建筑设计在项目初期就可以将建筑的多种要求与制造、生产、转运、装配、建造、维护和拆除的建筑全生命周期环节相匹配，从而设计出满足建筑工业化要求的最佳方案。

1.8　研究框架

本书研究框架见图 1-3：

图 1-3　本书研究框架
图片来源：作者自绘

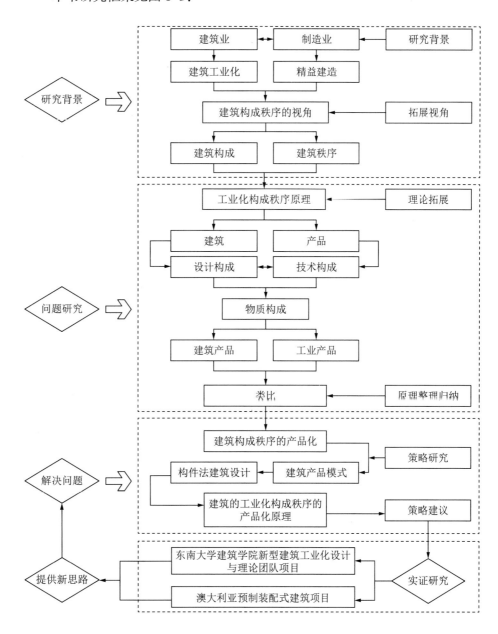

第2章 建筑工业化视野下的建筑构成理论

2.1 目前的建筑构成理论

2.1.1 理论起源

构成理论的发展至今已有近百年的历史，构成理论的形成有三个重要源头：俄国构成主义运动、荷兰"风格派"运动、德国包豪斯[①]。

2.1.1.1 俄国构成主义运动

俄国构成主义运动将构成艺术的实质定义为形态构成，简称"构成"。这一概念源于1913—1917年间俄国新艺术运动的构成主义艺术。"构成主义"一词，出自1920年苏联的加波和佩夫斯纳兄弟等人起草的《现实主义宣言》，他们认为艺术表现不应只依赖于油画颜料、画布、大理石等传统材料，而应取材于塑料、钢铁、玻璃等现代工业材料，艺术形式也应该是抽象的几何形式，并且主张运用这些材料来强调物体的空间和运动感而回避物体的质量感[②]。

塔特林是构成主义的重要人物，《第三国际纪念碑》是塔特林的代表作品。他认为不同材料的有机组合的造型是一切设计的基础，并且提出"技术性、机理、构成"是构成主义的三个原理。构成主义主张用长方形、圆形、三角形、直线等构成抽象的二维或三维的艺术形态，注重形态与空间之间的关系。构成主义运动摒弃传统艺术中为美而美的艺术观点，追求形式美的实用性、构造性、创造性、机能性。俄国构成主义把结构当成是设计的起点，以此作为建筑表现的中心，这个立场成为世界现代主义建筑的基本原则[③]。

2.1.1.2 荷兰"风格派"运动

"风格派"是荷兰的一些画家、设计家、建筑师在1917—1928年间组织起来的一个松散的集体，杜斯堡与几位荷兰先锋艺术家共同创办的《风格》杂志是"风格派"的核心刊物。风格派从一开始就追求艺术的"抽象和简化"，认为艺术应完全消除与任何自然物体的联系，应用基本几何形象的组合和构图来体现整个宇宙的法规——和谐。因而，平面、直线、矩形成为艺术创作

① 张亚峰. 构成理论在建筑设计中的应用[D]. 哈尔滨：哈尔滨师范大学,2012.
② 简明不列颠百科全书编辑部. 简明不列颠百科全书[M]. 北京：中国大百科全书出版社,1991.
③ 王受之. 世界现代设计史[M]. 北京：中国青年出版社,2002.

图 2-1　蒙德里安"红、黄、蓝的构成"风格派作品

图片来源：https://zh.wikipedia.org/wiki/

中的支柱，色彩亦减至红、黄、蓝三原色及黑、白、灰三非色。荷兰"风格派"艺术以简洁、抽象、几何的视觉元素来表达和谐的秩序美。蒙德里安是风格派的代表人物，他的作品体现了"风格派"典型的视觉语言（图 2-1）。他认为绘画是由线条和颜色构成的，所以线条和色彩是绘画的本质，应该允许其独立存在，艺术应脱离自然的外在形式，以表现抽象精神为目的。他崇拜直线美，主张透过直角可以静观万物内在精神上的安宁。这种以追求精神为核心的艺术，其实并没有与客观世界绝对分割开来。风格派作为一个运动，涉及绘画、雕塑、设计、建筑等诸多领域，其影响是全方位的，其核心人物除了蒙德里安以外，还包括画家列克、胡札，雕塑家万东格洛，建筑师欧德、里特维尔德等。

里特维尔德在建筑领域取得了令人瞩目的成就，其代表作红蓝椅和施罗德住宅展示了风格派建筑的典型特征。红蓝椅整体都是木结构，15 根木条互相垂直，组成椅子的空间结构，各结构间用螺丝紧固。这把椅子最初被涂成灰黑色。后来，里特维尔德使用单纯明亮的色彩来强化结构，使其完全不加掩饰，并重新涂上原色，这样就产生了红色的靠背和蓝色的坐垫（图 2-2）。

施罗得住宅由光滑的墙板、简洁的体块、大片玻璃组成横竖错落、若即若离的构图（图 2-3）。里特维尔德的作品与当时著名的荷兰画家蒙德里安的绘画有十分相似的意趣，他是将风格派艺术从平面延伸到立体空间的重要艺术家之一，其作品如同风格派绘画的立体化翻译。荷兰"风格派"对世界现代主义风格影响巨大，它独特的几何形式，以三原色、三非色为中心的色彩方案，以及立体主义形式、理性主义形式的结构特征，成为二战后国际主义风格的标准符号，甚至德国魏玛的包豪斯学院也受到了它的影响，这在该学院师生后来的作品中可以清晰地体现出来，即使在当今的荷兰，其痕迹也是显而易见的。

彩图链接

图 2-2 红蓝椅
图片来源：www.art.ifeng.com

图 2-3 施罗德住宅
图片来源：www.vcg.com

2.1.1.3 德国包豪斯

对构成主义理论的形成起巨大推动作用的是德国魏玛的"公立包豪斯学校"，它是世界现代设计的发源地，也是第一所完全为发展设计教育而建立的学院。该校前身是创建于 1860 年的大公爵萨克森美术学校，1919 年，格罗皮乌斯将图像艺术学校和刚刚解散的编织艺术学校整合到一起，随后将学校更名为公立包豪斯学校，并成为院长。包豪斯一词源于德语中的"Hausbau"一词，即建造的意思，那么"Bauhaus"可以被解释为动词"bauen（建造）"+"Haus（房屋、家）"的组合，因此可以被直译为"建造之家"。此外，"Bauhaus"也可以看作是对"Hausbau"一词的重构，因此也被理解为是对建造传统的反思。

包豪斯是在俄国的构成主义、荷兰风格派和德国的现代主义设计之后产生的，并且深受这几种流派的影响，在综合发展和逐步完善后形成了自己的教育体系和设计理论。在教育体系方面，其教学注重艺术和技术的结合，广泛采用工作室体制，让学生参与动手的制作过程，完全改变了以往那种只绘画、不动手制作的陈旧教育方式；课程教学以讲授艺术的形式大师和传授工艺的作坊大师配合展开，抛弃了纯艺术与实用艺术观念的分界；同时，包豪斯还开始建立与企业界、工业界的联系，使学生能够体验工业生产与设计的关联，开创了现代设计与工业生产密切联系的先河。在设计理论方面，包豪斯将设计艺术分解成点、线、面、体、空间、色彩等基本的形式和要素来进行研究，学校将构成主义作为基础教学理论奠定了设计理论中平面构成、色彩构成与立体构成（后称"三大构成"）的基础教学体系，并以严谨的态度使构成理论体系向着更加理性和科学的方向发展，使其适合大工业生产的需要，更好地服务于大众。

2.1.2 理论发展

包豪斯的建筑构成理论对全世界建筑设计的发展产生了深远的影响，许多西方国家率先接受并应用了此理论，如1933年包豪斯解散之后，许多教师在美国的学校大展身手，将构成主义作为基础教学理论，主张将艺术与技术、艺术与科学统一起来，设计的目的是人而不是产品，设计必须遵循客观的自然法则，且倡导在建筑设计和工业设计中使用新材料、新技术[①]。

中国内地的构成理论主要受到日本和中国香港地区的影响。曾在包豪斯留学的日本学生水谷武彦把包豪斯的思想带回了日本，成为日本著名的美术、建筑教育家。1930年回国之后，水谷武彦在东京美术学校建筑系担任教授，开设了包豪斯体系的"构成原理"，这套教学系统后来传入中国台湾、中国香港，进入中国大陆之后，形成我们熟悉的"构成体系"中的"三大构成"。之后，构成理论不断完善和发展，如今又融入了"空间构成"和"光构成"等新内容。

2.1.3 理论释义

所谓建筑构成，就是确定各个空间要素的形态和布局，并把它们在三维空间中进行组合，从而创作出一个整体。建筑构成在建筑学领域可以指建筑的形式构成或形态构成。形式一般指外形，或事物内容的组织结构和表现方式。在艺术设计中，通常用形式表示一件作品的外形结构，即排列和协调某一整体中的各要素或各组成部分的手法，其目的在于形成一个条例分明的形象[②]。

形态的含义和内容较形式更为复杂，形态是物体的功能属性、物理属性和社会属性所呈现出来的一种质的界定和势态表情，是一定条件下事物的表现形式和组成关系，包括形状和情态两个方面，有形必有态，态依附于形，两者不可分离。形态研究包含物形的识别性和人对物态的心理感受[③]。因此，形态具有物质性和心理性的双重特征，不仅涉及形的识别性，还涉及人的心理感受。形态既有客观存在的物质因素，又有主观认知的心理因素，形态既可以包含实体性质，又可以包含非实体性质。

建筑形态是一种人工创造的物质形态，是指建筑在一定条件下的表现形式和组成关系，通常是指建筑内在的空间本质在一定条件下的表现形式和组成关系。建筑形态作为传递建筑信息的第一要素，使建筑内在的质、组织、结构、内涵等本质因素上升为外在表象因素，并通过视觉、触觉使人产生生理和心理的共鸣，和形态一样，具有物质性和心理性的特征。

因此，在建筑学的语境下，建筑形态可以被定义为在一定的条件下的，包含人对建筑物态（形状）的心理感受（情态）的建筑形式。其意义在于形

① 范梦. 世界美术简史[M]. 太原:山西教育出版社,2001.
② 程大锦. 建筑:形式、空间和秩序[M]. 刘丛红,译. 天津:天津大学出版社,2008.
③ 顾馥保. 建筑形态构成[M]. 武汉:华中科技大学出版社,2010.

图 2-4 故宫午门
图片来源：www.art.ifeng.com

图 2-5 米兰大教堂
图片来源：www.art.ifeng.com

态强调了"形式之所以如此的依据"，把内部和外部统一起来了[①]。如故宫午门（图 2-4），"凹"字形平面和高垒的城墙是它的外在形式，所构成的围抱之势给人以威严宏伟的感受，使人联想到封建王朝的闭关自守和集权统治。米兰大教堂（图 2-5）用十字拱、立柱、飞券以及新的框架结构支撑顶部高耸的尖塔，这是它的外在形式，表达了神秘、哀婉、崇高的强烈情感，给人一种接近上帝的感觉，即灵魂摆脱世俗物质的羁绊，迎着神恩之光向着天国飞升。

构成是一个近现代的设计用语，是造型、组合、形成、拼装、构造的意思[②]，即从复杂的形态中分解并提取形态要素，加以符号化、抽象化处理，然后按照一定的秩序和法则将诸多造型要素组合建立一种新的关系的视觉形态。它是一种美的、和谐的结构关系的视觉组成形式。

形态构成是指将各种形态或材料进行分解，并将其作为基本要素重新赋予秩序组织。"构成"的概念和"构筑"相近，都强调从"基本要素进行组合"。中国古代哲学家老子的《道德经》里有一句话："朴散则为器。""朴"指未加工的木材，而"散"为分解之意，意思就是将原始的材料分解成一些基本的物质要素，才能组合起来成为各种器具。这句话充分阐释了事物形态的形成规律，即把要素进行分解和再组合是形态构成的基本手段。

相较于建筑形式构成，建筑形态构成更加接近建筑构成在建筑学领域的释义。建筑形态构成是指在基本形态构成的理论基础上，探求建筑构成特点和规律的学科，是在建筑设计中运用构成的原理和方法。在基本形态构成理论基础上，探求建筑形态的特点和规律，去营造气氛和创造形态的设计。无论是单一的形态（单体），还是多个形态（群体），都可以通过一定排列组合关系，赋予建筑形态以某些特征，从而确立与环境的差异性和与自身的关系[③]。

建筑形态构成从构成的角度去审视建筑形态，即将现代建筑进行几何抽象，去除传统建筑琐碎的装饰，抛弃建筑僵化的教条，拒绝附着在建筑上面

① 辛华泉. 形态构成学[M]. 杭州：中国美术学院出版社,1999.
② 王中军. 建筑构成[M].2版. 北京：中国电力出版社,2012.
③ 顾馥保. 建筑形态构成[M]. 武汉：华中科技大学出版社,2010.

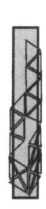

图 2-6　中国银行（香港）形态构成的几何抽象
图片来源：戴俭. 建筑形式构成方法解析[M]. 天津：天津大学出版社，2001：111

的文化、历史等其他外在含义。同时，它也抛弃了墙体、柱、窗等作为建筑元素的含义，而完全代之以构成，将建筑元素抽象成点、线、面、体[1]。因此，为了便于研究和分析，通常把建筑形态和功能、经济、环境、文化等因素分离开来，作为纯造型现象，将其抽象、分解为基本形态要素（点、线、面、体），探讨和研究其视觉特性、规律和构成手法（图 2-6）。

　　综上所述，目前的建筑形态构成可以被详细地定义为在建筑设计中运用构成的视角、原理和方法，首先将各种形态或材料进行分解，其次将提取的形态符号化、抽象化成基本要素（处理），并结合视觉要素和关系要素，按照美学法则、力学、心理学、物理学原理进行一种直觉思维性和推理思维性的组合（重组），最后赋予建筑形态以某些特征，营造合适的气氛，最终使建筑形态实现"形式美"的目标，从而满足人们的视觉心理需求和其他情感需求。

2.1.4　理论内容

2.1.4.1　理论分类

　　"埏埴以为器，当其无，有器之用。凿户牖以为室，当其无，有室之用。故有之以为利，无之以为用"[2]。形态和空间是建筑功能实现与建筑艺术创作之间的纽带，也是构成建筑的重要手段和要素，其重要特点是它们的造型艺术依赖于建筑的形体和空间。其一，建筑如果没有形体和空间，就无法实现其使用上的功能，从而也失去了存在的意义。其二，建筑如果脱离形体和空间等表现手段，其艺术创作便失去了具体的依托[3]。

　　形态构成是一切造型艺术的基础，建筑作为艺术和技术结合的产物，建筑设计方法从古典的构图原理发展到现代的建筑形态构成，不可避免地需要将形态构成理论引入建筑。平面构成、色彩构成、立体构成（三大构成）作为形态构成理论的组成内容首先被引入建筑学，之后光构成、建筑空间构成

① 李钰. 建筑形态构成审美基础[M]. 北京：中国建材工业出版社，2014.
② 老子. 道德经[M]. 北京：世界图书出版公司·后浪出版公司，2012.
③ 田学哲. 形态构成解析[M]. 北京：中国建筑工业出版社，2005.

也被引入建筑学。建筑构成理论主要是以这"五大构成"为主，根据建筑学科特点，经过借鉴、转化、吸收，逐步形成了适合建筑学科专业特点的理论体系。此外，还有一些其他构成，如意向构成、想象构成、形式构成、解析构成、意义构成、打散构成、图案构成等，不外乎是强调构成过程中某个方面的突出作用。

　　根据目前的建筑（形态）构成理论，其内容可按照"形"构成和"态"构成进行分类。"形"是具体的、可见的、可感触到的，包括形状、大小、色彩、肌理、位置、方向、图形抽象等可感知的因素。因此，"形"构成可按照"几何抽象"类和"物质具象"类进行分类，其中"几何抽象"类包括平面构成、立体构成、空间构成等，这些构成都是由点、线、面、体等抽象性基本要素组合而成。"物质具象"类包括光构成、色彩构成、肌理构成等，这些构成通常由能直接被视觉所感知到的、具象性的形状、大小、色彩、肌理、位置、方位等视觉要素组合而成。几何抽象类构成是基础，物质具象类构成依附于其上，是抽象类构成的完善和升华。《说文解字新订》中提道："形者象也，态者意也，从心，从能。"[①] "形"字代表了事物的客观存在，而"态"则代表人们对主观世界的探索，说明了另一个主观世界的存在。

　　"态"构成可按照"视觉心理"类和"精神心理"类进行分类，其中"视觉心理"类包括格式塔心理美学，认为形体是完整统一的，强调直觉的能动作用，各种形态在空间中的关系是相互影响的有机整体[②]，其目的是让建筑的形满足人们的视觉心理。"精神心理"类则融入更多建筑的属性，包括文化属性、社会属性等，其目的是让建筑的形满足人们的精神心理（造型）。建筑构成理论的内容分类框架如图2-7。

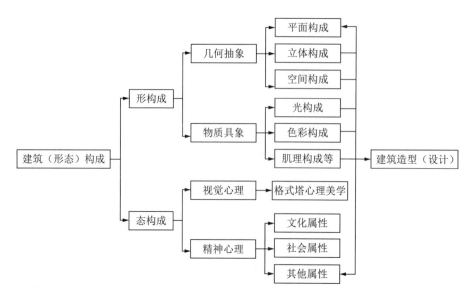

图 2-7　建筑构成理论的内容分类框架
图片来源：作者自绘

① 臧克和，王平. 说文解字新订[M]. 北京：中华书局，2002.
② 王中军. 建筑构成[M] 2版. 北京：中国电力出版社，2012.

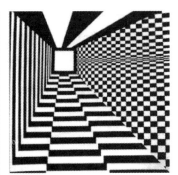

图 2-8　平面构成作品
图片来源：王中军. 建筑构成[M]. 2版. 北京：中国电力出版社，2012：33

　　形与态的结合强调了建筑形态的统一与调和，印证了视觉几何性与客观规律性相结合的必然性，以及主客观世界同等的重要性[①]。因此，目前的建筑形态构成涉及三个方面的知识：一是关于形式审美，二是关于视觉生理学，三是关于视觉心理学。以视知觉为基础的视觉心理学知识和形式美的原则，直接支撑了形态建筑构成理论[②]。人能看到，是视觉生理问题；人怎么看，是视觉心理问题；而人观看后的感受如何，是形式美的问题。格式塔心理学家阿恩海姆揭示了形式美感产生的心理原因，对感知进行了条理分析，揭示了人类视觉审美过程中人自身心理的规律特征，取代了对艺术模糊的或理论上的假设性思考。

2.1.4.2　平面构成

　　平面构成舍弃了事物的现实状态，精取事物美的形式，把组成图像的基本单位归纳为点、线、面，并且按照一定的秩序和法则从具体形象中抽取事物的精粹后再重新分解和组合构成，以形式为主要表现对象来感染欣赏主体，它探讨的是二维度空间的视觉文法[③]。

　　平面构成是指将不同或相同形态的几个单元重新组合成一个新的单元，并赋予其视觉化、美学化、力学化的概念。构成对象的主要形态包括自然形态、集合形态和抽象形态。其构成方式主要有重复、近似、渐变、变异、对比、集结、发射、特异、空间与矛盾空间、分割、肌理及错觉等（图 2-8）。

2.1.4.3　立体构成

　　立体构成是由二维平面进入三维立体空间的构成表现，它探讨的是三维度空间的视觉文法。同时，由于立体构成是三维空间的实体形态，其构成离不开结构、材料、工艺，是艺术与科学相结合的体现，离不开力学和美学等相关知识，这无形中丰富了立体构成的形式语言表达（图 2-9）。

2.1.4.4　空间构成

　　空间的概念是抽象的，同时也是虚无的，空间是实体以外的部分，是无

① 李钰. 建筑形态构成审美基础[M]. 北京：中国建材工业出版社，2014.
② 顾馥保. 建筑形态构成[M]. 武汉：华中科技大学出版社，2010.
③ 王中军. 建筑构成[M]. 2版. 北京：中国电力出版社，2012.

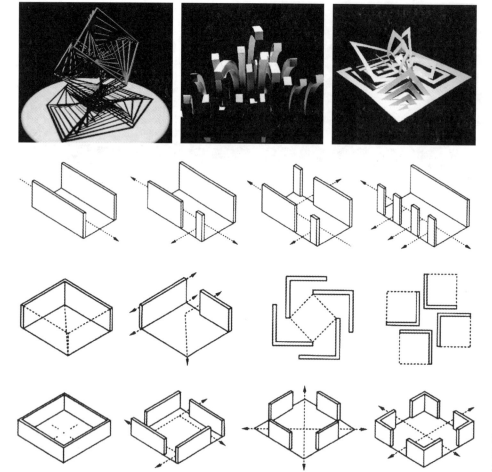

图 2-9　立体构成作品
图片来源: www.zcool.com.cn

图 2-10　空间构成: 围合示意
图片来源: 王中军. 建筑构成[M]. 2版.
北京: 中国电力出版社, 2012: 56

形且不可见的, 是和实体相对的概念。《辞海》中描述"空间是物质存在的一种形式, 是物质的广延性和伸张性的表现"。人类进行营造活动的最初目的就是为了获得可以利用的空间, 因此建筑的空间性仍然是建筑最基本、最重要的属性。在建筑中, 使用设立、围合等手法把柱、墙、屋顶、构件等抽象成点、线、面、体等抽象元素进行组合, 就能够产生内部空间, 这就是空间构成(图 2-10)。

同时, 柱、墙、屋顶、构件等经过组合又会形成外部形体。因此, 既要注意实体元素围合的内部空间, 又要考虑外部形体的建筑形态, 空间和实体是建筑空间内涵的两个方面(图 2-11)。

2.1.4.5　色彩构成

色彩构成又称色彩的相互作用, 是在色彩科学体系的基础上, 研究符合人们知觉和心理原则的配色创造, 即将复杂的视觉表象还原成最基本的要素, 运用构成原理组合、创造出一种符合目的的新色彩关系, 揭示色彩的本来面貌[1](图 2-12)。

[1] 李钰. 建筑形态构成审美基础[M]. 北京: 中国建材工业出版社, 2014.

图 2-11　空间构成的外部形态
图片来源：王中军. 建筑构成[M]. 2版.
北京：中国电力出版社，2012：53-54

图 2-12　色彩构成作品
图片来源：王中军. 建筑构成[M]. 2版.
北京：中国电力出版社，2012：54, 99

　　从人类开始建造房屋，色彩就成了建筑的组成部分，它与平面构成、立体构成和空间构成有着不可分割的关系，且色彩不能脱离其物质载体独立存在。一般色彩有三类要素：光学要素（明度、色相、纯度）、存在条件（面积、形状、位置、肌理）、心理要素（冷暖、进退、轻重、软硬、朴素、华丽等）。

2.1.4.6　光的构成

　　光线是人类生命活动赖以进行的条件，是人的感官所能得到的一种最辉煌和最壮丽的体验。而把光当成造型要素，则是从 20 世纪后才开始的，其原因是现代人可以任意加工、自由使用人工光[1]。例如都市的夜晚，有霓虹灯、彩灯、橱窗、招牌、彩色喷泉和各种其他照明器具，这些争奇斗艳的光设计随处可见。光无处不在，而光的创造行为在设计和美术领域也已经十分普及。

　　光构成即以光和光的现象性质作为构成要素，利用光媒体的种种特性与表现技法进行环境、室内、产品、广告、舞台以及展示等多方面、多角度的艺术

① 辛华泉. 形态构成学[M]. 杭州：中国美术学院出版社，1999.

图 2-13 悉尼灯光音乐节
图片来源：作者自摄

图 2-14 光构成作品
图片来源：www.tuchong.com

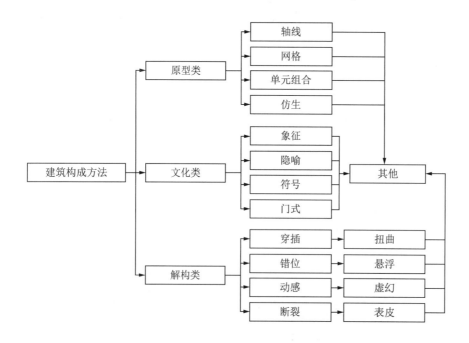

图 2-15 建筑构成方法分类
图片来源：作者自绘

设计。发光体、光线以及光与光的承照面的多样造型手法，可以使设计更加具有感染力，达到创意中的视觉效果与视觉冲击力（图 2-13，图 2-14）。

2.1.4.7 其他构成

此外，还有一些其他构成，如肌理构成、意向构成、想象构成、形式构成、解析构成、意义构成、打散构成、图案构成等，这些构成大多建立在上面提到的平面构成、立体构成、色彩构成、空间构成和光构成这"五大构成"的理论体系之上，处于辅助地位，且研究尚不充分，但是其构成理念、目标、手法、过程是相似的，在此不展开介绍。

2.1.4.8 构成法则

无论是何种构成，其采用的构成手法是相似的。有关构成手法的论著有很多，但构成手法基本相同，本小节以顾馥保的《建筑形态构成》为例，在此仅做简单归纳，并不展开阐述。顾馥保按照原型类（几何原型）、文化类和解构类对构成手法进行了分类[①]（图 2-15）。

① 顾馥保. 建筑形态构成[M]. 武汉：华中科技大学出版社,2010.

2.1.5　理论应用和意义

建筑设计方法从古典的构图原理发展到现代的建筑形态构成，它分解形态的构成要素，并按照特定的制约条件进行组合，进而对现代多元化的各种流派建筑理论做出归纳、分析，"读懂"与"分解"建筑将有助于使建筑设计思维方式更加条理化、逻辑化[①]。建筑构成是解析建筑设计的一种方法，也是开展建筑设计的一种手段。建筑构成理论在建筑设计中有着广泛的应用，对建筑设计有着如下的支撑作用：

1. 解析建筑造型。建筑构成理论基于建筑形态，着重于理解力的培养和训练，它不强调自身的独立性，不以自身的完成为目的，强调的不是模式而是思路，重视的不是结果而是创作过程。建筑构成从构成建筑的基本元素单元入手，从形象思维和逻辑思维相结合的视角来解读建筑造型，它可以发掘建筑材料和工艺的造型可能，分析造型设计中的形式美法则以及建筑师所具备的技术能力，进而探寻它们相互间的关系，以及相互间的关系带来的心理感受的变化，并寻求心理变化的根源，从而解析建筑造型设计的本质。

2. 引导造型创作。形态构成的重点在于造型，其以人的视知觉为出发点，从点、线、面、体等基本要素入手，实现形的生成，并对不同形态的表现给予美学和心理上的解释。这些也都是建筑设计中有关建筑造型经常涉及的问题，建筑中有大量重复的墙、柱、屋顶以及门窗等，它们既是构成建筑的物质要素，又可抽象为形态构成的点、线、面、体，按照构成方法加以组织，建立秩序，从而引导建筑师有意识地、逻辑地、理性地进行建筑造型的创作。正如一些构成学家所指出的，"构成的重点不是技术的训练，也不是模仿性的学习，而是在于方法和能力的培养"[②]。

3. 完善建筑设计。建筑设计受到多种主观或客观条件的影响与制约，设计的过程是一个综合解决问题、寻找最佳答案的过程[③]。虽然建筑形态并不是建筑设计的全部，但是建筑形态是建筑内在空间的外在表现形式，也是使人们能够感受到建筑信息的第一要素，在建筑设计中有着举足轻重的地位。对不同的设计项目和要求，建筑构成是形成建筑方案的切入点之一，在操作技巧和创作方法上提供了一个途径，因此，掌握建筑构成的理论和方法将有助于建筑师造型能力的提高，这无疑对建筑设计也是一种完善和优化。

建筑构成作为学习和研究建筑设计的基础课程，已被当今世界许多国家设计教育界所重视，它是在 20 世纪 20 年代包豪斯首次开设构成课的基础上经过改进和发展而创立的学科。构成是一种形态分析方法和再创造方

① 顾馥保. 建筑形态构成[M]. 武汉：华中科技大学出版社,2010.
② 田学哲. 形态构成解析[M]. 北京：中国建筑工业出版社,2005.
③ 同①.

法，即运用人类特有的综合性，分析各种复杂的形态要素，从而发现并创造出新的造型方法和规律。传统的偶发性灵感式的构思方法是有局限性的，它无法展示众多的设计方案。建筑构成在研究形态与空间的艺术性、追求纯粹形态和空间的创造上，提供了一个理性的思维模式，有着科学的设计思维和训练模式。

2.1.6 建筑构成的本质

实际上，"构成"一词源远流长，有着沉重的历史感。从巴黎美术学院的"布扎"建筑学教育体系开始，建筑师就试图探索建筑的各要素之间的组合关系。现代建筑设计中要素组合的概念其根源是从巴黎美术学院的"布扎"体系开始的[①]，例如在早期"布扎"体系的建筑设计中，最大的问题就是如何在整体空间中妥善安排间隔同时又不违背古典的对称原则与柱轴间隔。18世纪迪朗的设计方法具有典型代表意义，他将方格纸作为重要的辅助工具，用线来表示轴线，通过一系列的方块聚合，将方块图形元素组合成理想的、符合外部建筑形式要求的平面。因此，建筑设计（绘画）中要素组合的概念逐步进入"布扎"体系之中。随着大型复杂建筑的出现，"布扎"体系的建筑设计中功能和体块要素组合的方法被称为"构图"。

但"布扎"体系中"构图组合"的建筑设计方法不可避免地导致形式主义，即建筑师喜欢采用任意形状的外形而忽略体块造型的作用。朱利安·加代（Julien Gaudet）从正面论述了要素和构成的问题，放弃构图的提法，以构成代之。朱利安·加代认为构成才是建筑家们最该关注的问题，并给构成以极高的地位，提出构成就是将各个部分集中、融合、结合成一个整体。因此，从另一个侧面来看，这些组成部分就是构成的诸要素[②]。朱利安·加代构想建筑是由墙、窗和屋顶这些要素组成，相应地，构成就是由房间、入口、出口和楼梯等确定的，这些就是构成的要素。他列举了房间、入口、出口和楼梯等在建筑内部具有一定空间性的单位，并将其与墙、窗、屋顶等实体要素区别开来[③]。

雷纳指出，"布扎"体系理论化了"构成"和"要素"，是学院派和近代派共通的设计哲学，为20世纪20年代确立的功能主义近代建筑做了准备[④]。他认为近代建筑的特征在于"相应于被分离和限定的各种功能而有被分离和限定的三维形体，则这种分离和限定就是以很显而易见的方式实现构成"[⑤]。实际上，雷纳对建筑上各要素的关注，更表现在他对结构各要素的重视。而"构成"真正形成较为完善的理论源于1913—1917年间俄国新艺术运动的构成主义运动。1920年，在由加波和佩夫斯纳兄弟等人起草的《现实主义宣言》中，

① 徐洪岩. 浅析建筑设计中的建筑构成秩序[D]. 南京：东南大学，2005.
② 小林克弘. 建筑构成手法[M]. 陈志华，王小盾，译. 北京：中国建筑工业出版社，2004.
③ 同①.
④ 雷纳·班纳姆. 第一机械时代的理论与设计[M]. 丁亚雷，张筱鹰，译. 南京：江苏美术出版社，2009.
⑤ Banham R. Theory and design in the first machine age[M]. New York：John Wiley and Sons, 1980.

明确指出艺术形式也应该是抽象几何形式的构成，定义了"构成"的基本概念，并将其运用于艺术创作之中。1917—1928 年间的荷兰"风格派"运动将平面、直线、矩形视作艺术创作中的支柱，并将色彩减至红、黄、蓝三原色及黑、白、灰三非色；将"构成"的基本要素定义为平面、直线、矩形等典型的抽象几何形式，并将其运用于艺术创作之中。而真正将构成理论发扬光大的是德国魏玛的"公立包豪斯学校"，包豪斯在俄国的构成主义、荷兰"风格派"、德国现代主义设计的基础上，将艺术创作的典型抽象几何形式要素进一步分解和拓展成点、线、面、体、空间、色彩等基本形式和要素来进行构成组合，并且逐步形成了三大构成（平面构成、空间构成、立体构成）的基础教学体系，在随后的发展中，进一步衍生出色彩构成、光构成等。时至今日，"三大构成"及其衍生的构成理论仍然在当今的建筑学教育和建筑设计创作中起到重要的作用。

"布扎"体系的核心是通过艺术构图进行设计，本质是建筑实体的艺术形式创造。"布扎"体系形成于文艺复兴的末期，文艺复兴中许多震古烁今的艺术家对建筑设计有着很大影响。自 18 世纪初（1819 年）成立巴黎美术学院、建立"布扎"体系以来，建筑设计的过程被更多地看成是艺术创作的过程，直到 18 世纪末，朱利安·加代意识到"构成"才是建筑家们最该关注的问题，用"构成"取代"构图"，并理论化了"构成"和"要素"，将包含一定空间性的要素（房间、入口等）和没有空间性的实体要素（墙、窗、屋顶等）区别开来，并将这些作为建筑的组成部分。尽管随着时代的发展，18 世纪末，"构成"的萌芽已经在"布扎"体系中显现，但建筑的"构成"还没有形成较为完善的独立理论。

直到德国魏玛"公立包豪斯学校"的成立和"三大构成"理论的建立，建筑构成的理论才得以确立并一直延续至今。目前的建筑构成理论本质上根植于包豪斯体系的"三大构成"理论，主要指的是建筑形态构成。建筑构成的基本观念是将建筑的形态抽象化成点、线、面、体等基本要素来进行组合设计。建筑构成的操作可分为三个环节，即材料的分解、提取和抽象，基本要素的组合和形式的生成以及形式的物态操作和形态的确定。这是分解 – 构成 – 物化的过程，也是具象 – 抽象 – 具象的过程。这个过程可以被详细地描述为首先将建筑材料几何抽象成点、线、面、体等基本要素，其次将这些基本要素进行组合设计后，形成一定的建筑形式，这是具象到抽象的过程，最后根据建筑所处的物质环境和人文环境，通过对建筑形式进行添加表现、赋予材质、营造空间、应用技术等物态操作，以实现最终的建筑，这是抽象到具象的过程。

在目前建筑构成理论的语境下，朱利安·加代的"构成"可以被看作是以空间单位为要素的"平面构成"。综上所述，建筑"构成"的含义从"布扎"体系的"构图"和"要素"发展到包豪斯体系中的"三大构成"理论，其外延和内涵一直随着时代的发展在不断地更新和演变，但无论其如何改变，"建筑构成"仍脱离不了艺术创作的本质特征和目的。构成建筑的基本要素无论是被称作"绘画图形"还是"数理图形"，"艺术形式"还是"几何形式"，其本质也必然根植于艺术创作，具有明显的美学和艺术倾向，且不包含任何其他的"非艺术类"的"技术类"信息，也没有明确提出"建筑构件"的概念。

2.2 目前的建筑构成秩序

2.2.1 建筑秩序的释义

《中国土木建筑百科辞典》中，"秩序"的解释是："事物构成的规律性在时间和空间上表现的形式。建筑构图中探索的秩序是人类在大千世界中掌握某种秩序的规律性，应用既有的建筑材料进行秩序化的组织的结果，自原始建筑一直发展到现代建筑，人们都在探索以某种秩序对建筑进行组织，反映了建筑的不同情调和风貌。现代建筑则出现了多向性，即追求着多秩序。"[1]

自然环境是一个有秩序的生物圈，人作为自然界的一员，在生活发展中逐渐进行一些创造性活动来适应自然环境，但必须是在一定的秩序中进行的，需要与自然法则相一致。建筑是一种人类创造性活动的产物，具有物质和精神双重属性。就物质属性而言，它不能脱离一定的社会物质技术的发展水平；就精神属性而言，它不能超越一定的社会政治宗法制度、哲学文化观念和审美情趣等要素的制约[2]。建筑的秩序在这些要素中得以集中体现，并以建筑的方式体现出来，体现着建筑的本质和目的。

因此，秩序是多元性的，在关于秩序的具体描述上，有着不同角度的不同理解，在不同的语境下有着不同的语言定义。秩序是隐藏在任何事物背后的原则，所以秩序是广泛性的，可以体现在任何要素之中，需要用主观感受去评判，但是它又是客观存在的，不以个人的感觉而变化。如在建筑文化的语境下，中国人文世界的秩序从建筑空间格局、建筑形式表现、园林等方面可见一斑。《礼记·曲礼》中"君子将营宫室，宗庙为先，厩库为次，居室为后"

① 侯学渊，范文田. 中国土木建筑百科辞典：隧道与地下工程[M]. 北京：中国建筑工业出版社，2008.
② 李威. 建筑秩序的回归[D]. 天津：天津大学，2004.

的思想，住宅的"北屋为尊，两厢次之，倒座为宾，杂屋为附"的格局，在某种程度上，都是建筑通过自身形式语言体现宗族礼仪的秩序。再如在建筑构图的语境下，秩序不仅指的是图形的几何规律性，而且还是一种状态，即整体之中的每个部分和其他部分的关系，以及每个部分所要表达的意图都处理得当，直至产生一个和谐的结果。从图形的视觉角度来看，有秩序而无变化，结果是单调、令人厌倦；有变化而无秩序，结果是杂乱无章。秩序是一种视觉手段，能够使建筑物中各种各样的形式和空间在感性和概念上共存于一个有秩序的、统一的、和谐的整体之中。

2.2.2　建筑师的秩序观

2.2.2.1　维特鲁威

维特鲁威将法式、典式视为建筑秩序，正如其在《建筑十书》中提到的，"建筑是由秩序、布置、比例、均衡、适合和经营构成的，其中秩序即法式，典式"。法式是作品的细部要各自适合于尺度，作为一个整体则要设置适于均衡的比例。这是由量（量纲，尺寸，希腊人称 Posotes）构成的，量就是建筑物的细部本身采用的模数，并由（这些）特别的细部做成合适的整幢建筑物。

2.2.2.2　柯布西耶

柯布西耶这样强调秩序的重要性："建筑师通过使一些形式有序化，实现了一种秩序，这种秩序是他精神的纯创造；他用这些形式强烈地影响我们的意识，诱发造型的激情；他以他创造的协调，在我们心中唤起深刻的共鸣，他给了我们衡量一个被认为跟世界相一致的秩序的标准，他决定了我们思想和心灵的各种运动，这使我们感觉到了美。"[①]

柯布西耶用模度来建立建筑秩序，在其职业生涯中，一直强调数理控制对于建筑的重要价值。在《走向新建筑》中，他这样说："当部落人决定给神造一个遮蔽的东西……他采用了度量，采用了一个模数，控制着他的工作，他带来了秩序。"他给模度的定义是："模度（Modulor）是从人体尺寸和数学中产生的一个度量工具。举起手的人给出了占据空间的关键点：足、肚脐、头、举起的手的指尖。它们之间的间隔包含了被称为费波纳契的黄金比。另一方面，数学上也给予它们最简单也是最有力的变化，即单位、倍数、黄金比。"[②]

柯布西耶这样描述模度："模度不是个异常的神灵，它只是一个工具，能帮你迅速完成工作，避开前进途中的暗坑和荆棘。把它交给设计师是为了让他们创作、构成、发明、发现隐藏在他们自身当中的东西，那就是优美的比例和诗意。模度是工作中的工具，扫除前进途中的障碍。但是奔跑的是你而不

① 柯布西耶. 走向新建筑[M]. 陈志华, 译. 北京: 商务印书馆, 2016.
② 王晖. 勒·柯布西耶的模度理论研究[J]. 建筑师, 2003（1）: 87–92.

是它，这就是问题所在……除了我们内心深处的东西其他一概不存在，模度做的是内助功力，光这个就足够伟大了。"模度（Modulor）和控制线（Regulation）是柯布西耶的设计辅助工具，也是柯布西耶建立秩序的理性控制工具（图2-16）。

2.2.2.3 路易斯·康

路易斯·康是较早关注建筑秩序的建筑师之一，他把秩序提到事物存在本

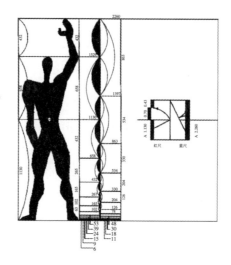

图 2-16 柯布西耶"模度"
图片来源：www.culture.ifeng.com

质的高度，在他看来，建筑是人类对秩序领悟的外在表现形式，秩序是隐藏在所有事物背后的原则，决定着事物的存在和发展。路易斯·康对建筑的探讨是把建筑视为人类的人性表现，这种探讨涉及社会、经济、美学和精神等各个方面[①]。他对事物存在的本质十分关注，如对光的赞叹，对材料的偏爱，对原型的领悟和对存在的追问等，正如关于砖的秩序他讲了经典的那句话——"你问砖，你想要什么？砖会说我爱拱券。"这段对话体现了路易斯·康对材料本质秩序的追求。路易斯·康道："有运动的序，有光的序，有风的序，还有围绕我们的一切……所谓'序'，是了解其本质，了解它能做什么。"建筑设计是"把通过对形式的认识变成实体……在某一刻竭力应用自然法则来使形式实现"。例如印度经济管理学院适应了地形、气候及通风的要求，除了自然的序之外，没有其他实用意义的理论支撑这一方案，这些"序"成为出发点。路易斯·康的这种建筑设计过程被安妮·唐总结为从"空间的本质"到"秩序"再到"设计"。安妮·唐曾写道："1953 年 11 月 18 日，康给我的信中提到了关于他三个阶段的创作过程理论，第一阶段是'空间的本质'，接下来是'秩序'，然后是'设计'……这个阶段还包括对任何时空的可能性保持开放的态度，放弃一些自负而提出'空间想要成为什么'的问题……秩序就像一个抽象几何概念凭借它自主的生命，促使康把它称为'种子'，并且试图去把它变成秩序。抽象的力量形成了秩序，然后发展到外向的设计阶段，在切实的实现过程中把基地、结构、材料、预算和项目的特殊要求等实际情况考虑进来。"[②]正如路易斯·康所说的："一个伟大的建筑，必须从不可度量开始，经历了可度量的过程，而最终又必须是不可度量的展示。"秩序在路易斯·康看来是一个可度量的过程，对于他的建筑秩序的解读有很多，例如汤凤龙从提炼路易斯·康的建构诉求特征——"在事物中找区分""部分是如何被组装在一起的""建筑的连接方式"这三条线索入手，思考这些建构诉求是如何被几何范式所归

① 李威. 建筑秩序的回归[D].天津：天津大学，2004.
② 克劳斯·彼得·加斯特. 路易斯·I. 康：秩序的理念[M]. 马琴, 译. 北京：中国建筑工业出版社，2007.

纳和整理的，从而引出对路易斯·康的"秩序"观念的研究。在融合了戴维·B.布朗宁和戴维·G.德·龙[1]、肯尼思·弗兰姆普敦[2]、原口秀昭[3]等学者对路易斯·康建筑作品的研究后，汤凤龙从建构、空间与几何秩序的相互关系（空间构成）的角度，将路易斯·康的建筑秩序归纳为"并置""阵列""集中""散落"和"连缀"[4]。

路易斯·康的建筑思想充满形而上色彩，既有古希腊柏拉图主义的影响，也有犹太神秘思想的成分。路易斯·康的身上凝聚着诗人和科学家的特质，他对建筑秩序的信念和表达也是如此。

2.2.2.4　密斯·凡德罗

密斯认为建筑是一种建造艺术，就像他经常对学生所讲述的："建筑开始于两块砖被仔细放在一起的那一刻。"弗兰姆普敦在《建构文化研究》一书中写道："密斯的建筑生涯一直充满矛盾，而时代的技术潜力、先锋派美学和古典的建构传统则是矛盾冲突的要素，面对这些矛盾，密斯毕生都在挣扎。这一现象本身就已经很能说明问题，因为它不仅揭示了先锋派的本质，而且也表明了抽象空间与建构形式之间，相对来说是不太可能相互兼容的。"[5]事实上，密斯不仅发现了两者间的裂痕，而且从根本上弥合了这种矛盾[6]，最终，密斯将技术的建构和抽象的极简几何形式空间融为一体，流动空间应运而生。

在这一过程中，密斯用"结构"来定义他的建筑秩序："对结构，我们有一种哲学观念，结构是一种从上到下乃至最微小的细节全部都服从于同一概念的整体。这就是我们所谓的'结构'。"[7]现代建筑师使用当代的建筑技术，遵循构造清晰的要求，以结构原理为指导，以创造性的建筑语言努力去阐释技术力量。此时的结构和建筑产生了新型的关系，结构并不暗示柱、梁或桁架——这些都是构造的组成部分。结构在这里更多的是指一种形态学的显现以及事物的有机秩序，它渗透于整个建筑的结构组织当中，并且将建筑的每一个部分阐释成一种必需的和不可遁免的状态，在这种状态下的形式成为结构的一种结果，而非构造的理由[8]。结构在密斯那里是建造法则和建筑秩序，是像逻辑一样的东西，其中最明显的表现就是平面内掌控一切建造元素定位和彼此关系的匀质网格，这种匀质的几何秩序促成了密斯"少就是多"的建筑哲学（图 2-17）。

2.2.2.5　赖特

麦卡特曾评论道："赖特一直致力于寻找一种可以涵盖构成和建造的统合秩序，一种类似于赖特在研究自然界的时候发现的可以将结构、材质、形式与空间整合起来的秩序。在他自己的建筑中，赖特通过从自然要素中寻求灵感

① 戴维·B.布朗宁，戴维·G.德·龙.路易斯·I.康：在建筑的王国中[M].马琴，译.北京：中国建筑工业出版社,2004.
② 肯尼思·弗兰姆普敦.建构文化研究[M].王骏阳，译.北京：中国建筑工业出版社,2007.
③ 原口秀昭.路易斯·I.康的空间构成：图说20世纪的建筑大师[M].徐苏宁，吕飞，译.北京：中国建筑工业出版社,2007.
④ 汤凤龙."间隔"的秩序与"事物的区分"[M].北京：中国建筑工业出版社,2012.
⑤ 同②.
⑥ 汤凤龙."匀质"的秩序与"清晰的建造"[M].北京：中国建筑工业出版社,2012.
⑦ 肯尼思·弗兰姆普敦.现代建筑：一部批判的历史[M].张钦楠，译.上海：生活·读书·新知三联书店,2012.
⑧ 尼古拉斯·佩夫斯纳,J.M.理查兹,丹尼斯·夏普.反理性主义者与理性主义者[M].邓敬，王俊，杨娇，等译.北京：中国建筑工业出版社,2003.

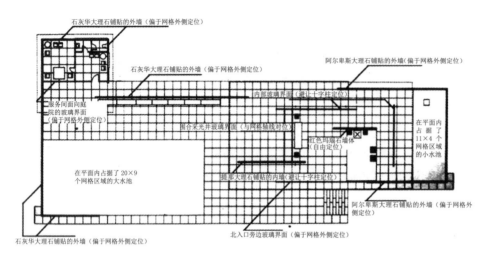

图 2-17 密斯"匀质网格"——
巴塞罗那德国馆
图片来源：汤凤龙."匀质"的秩序与
"清晰的建造"[M]. 北京：中国建筑工
业出版社，2012：34.

图 2-18 流水别墅
图片来源：www.sohu.com

图 2-19 威利茨住宅
图片来源：www.sohu.com

来整合其形式与空间。例如，岩石形成时的结晶几何形状，赖特称之为'自然界的无与伦比的建筑原则的证明'；萨华罗（sahuaro）仙人掌充满张力的结构，赖特称之为'预应力建造体系的完美例子'。"①

从这一意义上讲，赖特的秩序观启蒙于自然的有机，"有机"成为赖特追寻将结构、材质、形式与空间整合起来的秩序的原则（图 2-18，图 2-19）。

赖特这样定义"有机"："在建筑方面，'有机'这个词不只是指那些挂在肉铺子里的东西，也不只是那些用两条腿跑动和生长在田间的东西，而是与统一性（entity），或者说整体性（integral）、本质（intrinsic）有关。在建筑上独创性地使用这个词，意思是局部与整体和整体与局部一样，所以整体统一正是'有机'这个词的真正含义，即内在的、本质的含义。"②

同时，"有机"的另外一层含义是灵活性，它意味着建筑师在面对不同情况时应采取合乎自然、因地制宜的策略，而不应教条地采用固有设计思维。赖特将对自然之物内在有机秩序的理解应用到建筑的生成秩序之中，且赖特的有机秩序原则贯穿了建筑从微观到宏观的所有环节，充分展示了"整体性"

① Mccarter R. Unity temple：Frank Lloyd Wright[M]. London：Phaidon Press，1997.
② 项秉仁. F. L. 赖特[M]. 北京：中国建筑工业出版社，1992.

的含义。赖特对每一种材料都有独特的个人理解，对"材料的本性"的诉求使得赖特在建筑设计过程中因地制宜，针对材料的本性激发其内在生命，赋予其有机秩序。正如赖特对混凝土的描述："我们将从脚下或排水沟中去除建筑业轻视的流浪者，也就是混凝土块。在它里面找到它迄今为止仍未被发现的灵魂，使它像美丽的事物一样生存，像树木一样充满肌理。而我们要做的就是去教育混凝土块，再造它。"[1]

2.2.2.6　亚历山大

亚历山大主张在建筑形式设计中运用自然秩序，在他的三部著作《建筑的永恒之道》《建筑模式语言》《俄勒冈实验》中，亚历山大试图寻找一种永久的本质，即建筑的永恒之路，并将"模式"语言作为入口。

他在《建筑的永恒之道》中写道："每一座城市、每一个邻里、每一幢建筑都有一系列随着其流行的文化而不同的事件模式。但在每个时代和每个地方，我们世界的结构基本上是由一次又一次重复发生的一些模式的集合所赋予的。建筑或城市正是从这些组成它们的模式中获得其特征的。通过直觉我们明显感觉到，一些城市和建筑更充满生活气息，另一些则更少些。"[2]

"如果它们都是从组成它们的模式中获得其特征的，那么两个地方生活气息的不同是由这些模式所创造的。建筑和城市中的这种特质不能建造，只能间接地由人们的日常活动来产生，正如一朵花不能制造，只能从种子中产生。每个人心中都有自己的模式语言，人们可以用自己的语言来形成他们的建筑。你的模式语言是你对如何建造的认识的总和。一个人着手设计时，他的所作所为完全是由当时他心中的模式语言支配的，这完全依赖于他正巧在那时积聚的模式语言，它们给予你当时的创造力。"[3]

亚历山大的《建筑模式语言》提炼了 253 个城镇、邻里、住宅、花园、房间等的模式。模式作为一个整体和一种语言，掌握了它们就可以随心所欲地"写文章"，创造出千变万化的建筑组合，从而获得整体秩序。

2.2.3　建筑构成语境下的秩序

2.2.3.1　秩序的力量

建筑师的职业生涯总是奋斗在孜孜不倦追求自己设计理想的道路上，而他们内心深处也在有意识或者无意识地运用某些法则、规律或原则来实现他们对设计理想的终极诉求，这是他们建立秩序的过程。秩序是主观的，可以用主观感受去评判，用心去寻找；秩序是客观的，它存在于大自然之中，难觅踪迹但又无所不在；秩序又是多元的，建筑师们给出了自己不同的答案。

在维特鲁威那里，秩序是"法式"，它用适合的尺度，实现了维特鲁威

① Wright F L, Pfeiffer B B, Frampton K. Frank Lloyd Wright collected writings[M]. New York: Rizzoli, 1992.
② C. 亚历山大. 建筑的永恒之道[M]. 赵冰, 译. 北京: 知识产权出版社, 2002.
③ 同②.

对适于整体均衡比例的把控；在柯布西耶那里，秩序是"模度"，它用数理控制，实现了柯布西耶对"几何形体"形式美的诉求；在路易斯·康那里，秩序是"序"，它用可计量的事物表达内心深处的不可计量的目的，实现了路易斯·康对"空间想要成为什么"这种对事物本质的追求；在密斯那里，秩序是"结构"，它用匀质的空间网格，实现了密斯对"少就是多"的建筑设计哲学的呈现；在赖特那里，秩序是"有机"，它用材料的本性，实现了赖特对自然原则回归的苛求；在亚历山大那里，秩序是"模式"，它用模式语言，实现了亚历山大对建筑永恒之道的探索。这些建筑师的秩序观作为一种理性的思维模式，帮助他们完成了直觉和理性之间的自由驰骋。

2.2.3.2 建筑构成秩序的定义

根据上文对建筑构成的释义，建筑（形态）构成本质上是用构成的视角对建筑的形态进行分解、提取、处理和组合（重组）的过程，在重组过程中，按照一定的法则，使其满足人们的视觉心理需求和其他情感要求。虽然关于秩序不同的建筑师给出了不同的答案，但是都脱离不开"建立秩序"这样一种条理化、逻辑化、理性化的思维模式。

结合建筑（形态）构成法则的内容，建筑（形态）构成通过三类构成法则建立秩序：原型类的构成法则基于纯粹图形化的几何原型要素（正方体、球体、锥体、圆柱体等），通过轴线、网格、单元组合和仿生等设计手法建立秩序，几何要素是一种生成秩序的主观控制；文化类的构成法则基于人文情感化的精神文化要素（历史、自然、环境和文化传统等），通过象征、隐喻、符号、门式等设计手法建立秩序，文化要素是一种生成秩序的主观控制；解构类构成法则基于特殊情感化的精神追求要素（反传统、反压制、个性自由等），通过穿插、错位、动感、断裂、扭曲、悬浮、虚幻、表皮等设计手法建立秩序，从而使建筑呈现出具有秩序感的形式美，满足人们的视觉心理需求和其他情感需求。

因此，在建筑构成的语境下，秩序指的是在条理化、逻辑化、理性化的思维模式下的构成法则、原理和方法。但是值得注意的是，这种秩序的建立并不仅仅局限于书中所列举的三类构成法则、原理和方法，本书只选取了目前建筑构成法则中最具代表性的一些范例。此外，在秩序建立的过程当中，这些构成法则、原理和方法作为一种条理化、逻辑化、理性化的思维模式也并不是泾渭分明、截然分开的，而是在设计的过程中互相渗透、交融、整合的。

2.2.4 建筑构成秩序的内在含义

2.2.4.1 秩序感

建筑的秩序感是人们对建筑秩序的第一直观感受，其是在建筑的形态构成秩序建立之后，建筑所呈现出的一种具有清晰逻辑感的存在状态。秩序感作为建筑传递秩序的外在表象，其根源于内在特征，要求建筑的形态构成具有内在结构控制和组织模式，建筑产生的秩序感是建筑师通过某些构成手法建立秩序之后的必然结果。因此，从这一点来说，秩序是外在秩序感表象和内在结构构成相交融的产物，同时受到主观理性情感和客观制约条件的影响，这似乎在某种程度上就可以解释秩序既客观存在又需要主观感受，既多元广泛又受到条件制约这种既对立又统一的辩证关系。

2.2.4.2 哲学观念的影响

建筑是人类创造物质文明和精神文明的产物，在精神文明上，人类秩序感的产生离不开哲学观，建筑的变革归根到底源自哲学观念的变革[①]。哲学观念对建筑秩序的影响随着哲学观的变化而变化。

欧洲"古典时代"的古希腊和古罗马时期,亚里士多德认为任何美的东西，无论是动物或任何其他的由许多不同的部分所组成的东西，都不仅需要那些部分按一定的方式安排，同时还必须有一定的度量，因为美是由度量和秩序所组成的,建筑各部分间的度量关系就是比例。毕达哥拉斯认为世界的本原就是数，数组成一切事物，数是宇宙的要素，万物皆数，宇宙的组织在其规定性中通常是数及其关系的和谐的体系。柏拉图认为可以用直尺和圆规画出来的简单的几何形是一切形的基本。正是基于这些观点，才形成了古希腊时期朴素的理性的审美观，并表现在建筑的形式秩序之中。哲学家群星璀璨的古希腊和古罗马时代造就了欧洲古典建筑的基石，奠定了欧洲建筑文化的光辉地位。

欧洲文艺复兴时期，唯物主义哲学以及古希腊和古罗马的思想文化成为对抗中世纪宗教神学力量的有效武器，此时建筑不再强调形而上学的唯心主义，继而摆脱了中世纪哥特式建筑神秘、哀婉、崇高的强烈情感束缚，代之以唯物主义哲学和人文主义精神的秩序观。基于对中世纪神权至上的批判和对人道主义的肯定，建筑师希望借助古典的比例来重新塑造理想中古典社会的协调秩序。此时的建筑强调秩序和比例，拥有严谨的立面和平面构图以及从古典建筑中继承下来的柱式系统。该时期建筑的特点为对建筑的比例有强烈的追求（例如必须是3和2的倍数），造型以圆形和正方形为主，反对哥特式建筑。

现代主义建筑时期，现代西方哲学出现了唯意志主义、实证主义、新康德主义、直觉主义、分析哲学、现象学、存在主义、解释学、西方马克思主义、实用主义、结构主义、解构主义等新流派，它们对现代建筑产生了深远的影响，促进了现代主义建筑时期构成主义、风格派、有机建筑、象征主义、解构主义等具有典型哲学观点倾向的建筑流派的诞生和发展，且这些多元化的哲

① 李威. 建筑秩序的回归[D]. 天津: 天津大学,2004.

学观点造就了建筑师不同的秩序观。

2.2.4.3 科学技术的促进

在物质文明上，建筑构成秩序的演变亦离不开建筑技术的发展和时代的变迁，从古代以手工艺为主的建造模式到现代以工业化为主的建造模式，科学技术的发展无疑在潜移默化中影响着人们的世界观。如果从人文的角度认为"建筑的变革归根到底源自哲学观念的变革"，那么从物质的角度认为"建筑的变革必然伴随着科学技术发展的革命"也无可厚非。

18世纪末工业革命的爆发无疑开启了近代工业技术革命性变革的篇章，在建筑业破旧立新的"乱世"年代，复古主义建筑日渐式微而现代工业建筑方兴未艾，柯布西耶的《走向新建筑》犹如一面旗帜，伴随着工业技术的伟大成就，竖立在现代建筑的最前沿。先进工业技术的发展造就了一批现代主义建筑大师，成就了诸如柯布西耶的"模度"、密斯的"少就是多"、路易斯·康的"秩序"、赖特的"有机"等建筑设计哲学理念。柯布西耶的"住宅是居住的机器"这句话激进地表达了现代建筑师对工业革命后建筑业革命的迫切期望。新一代建筑秩序也在现代建筑的旗帜下呼之欲出，新材料、新技术的出现赋予了建筑师更加强大的建立建筑秩序的工具，建筑师不再局限于古典建筑时代、中世纪建筑时代、文艺复兴建筑时代所推崇的纯粹的数理图形、几何形式（形体），以及由砖石材料和手工艺模式建造的建筑所带给人们的秩序感受，而是在这些新材料、新技术的支撑下，更加广泛、灵活地构建自己的秩序观，从而追求自己的设计哲学，建立新一代的建筑秩序。

2.2.4.4 "构成"的秩序

多元化的哲学观念和科学技术的发展推动着现代建筑朝着多元化的方向发展，而建筑秩序作为建筑的组成部分之一，亦具有了多元化的含义，跟随着建筑师的设计哲学理念，一步一步地完成自己的使命。而"构成"理论的引入让建筑师拥有了更加理性地建立建筑秩序的手段和方法，将"构成"理论发扬光大的包豪斯对全世界现代建筑教育的影响之大、时间之长是前所未有的，这也许在某种程度上能够解释为何现代建筑的构成理论总是伴随着秩序一词而出现。

2.3 建筑构成秩序的自我更新

2.3.1 思想情感的呈现

无论如何定义和描述建筑构成、建筑秩序、建筑构成秩序，终究不能脱离建筑是物质文明和精神文明相互交融的产物这一本质。建筑除了要具备供人居住和使用这一物质层面的功能（物质要素），还需具备第二功能，也就是文化和精神层面的功能（情感要素）。情感要素主要体现在两个方面：其一是社会情感，即社会大众的文化审美观，这和社会理念密切相连；其二是个人情感，主要是指建筑师的个人喜好和建筑追求。如果建筑脱离了情感要素，那么建筑就不再是建筑，而只是房屋或是遮蔽所，目前的建筑秩序也就无从说起。

2.3.2　演变中的建筑构成秩序

建筑构成秩序随着人文社会的发展、科学技术的进步、知识体系的丰富等因素不断进行自我演变和更新，在不同的时代背景下有着不同的含义。建筑构成秩序受建筑所处时代的哲学观、审美观、社会环境、人文环境以及经济技术因素的影响，同时还受建筑师个人设计理念的影响。但是，无论建筑构成秩序如何演变，建立和认知秩序的过程本质上还是带有理性情感的主观认知行为，且作为知觉和理解的框架存在于人脑之中。

正如当代著名的美学家 E. H. 贡布里希在其著作《秩序感——装饰艺术的心理学研究》一书中说的："有一种秩序感的存在，它表现在所有的风格中。而且，它的根在人类生物遗传之中……我相信，有机体在为生存而进行的斗争中发展了一种秩序感，这不仅因为它们的环境在总体上是有序的，而且因为知觉活动需要一个框架，以作为从规则中划分偏差的参照。"[1]

2.3.3　当代建筑构成秩序的巴赫猜想

毫无疑问，20 世纪是一个人文社会和科学技术飞速发展的时代，量子力学的发现革新了科学界的思维方式；化学与生物化学的进步促进了材料科学的巨大进步；微电子学改变了信息载体，构成了信息科学的基石，推动着整个信息技术的发展；信息化技术的加入改变了人们的生活方式和工作模式，这些卓越的技术造就了伟大的建筑，人类社会从来没有如此大规模的建造如此丰富多彩的建筑。随着后现代主义登上历史舞台，建筑呈现出多元的状态，由此引发的形式空间的争论、理论流派的纷争从来没有停止过，这一方面反映了科学技术的进步使得建筑需要更加符合现代的功能和当代人的情感需要，另一方面反映了人文社会的发展引起了人文环境的激烈变化，也因此产生了多元化的建筑秩序观。

这些秩序观为适应它们所处的时代经历了一系列的变化：从基于古典建筑形式美的规律研究到基于现代建筑空间的构成理论研究，再到基于当代建筑多元化的理论研究。当时代的脚步迈入 21 世纪的今天，人文社会和科学

① E. H. 贡布里希. 秩序感: 装饰艺术的心理学研究[M]. 杨恩梁，徐一维，范景中，译. 南宁：广西美术出版社，2015.

技术实现了又一次飞跃，新型工业化技术、信息化技术、精益生产技术、节能环保技术以及其他新兴技术方兴未艾，很多行业取得了突飞猛进的发展。然而，在当今工业化的背景下，建筑业的进步却非常缓慢：在物质层面上，面对纷复繁杂的技术冲击，迷失在寻找正确发展方向的道路上；在文化和精神层面上，则难以适应复杂的多元化人文环境，难以有效承载人们的情感。因此，当代的建筑业处于转型过渡期，而建筑构成秩序作为引导建筑师进行理性建筑设计的思维框架和设计手段，一马当先又一次站在了历史的十字路口。

综上所述，本书分析了建筑（构成）秩序的历史发展脉络，以不同时期的建筑（构成）秩序为线索，结合建筑（构成）秩序在哲学观念、科学技术、构成理论等方面受到的影响，在思考当代建筑业发展方向的同时引出了本书研究的核心线索问题。当代的建筑（构成）秩序将如何更新以适应当今新型建筑工业化的时代？首先，要理清如下几个问题：

1. 目前建筑构成秩序和建筑设计之间的关系是什么？

2. 当代建筑秩序的定义和内容应该是什么？较之过去，有什么不同？需要拓展和更新哪些内容？

3. 当代建筑构成的定义和内容应该是什么？较之过去，有什么不同？需要拓展和更新哪些内容？

4. 当代建筑构成秩序的定义和内容应该是什么？与目前的理论相比，需要拓展和更新哪些内容？

5. 当代建筑的构成秩序应该如何建立？与目前的理论相比，需要拓展和更新哪些内容？

2.4 建筑构成秩序与建筑设计

2.4.1 建筑设计的本质

建筑设计是指建筑物在建造之前，设计者按照任务书的要求，并结合所处时代的物质环境（技术、经济、环境等客观条件）和人文环境（文化、观念、艺术等主观认知），针对建筑物从方案、建造、使用到维护甚至最后拆除的过程中可能遇到的问题，事先做好通盘的设想，拟定好解决这些问题的办法、方案，用图纸和文件表达出来。建筑设计作为和其他专业互相配合协作的共同依据，便于整个工程得以在预定的投资限额范围内，按照周密的预定方案统一步调、顺利进行，从而使建成的建筑物充分满足使用者和社会所期望的各种要求。在这个过程中，建筑设计建立在功能、技术、环境等客观条件的基础上，但又受到社会、历史人文、人类情感等主观因素的制约，这些条件和因素有的是强制性的，有的是非强制性的，建筑设计作为这些问题求解的技能操作，又是个人的思路、直觉判断以及与决策相关的整体性创造操作过程，制约可以诱发创造，而创造以制约为前提[①]。

建筑设计是主观意识和客观条件相融合的产物，这两类知识体系在不断发展的过程中互相交融，是建筑设计顺利进行的重要基础（图 2-20）。基于这两类知识体系的建筑设计形成了一套有自律性的操作体系，其中自律性体现在这种主观的设计意识是在一定的客观条件基础上，引导建筑师在理性的思维模式下使建筑设计符合后续物态操作的过程，而不是单凭创作经验的主观臆断。顾馥保将设计的操作分为三个环节，即观念、立意（理念）的确定，思维方式的选择和具体的物态操作[②]。这三个环节相对独立但又互为联系，互为促进但又互为制约，在物化操作过程中没有绝对的先后顺序，而是需要整体考虑，循序渐进地展开。然而，建筑设计本质上还是主观意识引导的思维过程，客观条件经过思维处理，变成了主观意识中理性的成分融入建筑设计，并最终体现在建筑中被人所感知。观念、立意（理念）的确定，思维方式的选择和具体的物态操作这三个环节阐释了设计从图纸到建筑、从主观到客观、从感性到理性的设计过程。

建筑设计同时也是"解题"和寻找答案的过程，针对所处的物质环境和人文环境，建筑师需要运用正确的思维方式，对诸多可能出现的问题进行设想、分析和判断，以便顺利进入物态操作的环节。物态操作是设计思维具体实现的过程，必须通过物态自身的动作以及物与物关系的协调，以具体的物态形象语言来完成建筑创作，是建筑实现的最终手段。如图 2-20 所示，物态操作包括空间构成、表现技法、结构技术、环境设备和施工管理等。

图 2-20　建筑设计的知识体系
图片来源：顾馥保. 建筑形态构成[M].
武汉：华中科技大学出版社，2010：7.

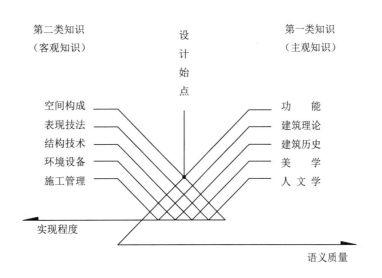

① 顾馥保. 建筑形态构成[M]. 武汉：华中科技大学出版社，2010.
② 同①.

2.4.2　建筑构成秩序的本质

建筑构成主要还是以抽象的数理图形、几何形式（形体）为基本要素，组合设计的过程也是在这种相对抽象的环境下进行的，这种以抽象的基本要素为组合设计和物态操作的对象，对建筑设计能力的提高有易于操作和易于把握的特点，这也是建筑构成理论应用和教育的初衷之一。

正如田学哲在思考建筑学建筑构成教育时提到的：“将抽象的几何形体作为练习对象更易于操作、易于把握。虽然建筑具有简单的几何形特征，用构成手法进行处理也是完全可行的，但是具体的建筑与抽象的几何形体两者之间存在客观而显著的差别。建筑无论大小、繁简，都会受到功能、环境、尺度、经济、文化和技术材料等诸多因素的制约。建筑设计必须对这些因素进行逐一分析、判断，最终提出综合解决问题的方案。”①

建筑秩序通常伴随建筑构成出现，指的是在条理化、逻辑化、理性化的思维模式下的构成法则、构成方法等建筑构成的原理。根据上文对建筑构成操作三个环节的总结，秩序发生在第二个环节，即基本要素的组合和形式的生成，构成秩序本质上是以“秩序”为基本要素组合设计的目标，即“内部结构有秩序”或给人们呈现直观的“秩序感”。因此，建筑的构成秩序，实际上是用建筑构成的法则、原理和方法来创造秩序，是建筑形态构成设计中对“有秩序”这种设计理念的追求。构成秩序服务于建筑（形态）构成，而建筑构成服务于建筑设计。构成秩序作为一种理性化的原则，能够创造符合建筑“形”和“态”要求的建筑造型。

2.4.3　建筑构成秩序在建筑设计中的地位

建筑构成将建筑的形态和空间与物态操作过程同步进行，以形态的自身语言（形象思维）和构成方式（逻辑思维）对建筑的形态和空间进行思考并生成。因此，建筑构成在建筑设计的过程中，既是思维模式选择环节中一种富有逻辑性的思维方式，又是物态操作环节中形成形态和空间的一种执行手段，在建筑设计中有着重要的地位和作用。

建筑构成秩序是建筑造型设计中理性思维模式下的原则和方法，也是建筑设计的一部分，起到完善建筑设计的作用（图 2-21），虽然无法被直接感知，但是一直作为一种潜在的客观存在于现有的建筑设计中。建筑造型设计通过点、线、面、体来呈现其艺术美感和精神功能，虽然秩序在不同的人文环境下有不同的理解，形成有形的和无形的不同，但是其在创造建筑形式美和满足人们视觉心理和精神心理时具有传承性、共性和规律性。因此，建立秩序的原

---

① 田学哲. 形态构成解析[M]. 北京：中国建筑工业出版社，2005.

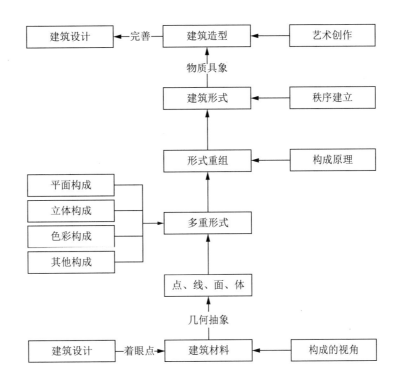

① 田学哲. 形态构成解析[M]. 北京: 中国建筑工业出版社, 2005.

图 2-21　建筑构成秩序在建筑设计中的应用和操作路径

图片来源: 作者自绘

则和方法虽然在不断地自我演变和更新, 但在变化中有不变, 在不变中又有变化, 这些都是在总结前人研究成果的基础上, 在建筑设计中经过筛选、积淀而来的。

然而, "建筑的多元制约因素还决定了其价值趋向的多元性和模糊性。建筑造型作为众多元素之一, 不是也不应是判断建筑设计优劣的唯一标准⋯⋯而抽象的几何形体摈弃了形态之外的其他制约因素, 造型成为唯一的目的和价值趋向"。①这段话也精辟地表达了目前建筑构成的三层含义:

其一, 目前建筑(形态)构成的目的是追求符合"形"(外形美、形式美)和"态"(视觉心理、精神心理)的建筑造型, 为其提供多种构思方法, 使其融入建筑造型设计之中并成为建筑设计的一部分。

其二, 建筑(形态)构成在具体操作的过程中, 其最关键的"构成"环节规避了建筑多元性和模糊性的特征, 将抽象的数理图形、几何形式(形体)作为基本要素, 进行组合设计和形式生成, 因此, "构成"实质上是使用建筑物中的物质要素墙、柱、门窗等抽象化成基本要素之后作为操作对象再进行组合设计和形式生成, 而非使用构成建筑的物质要素本身。

其三, 建筑设计是一个综合的过程, 从建筑师角度来说, 受到其知识结构、思维方法、操作技巧、创作手法等方面的影响。而建筑构成只是在操作技巧、创作方法上提供了一个途径, 在"构成"的过程中, 摒弃形态之外的其他制约因素并不是将建筑构成与其他制约因素孤立开来, 恰恰相反, 建筑构成需要与其他制约因素结合起来，才能最终完成建筑设计。

　　建筑设计是基于物质环境、人文环境和主观认知的一种创造性思维活动过程，既依赖于理性思维，又离不开感性思维，即"想象力"。想象力和建筑师的修养和阅历密切相关，并且潜藏于人脑的"信息库"之中，信息库是想象的原料，而构成秩序的原理是帮助理性化建立这种信息库的手段。正如包豪斯构成课程的奠基人之一约翰尼斯·伊顿所说："如果你，在无意中，有能力创作出色彩杰作，那么无意识是你的道路；但是如果你没有能力脱离你的无意识去创作色彩杰作，那么你应该去追求理性知识。"①从这一点上来说，所谓的无意识的感性思维也是需要建立在潜意识的理性思维之上的。

2.5　建筑工业化视野下的拓展

2.5.1　新型建筑工业化视野与目前的建筑构成理论

2.5.1.1　新型建筑工业化

　　工业化（industrailization）通常被定义为工业（特别是其中的制造业）或第二产业产值（或收入）在国民总值（或国民收入）中比重不断上升的过程，以及工业就业人数在总就业人数中比重不断上升的过程。工业化的定义有很多，其中以联合国经济委员会的定义较为著名，即工业化包括生产的连续性、生产物的标准化、生产过程的集成化、工程建设管理的规范化、生产的机械化、技术生产科研一体化。最初，对工业化的定义仅限于制造业（尤其是重工业部门），但随着科学技术的发展，工业化逐步被引入建筑业，尤其是工业革命之后，建筑业在工业技术的冲击下，开始采用工业化的手段来进行建筑设计和建造活动。

　　从狭义上来说，建筑工业化指的是以构件预制化生产、装配式施工为生产方式，以设计标准化、构件部品化、施工机械化、管理信息化为特征，通过整合设计、生产、施工等整个产业链，实现建筑产品节能、环保、全生命周期价值最大化的可持续发展的建筑生产方式。根据目前的技术水平，预制装配技术是目前建筑工业化中应用最为普遍的方法，也是最易实现建筑工业化目标的技术路线，因此，"预制装配"通常和建筑工业化共同出现，两者具有相同的含义。

　　从广义上来说，建筑工业化是指用现代化的制造、运输、安装和科学管理的生产方式，来代替传统建筑业中分散的、低水平的、低效率的手工业生产方式。1974年，联合国出版的《政府逐步实现建筑工业化的政策和措施指引》

① 纪颖波. 建筑工业化发展研究[M]. 北京：中国建筑工业出版社，2011.

中定义了建筑工业化：按照大工业生产方式改造建筑业，使之逐步从手工业生产转向社会化大生产的过程。因此，从广义上来说，任何可以将建筑从分散式、小规模的传统手工生产模式转换成产业式、大规模的机器制造生产模式的途径和方法，都可称之为建筑工业化。

当今社会，随着信息化、精益建造、节能环保等技术的兴起，建筑工业化有了更加多元化实现的途径和方法，这些技术相较于预制装配技术，或起到辅助的支撑作用，如精益建造的引入、信息化 BIM 的应用可以有效优化预制装配式建筑的设计、生产和管理流程等；或起到革新的先锋作用，如 3D 打印技术用打印来替代建造，大大减少预制装配式技术转运预制构件的过程。因此，当今的建筑工业化也步入一个多元化的时代。

本书将目前建筑工业化中应用最为普遍的预制装配式建筑作为主要研究对象，并将新型建筑工业化定义为以健康的环境、持续的经济和和谐的社会为目标和出发点，用建筑产品研发模式补充建筑作品设计模式来创造具有工业化建造特征、高标准的建筑性能，兼具深层次美学需求和历史文脉的建筑。这种战略路线可以高效整合、控制和管理标准化设计、工厂化生产、装配化施工、一体化装修和信息化管理，从而使得建筑在设计、生产、施工、开发等环节形成完整的、有机的产业链，真正实现新型建筑工业化，进而实现健康的环境、持续的经济和和谐的社会的目标（图 2-22）。

产品模式和产品化是本书新型建筑工业化研究的重点，建筑产品模式和

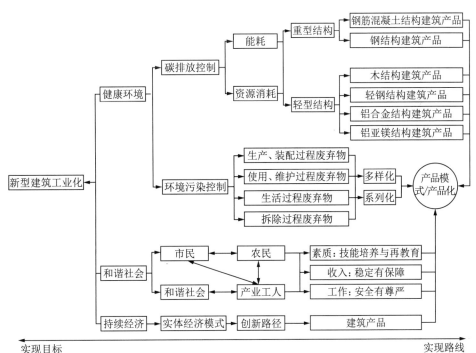

图 2-22　新型建筑工业化
图片来源：东南大学建筑学院新型建筑工业化设计与理论团队提供，作者自绘

产品化的策略离不开对制造业工业产品的研究。因此，本书所定义的新型建筑工业化的视野是建筑业和制造业互相融合的视野，不仅将视野界定在建筑业，而且还延伸至制造业，以便将制造业的产品化理念融入建筑业。然后，从建筑业的建造角度出发，以建筑构成和建筑秩序的视角，对建筑工业化背景下将制造业融合进建筑业进行策略性研究，为新型建筑工业化的发展提供新的思路。

2.5.1.2　目前的建筑构成理论外延和内涵的拓展

目前的建筑构成理论实际上是针对传统建筑项目，在美学、心理学的层面上，从建筑的抽象元素，如数理图形、几何形式（形体）的组合设计出发，对建筑造型设计进行探讨。目前的建筑构成理论的研究对象是理性思维模式下建筑形态的艺术性创造过程中的构成秩序、构成法则和构成方法等建筑构成的原理，抽象的几何形体摒弃了形态之外的其他制约因素，造型成为唯一的目的和价值趋向。而且上文已经提到，构成建筑的基本要素具有明显的美学和艺术倾向，并不含任何其他的"非艺术类"信息。

然而，与一般建筑项目从设计图纸到施工图纸，再到现场施工的传统流程不同，预制装配式建筑项目还增加了构件设计、制造、生产、运输和装配等环节，这些环节的增加凸显了相关工程技术在建筑设计中的重要性，并增加了其对建筑设计前期环节的影响。同时，在当今建筑工业化的背景下，尚无专门针对预制装配式建筑类型的相关建筑构成理论内容。

因此，目前的建筑构成理论在当今新型建筑工业化的背景下需要拓展新的外延和内涵，以补充目前建筑构成理论的相关内容，尤其需要在技术、建造的层面上，从建筑的物质要素，如建筑构件、预制构件的组合设计出发，探索符合新型建筑工业化要求的构成秩序、构成法则和构成方法等建筑构成的原理。

本小节将以技术性（物质环境）和人文性（人文环境）这两大影响建筑设计的因素作为参照指标，借助平面直角坐标系中的数学模型，分析目前的建筑构成理论和新型建筑工业化背景下的建筑构成理论之间的区别和联系。如图 2-23 所示，横轴 X 轴的正半轴是人文性，即艺术程度，数值越大代表艺术性越高；X 轴的负半轴是艺术关注度，数值越小代表关注越深入。X 轴从左至右代表随着艺术关注度的不断增加，艺术关注度经过原点转变为人文性，体现为艺术性继续增加。纵轴 Y 轴的正半轴是技术性，即实现程度，数值越大代表实现程度越高；Y 轴的负半轴是技术关注度，数值越小代表关注越深入。Y 轴从下至上代表随着建筑技术关注度的不断增加，技术关注度经过原点转变为技术性，体现为实现程度不断增加。

　　第一象限中，技术性和人文性的数值皆为正数，代表建筑，即技术性和人文性结合的产物；第二象限中，技术性数值为正数，人文性数值为负数，代表房屋，即房屋只具备物质层面的功能（物质要素），并不具备文化和精神层面的功能（情感要素）；第三象限中，技术性和人文性的数值皆为负数，代表设计准备阶段，即随着艺术关注度和技术关注度上升不同的幅度，最终会呈现出房屋、建筑、方案图纸三种不同的结果；第四象限中，技术性数值为负数，人文性数值为正数，代表具有艺术美感的方案图纸，即暂时无技术性且无法实现，但随着技术关注度的不断上升，依托正确的技术手段，最终可以转变为建筑。

　　在此平面直角坐标系中，可以用一次函数（直线）来描述目前的建筑构成理论和建筑工业化视野下的构成理论（图 2-23）。目前的建筑构成理论主要针对传统建筑类型，在设计准备阶段，建筑师对艺术的关注度明显高于对技术的关注度，体现为理论对建筑的人文性（艺术程度）的作用明显高于对建筑的技术性（实现程度）的作用，这反映了目前的构成理论主要是将关注点放在建筑的人文性塑造上，而建筑的技术性只是作为原理性的知识起辅助作用，在坐标系中体现为建筑的人文性数值大于建筑的技术性数值。而建筑工业化视野下的构成理论需要增加预制装配式建筑类型的内容，流程环节的增加意味着需要对建筑的技术性更加关注，在设计准备阶段，建筑师在对艺术关注度不减少的基础上增加了对技术深入度的关注，体现为理论对建筑的技术性作用（实现程度）大于或等于对建筑的人文性（艺术程度）作用，这反映了建筑工业化视野下的构成理论将建筑的技术性放在了和人文性同等重要或者更加重要的位置上，在坐标系中体现为建筑的技术性数值大于或等于建筑的人文性数值。

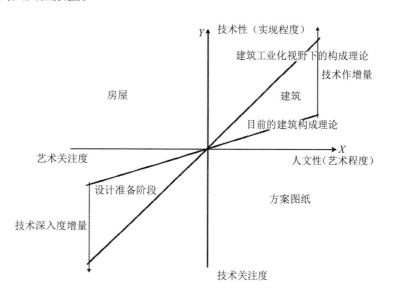

图 2-23　建筑构成理论的平面直角坐标系
图片来源：作者自绘

综上所述，相较于目前的建筑构成理论，建筑工业化视野下的构成理论体现为设计准备环节的技术深入度增量和最终建筑的技术性增量，工业化的背景使建筑业和制造业越来越具有趋同性，预制装配技术的发展放大了这种趋同性，并将建筑的技术性逐步提升到和建筑人文性同等或更高的位置上。这是新型建筑工业化视野下建筑构成理论外延和内涵拓展的本质。

2.5.2 建筑的工业化构成理论的命名与含义

2.5.2.1 建筑的工业化构成理论建立和命名的缘起

根据上文对新型建筑工业化视野与目前的建筑构成理论外延和内涵的拓展的分析和描述，为了叙述方便，本书把建筑工业化视野下的建筑构成理论命名为"建筑的工业化构成原理"。"工业化构成"指的是"具有工业化特征的构成"，这和目前建筑构成理论在工业化视野下拓展的内容也是一致的，现在先使用这个名词，后文会对其进行推导和论证。

2.5.2.2 建筑的工业化构成原理的预定义和含义

相较于传统的建筑，"建筑的工业化构成原理"需要拓展更多技术性的内容，因此，本小节先将"建筑的工业化构成原理"进行预定义，之后结合建筑的工业化构成原理的推导和内容，再进行详细和准确的定义。"建筑的工业化构成原理"是指在建筑设计中运用构成的视角，首先将建筑按照建造或预制装配的逻辑进行分解，然后将所提取到的建筑（预制）构件作为具象化的基本物质要素，结合工业化的特征，按照建筑构件制造、生产、转运、装配、维护和拆除的建筑全生命周期环节的需求进行基于客观技术条件的推理和思维性组合（重组），进而探索建筑工业化背景下的预制装配式建筑的构成秩序、构成法则和构成方法等建筑构成的原理。

需要注意的是，"建筑的工业化构成原理"将建筑的技术性作为主要关注的重点，而建筑的人文性并不是关注的重点，但是，这并不意味着"建筑的工业化构成原理"将建筑的技术性和人文性割裂开来，也并不代表其与目前的建筑构成理论是泾渭分明的，恰恰相反，"建筑的工业化构成原理"只是在目前的建筑构成理论对人文性关注的基础上加强了对技术性的关注，以满足工业化的需求，与目前的建筑构成理论是互为补充、渗透、交融和整合的。

2.5.3 建筑的工业化构成原理建立的可行性

1. 时代基础

21世纪人文社会和科学技术的飞速发展将建筑工业化带入了一个新的历史时期，建筑业呈现出新的发展态势，制造业的数控制造和精益生产技术、信息技术下的建筑信息模型（BIM）技术和物流技术、机械化精确装配技术以及先进的建筑维护和管理技术给建筑工业化提供了更多更高效的实现途径，同时也赋予了"工业化"更多的外延和内涵。伴随着纷复繁杂的技术冲击，新型建筑工业化时代已经来临，在当今多元化的技术环境和时代背景下，建筑构成理论却难以跟上时代的步伐。科学的发展、技术的进步、多学科融合所产生的新的知识体系，给当前建筑工业化的研究和实践带来了新的挑战。在此背景下，目前的建筑构成理论亟待更新和拓展，时代的需要也给建筑的工业化构成原理提供了时代基础。

2. 理论基础

在基础理论方面，当代创建理论的指导性思想和方法是马克思主义的哲学理论，即马克思主义的辩证唯物主义、历史唯物主义和唯物辩证法。这个理论在各个领域作为指导思想，得到了广泛的应用。"建筑的工业化构成原理"应用"系统论"的科学方法论，将建筑的工业化构成看作一个完整的系统，用系统论的方法去分析，将理论逐步明确，在具体应用上，研究建筑的工业化构成各种分系统的特征，描述其功能，寻求并确立适用于一切系统的原理、原则和模型。

在专业理论方面，由于"建筑的工业化构成原理"的目的主要是探索建筑的构成秩序、构成法则和构成方法等建筑构成的原理中技术性的内容，因此建筑技术中的相关专业理论与其密切相关。建筑技术科学是建筑学一级学科的一个方向，涵盖建筑物理学（包括建筑声学、建筑热工学与建筑光学）、建筑构造学以及建筑CAD等专业方向。其中，建筑CAD研究如何将计算机与网络技术应用于建筑与规划领域，包括计算机辅助设计以及数字技术、图形显示和信息技术等在建筑与规划中的应用，建筑物理学研究如何通过建筑与规划措施来改善建筑物内外热湿环境，创造健康舒适与可持续发展的人居环境。建筑构造学的相关理论是建筑在物态操作环节的"可行性"和"可建性"的重要技术支撑和理论基础，建筑构造学研究的是建筑物各组成构件及其节点的构造技术，是保证建筑物具有良好功能并满足安全、美观、实用的重要技术环节。

而制造业的相关理论也是如此，如精益生产理论、被引入建筑业的精益建造理论等，针对预制装配式建筑类型增加的制造、生产、转运、装配、维护、拆除和管理等环节，提供了制造业的借鉴经验。相对于建筑构造学的理论内容，制造业理论内容的补充使得建筑工业化背景下建筑的技术体系更加完善，这与"建筑的工业化构成原理"对建筑的技术性需求不谋而合。建筑业和制造业都是伴随着人类文明进步发展的两大传统产业，有着完善的学科理论体系、知识体系，这些成熟的体系为创建"建筑的工业化构成原理"提供了理论依据和理论基础。

3. 物质基础

众所周知，建筑工业化是一个非常古老的研究主题，早在1910年，建筑工业化的概念就伴随着现代主义建筑的诞生而出现了，经过100多年的发展，建筑工业化的研究和实践数不胜数，在当今新型建筑工业化的时代更是掀起了新一轮浪潮，这些大量已经存在的工业化建筑项目和技术细节为研究提供了丰富的物质基础，为"建筑的工业化构成原理"的创建提供了最为直接的可能性。在这些浩如烟海的工业化建筑项目中，众多的技术细节可以被调查、分类、比较、分析、归纳、推理、总结，在唯物辩证法和"系统论"的指导下，找出它们之间的联系、影响、作用等关系，就可以找到其中具有客观规律性的东西，将其提炼成"建筑的工业化构成原理"的核心内容，从而建立"建筑的工业化构成原理"的完整理论体系，为建筑工业化构造秩序的产品化策略框架模型的建立打下基础。综上所述，以上三个条件都是成熟的，为创建"建筑的工业化构成原理"提供了可行的客观条件基础。

2.6 建筑的工业化构成原理的推导

2.6.1 建筑的工业化特征

"建筑的工业化构成原理"探索的是建筑工业化背景下具有工业化特征的建筑构成秩序、构成法则和构成方法等建筑构成的原理，因此，工业化特征对建立"建筑的工业化构成原理"具有重要的推导意义。下面将按照工业化建筑的基本建造流程设计环节、制造与生产环节、运输环节、装配环节和维护环节，以及整个流程的管理体系分析、归纳和总结建筑的工业化特征。生产的连续性、生产物的标准化、生产过程的集成化、工程建设管理的规范化、生产的机械化、技术生产科研一体化是联合国定义的六条工业化标准，在建筑业则具体表现为将建筑分解成预制构件，以工厂化生产、装配式施工为主要生产方式，以设计标准化、构件部品化、施工机械化、管理信息化等为主要特征，通过整合建筑全生命周期的产业链，实现建筑产品节能、环保、全生命周期价值最大化的可持续发展的新型建筑工业化的建造方式。

1. 流程特征

工业化建筑项目与传统建筑项目的最大不同在于增加了工厂制造、生产、运输这一组织节点，这种额外的复杂性的增加带来了建造流程的改变，也带来了两个界面，即设计与工厂界面，工厂和现场界面，而传统设计方式仅是设计到现场这一个界面①。

因此，目前典型的工业化建筑建造流程可以归纳为：首先设计单位完成方案图纸，并深化成施工图纸。其次工厂根据设计单位交付的施工图纸将建筑拆分为预制构件，完成构件图、制造图等的深化设计（或交付前由设计单位继续完成）。最后经过运输，由安装单位在现场完成吊装、装配的施工（图 2-24）。

相较于传统建筑，工业化建筑虽然在劳动生产率的提高、资源能耗的降低、污染的减少、施工人员的保障、建筑寿命的提高、建筑工程质量和安全的提高等方面具有显著优势，但是工业化建筑对建造流程的全局性、系统性和秩序性要求更高，更加需要妥善处理好设计与工厂、工厂与现场之间的关系。

2. 设计环节

（1）标准性

预制装配技术的核心是建筑预制构件的工厂化生产和现场的标准化装配，其中工厂化生产意味着建筑预制构件需要像制造业的工业产品一样在工厂特定的流水线上大批量生产。因此，"标准化"的设计是预制构件能够实现工厂化生产的重要前提之一，也是实现构件部品化、施工机械化、管理信息化等建筑工业化核心特征的必要手段之一。作为我国行业内广泛认同的"五化"之首，设计环节的标准性特征最为明显，且标准性的特征也体现在建造流程的其他环节。

（2）协同性

与传统的建筑相比，工业化建筑更加重视各专业间的协同合作。预制构件是连接设计图纸和最终建筑的物质载体，在设计初期就要将建筑的设

图 2-24　工业化建筑与传统建筑的建造流程对比
图片来源：李忠富，李晓丹. 建筑工业化与精益建造的支撑和协同关系研究[J]. 建筑经济, 2016, 37（11）: 92-97.

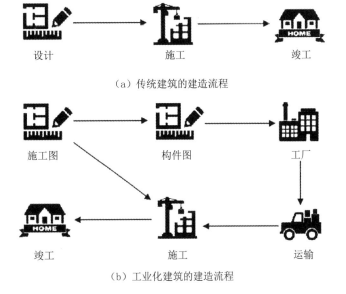

（a）传统建筑的建造流程

设计　　施工　　竣工

施工图　　构件图　　工厂

竣工　　施工　　运输

（b）工业化建筑的建造流程

① 李忠富，李晓丹. 建筑工业化与精益建造的支撑和协同关系研究[J]. 建筑经济, 2016, 37（11）: 92-97.

计要求、结构要求、性能要求、防火要求等和预制构件的制造与装配工艺结合起来，各专业相互制约又互为条件，这就需要同步化、一体化的协同设计，不仅需要关注设计本身，还需要关注下游环节的制造、生产、运输、装配等客观条件，设计过程中还需要模拟建造过程，对可能发生的问题进行预判并预防。

（3）成品性

传统建筑的部品如门窗、栏杆、雨棚等通常是在土建设计完成之后再进行二次深化设计，作为对建筑设计的补充和完善。而工业化建筑在设计阶段完成前，所有预制构件的设计文件都已深化完成，否则其无法在工厂的流水线上进行大批量生产。这使得工业化建筑设计在设计阶段就有成品化的特征，和传统建筑由图纸到实物的流程不同，工业化建筑的流程是由实物到图纸再到实物，在初期就将传统建筑在施工阶段控制不好的二次深化内容移至设计阶段。

（4）影响性

工业化建筑设计对建造流程的下游环节有重大影响，如在工厂，直接影响构件生产模具的重复使用次数、模具的加工生产难度、模具的成本以及运输效率等；在现场，则直接影响装配流程难易、施工机械种类、工人数量等。因此工业化建筑设计对整个项目有着非常大的影响，而在传统的建筑中，这些因素很少或基本不受建筑设计的影响。此外，工业化建筑设计一旦交由工厂进入制造和生产阶段，就很难对设计进行修改，往往"牵一发而动全身"。

3. 制造与生产环节

（1）产品性（标准性）

制造与生产环节通常是制造业工业化产品才有的环节，但是工业化建筑预制构件的工厂化生产使预制构件需要像工业产品一样在特定的流水线上进行标准化制造和生产，虽然最终的建筑是在现场装配完成的，但是建造过程中制造与生产环节仍然是流水线作业，仍然遵循着生产线的基本规律，也依然遵循着批量化、标准化等工业产品的制造与生产原则。因此，工业化建筑的制造与生产环节具有和制造业工业产品相类似的产品特征，标准性表现为产品性。

（2）精确性

建筑预制构件的工厂化制造与生产和制造业的工业产品一样，具有精确化、精细化的特征。制造业广泛应用的数控机床（CNC，Computerized Numerical Control）是一种装有程序控制系统的自动化机床。该控制系统能够逻辑地处理具有控制编码或其他符号指令规定的程序，控制机床可以按图纸要求的形状和尺寸，自动地将构件加工出来，显著提高了建筑产品的质量，保证了尺寸形状的精确。

4. 运输与装配环节

（1）规范性（标准性）

运输是工厂生产和工地装配之间的重要纽带，虽然很多国家目前尚缺乏针对工业化建筑的相对专业化的运输条例，但是各个企业根据自身不同的技术背景和工程经验都有自己规范化的运输条例（图2-25）。这种规范化的原则也体现在现场装配的环节，虽然所涉及的安装与连接构造处理技术会因项目的差异产生不同的施工做法，但是工业化建筑的现场装配通常是按照标准化、规范化的装配工艺来进行施工的。这和传统建筑项目在施工过程中"边修边改"有很大的不同，前期的成品化设计、精确化制造和批量化生产都不允许在运输与装配的环节有任何大的调整和变动。

（2）机械性

工业化建筑的机械化特征主要体现在运输与装配环节，机械化是指建筑工程中各工种和各工序的机械化，即有机地把各工序、各工种的运输和装配机械统一地、科学地组织起来，使之先后衔接、互相配合，完成运输和装配任务。与传统建筑项目的机械化不同的是，工业化建筑在运输与装配环节的机械需要按照不同的建筑预制构件的要求进行配套，有的机械甚至要经过有针对性的二次设计，以符合专门化、精确化的装配工艺，因此，工业化建筑运输与装配环节的机械性更加具有专业性、特殊性和针对性。

（3）可控性

工厂化生产带来的是运输与装配环节的可控性。由于建筑在现场施工之

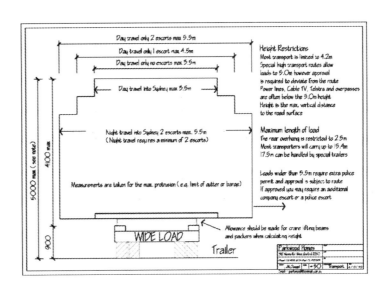

图 2-25　澳大利亚园木公司（Parkwood）的构件运输指导图纸

图片来源：澳大利亚园木建筑工程公司（Parkwood）约翰·麦克杜格（John Mcdougall）提供

前就被拆分为预制构件在工厂内生产，因此大部分建造工作实际上已经在工厂完成了，现场只需将预制的建筑成品（或半成品）构件进行装配，这大大减少了现场的工作量，此外，这种建造模式可以有效避免恶劣天气环境的影响，可以自由安排和选择合适的工期进行运输和装配工作。

5. 维护环节

建筑使用维护管理是指建筑在竣工验收完成并投入使用后，整合建筑内人员、设施及技术等关键资源，通过运营充分提高建筑的使用率，降低它的经营成本，增加投资收益，并通过维护尽可能延长建筑的使用周期而进行的综合管理[①]。维护环节涵盖空间管理、资产管理、维护管理、能耗管理、公共安全管理等，但与传统建筑相比，工业化建筑最大的特征体现在维护管理的建筑维修上。标准化预制构件的大量使用使得建筑构件的替换不再仅仅局限于建筑的装饰部分或设备部分，建筑的外围护构件甚至是结构构件都可以方便快捷地替换，且替换的装配工艺基本和建造时所采用的工艺是一致的，避免了传统建筑维修施工带来的湿作业问题。

6. 管理体系

工业化背景下建筑业和制造业的趋同性不可避免地将工业产品先进的管理体系引入工业化建筑当中，其中最具代表性的是源于制造业精益生产的精益建造。精益建造和工业化建筑均起源于制造业，都是将传统建筑业的生产方式和管理方法向先进制造业的生产方式和管理方法改进。与传统建筑的工程管理不同，工业化建筑的管理体系更加趋近于工业产品的管理体系。然而，建筑业有着自身多元性和复杂性的特征，建筑工业化并不能使建筑真正像工业产品一样实现精益生产的全部目标，但是精益建造的理论和方法作为一种补充，仍然改进建筑业落后的管理体系。尤其在建筑的制造和生产环节，预制构件的制造和生产过程与制造业相仿，精益生产理念能够有效节约劳动力、减少浪费、提高效率，从而缩短工期。除此之外，精益建造推行的5S现场管理对工业化建筑减少环境污染具有指导意义。

2.6.2 建筑的工业化构成的理论推导

2.6.2.1 建筑构成与建筑构造作为专业理论基础

目前的建筑构成理论的基本观念是将建筑形态抽象化成点、线、面、体，并将这些抽象化后的数理图形、几何形式（形体）作为构成建筑的基本抽象要素，在美学、心理学层面上研究建筑形态的构成法则、构成方法等建筑构成的组合原理，具有明显的艺术性倾向。而建筑构造理论的基本观念是将建筑材料或建筑的一般构件作为构成建筑的基本物质要素，在应用层面上研究建筑

① 李慧民,赵向东,华珊,等. 建筑工业化建造管理教程[M]. 北京:科学出版社,2017.

物各组成部分的组合原理和构造方法，是一门综合性的工程技术科学[①]，具有明显的技术性特征，这与"建筑的工业化构成原理"对建筑技术性的追求是一致的。"建筑的工业化构成原理"是将建筑的预制构件作为构成建筑的基本物质要素，探索工业化建筑物的构成法则、构成方法等建筑构成的组合原理，本质上与建筑构造理论有相似之处，都是研究组合原理和构造方法。因此，"建筑的工业化构成原理"一方面将建筑构造理论的相关内容作为技术性的理论基础，另一方面将建筑构成理论的相关内容作为艺术性的理论基础。所以，"建筑的工业化构成原理"不仅可看作是目前建筑构成理论在工业化建筑领域的拓展，还可看作是建筑构造理论拓展的工业化部分内容。但是，"建筑的工业化构成原理"与这两种理论既有关联性，又有差异性。一方面借助建筑构成理论和建筑构造理论的相关概念，有利于将"建筑的工业化构成原理"逐步明确；另一方面结合建筑的工业化特征，有利于理清"建筑的工业化构成原理"的独特性和本质，它们三者的关系如图 2-26 所示。在此基础上，本书随后应用"系统论"的科学方法论对"建筑的工业化构成原理"进行了推导。

2.6.2.2　"系统论"的科学方法论作为基础理论基础

系统是由若干相互联系、相互作用的要素所组成的具有一定结构和功能的有机整体。系统有多种类型，按系统的成因可分为自然系统、人造系统和复合系统；按组成系统的元素性质可分为实体系统与概念系统；按系统与环境的关系可分为开放系统和封闭系统；按系统状态与时间的关系可分为动态系统与静态系统；按系统的复杂程度可分为小型系统、中型系统、大型系统和巨大系统；按系统的具体对象可分为各种专业对象系统，如工程系统、军事系统、经济系统、管理系统、环境系统、工业系统等[②]。

图 2-26　建筑的工业化构成理论的专业理论基础
图片来源：作者自绘

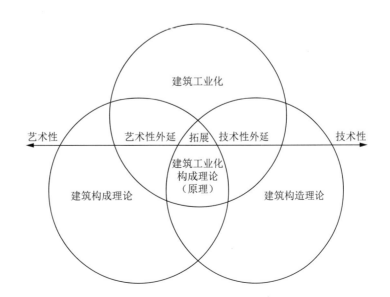

① 金虹. 建筑构造[M]. 北京：清华大学出版社，2005.
② 《中国总工程师手册》编委会. 中国总工程师手册[M]. 沈阳：东北工学院出版社，1991.

系统论是关于系统的一般模式、原则和规律的理论。系统论产生于20世纪40年代，其运用整体性、等级性、目的性、动态性、逻辑同构等概念，研究自然系统、人造系统和符号系统的一般规律[①]。

在"建筑的工业化构成"的语境下，工业化建筑可以被看作是"构件的集合体"，是一个物质性实体的、开放的、动态的专业工程系统，即"建筑的工业化构成系统"。"建筑的工业化构成系统"具有系统的集合性、整体性、层次性、目的性、适应性等基本特征。

1. "建筑的工业化构成系统"的"集合性"。集合性是指系统由多个可以互相区别的相对不可再分的元素组成。根据"建筑的工业化构成原理"的定义，建筑不同种类的（预制）构件是组成系统的"元素"，它们所表现出的"相互区别"和"相对不可再分"的性质，必须是"元素"处在"构件集合体"的状态时才能表现出来，不在"构件集合体"中，不能算作系统中的"元素"。如建筑（预制）构件的概念最初是将建筑的整个物质本体根据工业化的建造技术要求进行拆分而形成的"元素"，如果最终不能装配成为建筑，这个拆分就不符合系统的集合性，亦不能称之为"元素"。

2. "建筑的工业化构成系统"的"整体性"。整体性是指系统地把对象作为由各个组成部分构成的有机整体，研究整体的构成及其发展规律，着眼于系统的整体功能，具体分析系统结构怎样决定系统的整体功能。整体性是应用系统方法论的基本出发点，从系统与要素之间、要素与要素之间以及系统与环境之间的相互联系、相互作用中考察对象。系统的整体性包含三个方面的含义：一是系统的元素不能脱离系统整体而单独存在，一旦离开就失去了在系统中的性质和功能；二是系统中元素的作用是由系统整体规定的，为实现系统整体目的服务；三是系统整体功能不能归结为元素的功能，也不是元素功能的简单叠加，而是各元素通过各种关系相互作用而产生的一种新的整体功能[②]。

整体性是"建筑的工业化构成系统"最重要的特征。"建筑的工业化构成系统"的物质实体，表现为它全部的构成是由物质——（预制）构件和配件组成的"构件集合体"，它指明了构成系统的每个（预制）构件都不能离开建筑构成系统单独存在，离开了建筑构成系统，就失去了功能作用，也就失去了存在的意义。每个（预制）构件的作用，都是由建筑构成系统的整体性决定的，亦是为整个建筑服务的，建筑的整体功能不是（预制）构件功能的简单叠加，而是它们之间互相关联，共同组合成整体之后，形成了一个新的总体功能，即最终的建筑。

① 《中国总工程师手册》编委会. 中国总工程师手册[M]. 沈阳: 东北工学院出版社, 1991.
② 同①.

3."建筑的工业化构成系统"的"层次性"。层次性是指系统能分解成一系列分系统,这些分系统具有上下层次的关系,下层次是上层次的组成部分。"建筑的工业化构成系统"是由"物质系统""技术系统""秩序系统"和"其他系统"等各种分系统组成的,每个分系统都具有上下层的关系,如"物质系统"的上层是工业化建筑的物质本体,下层是建筑的(预制)构件;"技术系统"的上层是工业化建筑整体的装配技术,构件间的连接技术,下层是工业化建筑中(预制)构件单独的设计技术、制造技术;"秩序系统"的上层是工业化建筑的整体建造流程,下层是建筑(预制)构件的设计、制造、生产、运输、装配和维护等环节的建造子流程。

4."建筑的工业化构成系统"的"目的性"。目的性是指在给定的环境中,系统只有在目的点或目的环上才能是稳定的,离开就不稳定。系统要把自己拖到目的点或目的环上才罢休。"建筑的工业化构成系统"的目的就是通过设计、制造、生产、运输、装配等一系列的建造流程把建筑最终建造起来,并且使建筑具备工业化的特征。如果系统无目的性,那么整个系统则不能成立,这种目的性体现在工业化建筑"可建性"的可行性上,在可行性的基础上,"建筑的工业化构成系统"才是稳定的。

5."建筑的工业化构成系统"的"适应性"。适应性是指通过自我调整或改变,适应环境变化。对于"建筑的工业化构成系统",工业化建筑项目的特点是将大部分工地现场施工的工作转入工厂预制生产,一方面,建筑项目不受现场恶劣环境的影响,可以从容地安排生产和工期,以适应各种设计的要求和变化;另一方面,建筑构件预制化意味着定型化,工厂在经过一定的技术积累以后,本次研发的建筑构件经过调整或优化,又可以应用到下一个工程项目中去。因此,"建筑的工业化构成系统"也是不断更新和变化的。

6."建筑的工业化构成系统"的"动态性"。动态性是指任何系统都是在与环境发生物质、能量交换,保持动态稳定的开放系统,这种动稳态能够抗拒环境对系统的瓦解性侵犯。这种"动态性"体现在系统既具有"开放性"又具有相对"封闭性"的特征中。"建筑的工业化构成系统"的动态性体现了建筑(预制)构件将经历从原材料到成品或半成品构件,再到融入最终建筑,成为不可分割的一部分。在整个建造过程中,一方面,一直受到人文环境和物质环境的双重影响,保持着对外界环境兼收并蓄的状态;另一方面,由于整个建造过程是一套有自律性的操作体系,因此也受到人文环境和物质环境的双重制约,有着一定的封闭性特征。这种系统的动态性特征能够保证整个建造流程的稳定有序性。

2.6.2.3 "系统论"的"结构性"作为建筑的工业化构成秩序

系统都有一定的结构，离不开一定的环境并具有一定的功能。系统的结构性是指系统内部诸要素之间相互联系、相互作用的方式，是系统中要素的秩序。"结构性"是系统条理化、逻辑化、理性化的外在反映。与目前建筑构成理论中秩序体现为静态建筑形态的逻辑感和秩序感不同，"建筑的工业化构成系统"的"结构性"主要表现为工业化建筑建造总流程和其中子流程的条理性、组织性和纪律性，以及工业化建筑的基本物质要素、（预制）构件经过有秩序的组织和安排，从而使工业化建筑能够顺利地完成建造，最终实现"建筑的工业化构成系统"内部结构"有秩序"的目标。这种秩序不仅存在于"建筑的工业化构成系统"中"秩序构成系统"的分系统之内，还存在于其他分系统之内和各分系统之间。如"物质构成系统"的秩序表现为建筑的（预制）构件符合特定要求的组合设计法则和方法，"技术构成系统"的秩序表现为建筑的（预制）构件符合特定要求的组合工艺技术，等等。由此可见，"结构性"是使系统保持功能性、集合性、整体性、层次性、目的性、适应性、动态性等一切特征的内部根据，因此，"建筑的工业化构成秩序"是"建筑的工业化构成系统"之所以被称为"系统"的核心动因，是"建筑的工业化构成系统"的终极目标，更是维持"建筑的工业化构成系统"运转的生命线。

2.6.2.4 "系统论"的推导作用和意义

"建筑的工业化构成原理"之所以运用"系统论"的推导方法，原因有两个。其一，"建筑的工业化构成"的系统性是客观存在的，建筑本身就是一个复杂的专业工程系统，它确实具有系统性，系统性客观上反映了事物构成的辩证关系，系统方法是研究与协调复杂系统的有效工具，为现代科学理论和科学技术的发展提供了新的思路和新的途径。其二，系统论的定义和特征从理论上涵盖和诠释了"建筑的工业化构成原理"的定义和特征。系统的定义为由若干相互联系、相互作用的要素所组成的具有一定结构和功能的有机整体，系统的特征为功能性、集合性、整体性、层次性、目的性、适应性、动态性等，正如上文所描述的，这些本质上也体现在"建筑的工业化构成系统"之中。因此，应用"系统论"的科学方法论以及唯物主义辩证法来分析"建筑的工业化构成系统"的系统性定义和特征将有助于逐步推导和建立"建筑的工业化构成原理"，这也是本书探讨"建筑的工业化构成系统"的系统性意义。至此，本小节将"系统论"的科学方法论以及唯物主义辩证法作为基础理论基础，将目前的建筑构成理论和建筑构造理论作为专业理论基础来推导和建立"建筑的工业化构成原理"（图 2-27）。

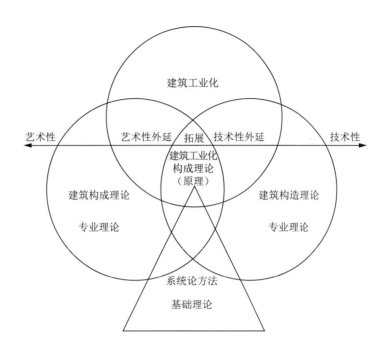

图 2-27 建筑的工业化构成理
论建立的理论推导
图片来源：作者自绘

2.6.3 建筑的工业化构成原理的建立

1. 原理内容释义和定义

"建筑的工业化构成系统"是一个物质性实体的、开放的、动态的专业工程系统，基于系统论的观点，结合建筑工业化和"建筑的工业化构成系统"的特征，形成和维持系统需要三个条件，对应这三个条件，表现在"建筑的工业化构成原理"中的内容为：

（1）存在构成系统的基本物质要素，其主要反映了系统的集合性和整体性。在"建筑的工业化构成系统"中，系统的物质构成的基本观念是建筑是"构件的集合体"，即建筑的基本物质要素是（预制）构件。这些体现为物质分系统，且最终落实到具体操作层面的两个子系统："构件分类"，即不同种类构件的分类依据和选择方法；"构件材料"，即不同功能构件的材料分类依据和选择方法。这两个子系统组成了"建筑的工业化构成系统"的"物质分系统"。

（2）具备构成系统的特定方式、方法，其是系统的技术手段，主要反映了系统的动态性、适应性。在"建筑的工业化构成系统"中，系统的技术构成的基本观念是物质系统需要通过一定的技术手段才能够形成"构件的集合体"，即建筑的物质本体。这些体现为技术分系统，且最终落实到具体操作层面的两个子系统："构件设计制造"，即单个构件的设计和制造所采用的技术手段和方法；"构件连接装配"，即各种构件间的连接和装配所采用的技术手段和方法。这两个子系统组成了"建筑的工业化构成系统"的"技术分系统"。

（3）具备达成系统目的性的流程秩序，其主要反映了系统的动态性、目的性。工业化建筑与传统建筑最明显的区别在于其具有更加复杂化的流程特征。在"建筑的工业化构成系统"中，系统的秩序构成的基本观念是物质系统和技术系统还需要通过一系列有秩序的建造流程才能够具备工业化的特征，达到建筑建造的目的和目标，实现供人居住和使用的本质功能，从而真正成为最终建筑。这些体现为秩序分系统，且最终落实到具体操作层面的两个子系统："建造总流程"，即由建筑（预制）构件到最终建筑的整个建造流程之中的固有顺序（秩序）原则；"建造子流程"，即设计、制造、生产、运输、装配和维护等每个子流程之中的固有顺序（秩序）原则。这两个子系统组成了"建筑的工业化构成系统"的"秩序分系统"。

物质系统是技术系统和秩序系统的物质载体，脱离了物质系统，技术系统和秩序系统就无从谈起；技术系统是物质系统和秩序系统的实现依据，脱离了技术系统，物质系统和秩序系统就无法正常运作；秩序系统是串联物质系统和技术系统的流程依据，使最终建筑具备工业化的特征并实现供人使用的本质功能，是"构件集合体"能定义为"工业化建筑"的基础，脱离了秩序系统，物质系统和技术系统就失去了达到系统目的性的基础并且局限于传统建筑。

因此，这三个分系统相对独立但又互为联系，相对封闭但又互为交融，互为促进但又互为制约。三者缺一不可，共同作用，组成了"建筑的工业化构成系统"，而系统的最终目的性是通过物质分系统、技术分系统和秩序分系统的共同作用，达到建筑建造的目的和目标，实现建筑供人居住和使用的本质功能。

至此，结合原理的内容，"建筑的工业化构成原理"可以在上文预定义的基础上准确地定义为：在建筑设计中基于"建筑是由基本物质要素'构件'构成的"这个视角，以建筑（预制）构件到最终建筑的路径为线索（建造），结合建筑工业化特征，从建筑构成的物质层面、技术层面、秩序层面这三个层面，研究建筑的构成秩序、构成法则和构成方法等建筑构成的原理。

2. 原理框架图解

基于上文对"建筑的工业化构成原理"的理论推导、内容释义和原理定义，可以分析、归纳和总结出如下的"建筑的工业化构成原理"的原理框架图（图2-28）。"建筑的工业化构成原理"的主要目的是指导建筑师进行科学、系统、客观、理性的建筑设计。以构成建筑的基本物质要素——构件为起点，跟踪其从建筑（预制）构件到最终建筑的全过程，可大致分为以下三个阶段：

第一阶段是建筑（预制）构件的设计组合阶段，其构成的物质系统是"建筑的工业化构成系统"的第一层面，是整个系统的物质基础，体现为建筑构成的物质要素。工业化建筑设计通过"构件分类"和"构件材料"这两个具体操作层面的子系统，形成建筑（预制）构件。在这个阶段中，物质系统是建筑的客观物质存在，但实际上又是一个"虚拟现实系统"。"虚拟"是因为这个阶段建筑（预制）构件设计组合的表现形式是建筑方案（图纸），尚未真正形成物质；"现实"是因为设计组合的基本要素是真实的建筑（预制）构件，虽然其表现形式是虚拟的图纸，但是在建筑师进行设计组合时其就已经具备了真实性、物质性等特征。这是跟传统建筑设计最大的区别所在。通过整理、归纳和分析探索物质系统中的"构件分类"和"构件材料"这两个子系统的内容，可以总结出物质构成的原理。

　　第二阶段是建筑实体的技术实现阶段，其构成的技术系统是"建筑的工业化构成系统"的第二层面，是整个系统的技术支撑，体现为建筑实体实现的技术路线。建筑（预制）构件通过"设计制造"和"连接装配"这两个具体操作层面的子系统，形成建筑实体。技术系统实际上是一个"静态真实系统"，"静态真实"是因为这个阶段的技术深化主要是将建筑材料设计和制造成建筑（预制）构件，然后通过构件的连接和装配，将建筑方案（图纸）转化为建筑物质本体。这个阶段关注的重点是将相对静止的物质系统实现技术转化，构成的技术系统是衔接建筑方案（图纸）和最终建筑（实体）之间的桥梁，但尚未将工业化的动态建造流程视为研究的重点。通过整理、归纳和分析探索技术系统中的"构件设计制造"和"构件连接装配"这两个子系统的内容，可以总结出技术构成的原理。

　　第三阶段是最终建筑的完成阶段，其构成的秩序系统是"建筑的工业化构成系统"的第三层面，是整个系统目的性和工业化特征的集中体现，体现为工业化建造流程和最终建筑建造的目的和目标。秩序系统实际上是一个"动态真实系统"，"动态真实"是因为这个阶段关注的重点是衔接建筑方案（图纸）和最终建筑（实体）之间的桥梁上的"运输队"，即建造总流程和建造子这两个流程帮助工业化建筑逐步实现由图纸到实体的转化过程，是相对动态的组织和衔接流程。这两个流程也是建筑工业化技术的核心所在。通过整理、归纳和分析探索秩序系统中的"建造总流程"和"建造子流程"这两个子系统的内容，可以总结出秩序构成的原理。

　　这三个阶段总结出的"物质构成原理""技术构成原理""秩序构成原理"共同组成了建筑的工业化构成原理，这些原理可以实现"建筑的工业化构成"的"有秩序"的目标，从而维持系统的结构性，使"有秩序"的构成法则和构成方法等建筑构成的原理能够指导下一次的工业化建筑设计。此外，图 2-28 也展示了系统特征和"建筑的工业化构成原理"的关联性。

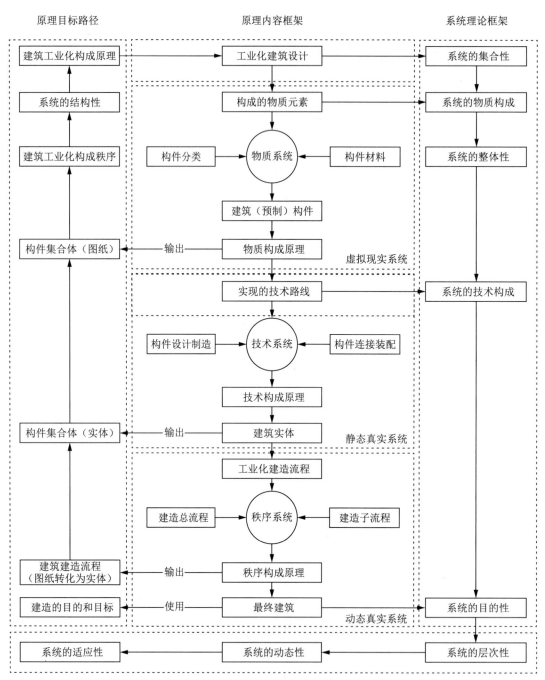

图 2-28 建筑的工业化构成原理框架
图片来源:作者自绘

　　至此,"建筑的工业化构成原理"经过本小节的推导已经初步建立,用"原理"而不用"理论"是因为"建筑的工业化构成原理"目前尚不能作为独立的理论体系。此外,此原理的建立基于东南大学建筑学院新型建筑工业化设计与理论团队的阶段性研究成果和真实项目实践,无论是"原理"还是"理论",都有待进一步研究、实践、验证、完善和更新。换言之,"建筑的工业化构成原理"目前仅可看作是目前建筑构成理论和建筑构造理论拓展的工业化部分内容。

2.7　建筑的工业化构成原理的意义

2.7.1　拓展建筑构成和建筑构造的学科内容

目前的建筑构成理论以抽象化的数理图形、几何形式（形体）为研究对象的基本单元，具有明显的艺术性倾向，而建筑构造大多以建筑材料或建筑的一般构件为研究对象的基本单元，虽然具有明显的技术性倾向，但尚缺乏对建筑工业化的研究。可以看出，目前的建筑构成理论和建筑构造理论的内容主要是针对传统建筑，尚缺乏针对工业化建筑的内容，因此，"建筑的工业化构成原理"的建立就是要做这个补充工作，将"建筑的工业化构成"提到明显的位置上，并做出论证，起到拓展、完善目前建筑构成和建筑构造学科体系的作用。

2.7.2　指导、建立新型的建筑工业化设计理论

目前的工业化建筑设计尚未脱离传统建筑设计的局限，基本上还是沿用以往传统建筑的设计模式，建筑师通常只是根据预制装配的技术特征，并结合自身的工程经验，进行"推理演绎式"的建筑设计，实际上，这只是基于传统建筑设计方法的细微调整。而工业化建筑设计将如何影响后续制造、生产、运输、装配和维护等环节以及这些环节的技术要求再如何反过来影响工业化建筑设计，建筑师尚未具备一个系统化的成熟知识体系。"建筑的工业化构成原理"实际上是一种新型的建筑工业化设计理论，就是要试图完善这种体系，起到设计和技术的桥梁作用，建筑师可以通过"建筑的工业化构成原理"的"转译"，系统掌握和了解工业化建筑设计的要点，从而更好地进行建筑工业化设计，实现建筑供人居住和使用的本质功能。

2.7.3　检验、解释，进而指导今后的建筑工业化活动

当代有关建筑工业化的研究和实践活动正如火如荼地展开，且有很多已经建成或正在建的、已经研发完成或正在进行技术研发的工业化建筑工程项目，各种所谓的"新技术""新专利""新设备"层出不穷，但是如何正确看待这些新生事物，并且正确地理解，从而进行系统、有效地应用和转化，恐怕发明者本身都未必明确，更不要说建筑师了。因此，"建筑的工业化构成原理"作为一种不断更新完善的"信息库"，可以有依据地检验、解释这些新技术，不仅可以指导建筑师，而且可以指导工程人员、施工人员甚至是制造商进行今后的建筑工业化活动。

2.8 建筑的工业化构成秩序与建筑设计

综上所述，建筑的工业化构成秩序是"建筑的工业化构成系统"中"秩序系统"的体现，即由建筑（预制）构件到最终建筑的整个建造流程和建造子流程（设计、制造、生产、运输、装配和维护等）中的固有顺序原则（秩序构成原理），具有条理性、组织性和纪律性的特征，同时也是"建筑的工业化构成系统"的整体结构性、"物质系统"和"技术系统"的内在结构性的体现。从建筑设计的角度，"建筑的工业化构成秩序"是从工业化建筑的基本物质要素——（预制）构件出发，在物质构成原理、技术构成原理和秩序构成原理的指导下，建立一种工业化的构成秩序，通过有秩序地组织和安排，建筑（预制）构件最终转化为最终建筑。在这个过程中，这些原理汇总为"建筑的工业化构成原理"，不仅使工业化建筑能够流线型、有组织地顺利完成建造，而且使建筑师能够进行科学、系统、客观、理性的建筑设计（图2-29），从而实现建筑的工业化构成"有秩序"的目标。

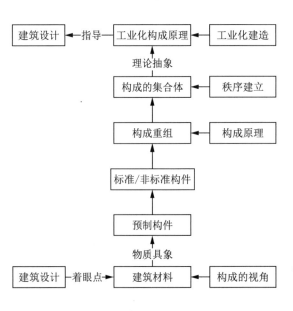

图 2-29　建筑的工业化构成秩序在建筑设计中的应用和操作路径
图片来源：作者自绘

2.9 建筑的工业化构成原理在本书中的应用

首先，本书在推导"建筑的工业化构成原理"的过程中将建筑构成理论和建筑构造理论作为专业理论依据来明确研究内容，并应用"系统论"的科学方法论来建立原理框架。其次，本书按照此原理框架整理、归纳和分析目前的工业化建筑，这些已建成的建筑项目为"建筑的工业化构成原理"提供了大量的研究素材，之后通过调查、分类、比较、分析、归纳、推理、总结，在"建筑的工业化构成原理"的原理框架之内逐步补充、完善其内容，并最终提炼出"建筑的工业化构成原理"。再次，根据产品的工业化特征对此原理框架进行调整和改进，这为建筑产品和工业产品的类比提供了可能性，之后将基于新的原理框架整理、归纳和分析目前的工业产品。最后，通过调查、分类、比较、分析、归纳、推理、总结，类比工业产品和建筑产品，分析归纳将制造业融合进建筑业的局限性、可行性和借鉴意义，并提出产品化策略。需要注意的是，"建筑的工业化构成原理"同样伴随着人文环境和物质环境的发展和改变而不断进行自我更新，如新技术、新理念、新文化的诞生都将直接影响"建筑的工业化构成原理"的内容。虽然本书试图将建筑的技术性作为原理研究的重点而暂时性地将其和人文性（艺术性）割裂开来，但是建筑终究还是离不开多元性、混沌性、发展性的本质，因此原理本身也不是一成不变的，有待进一步的研究、实践、验证、完善和更新。

第3章 预制装配式建筑的工业化构成秩序

3.1 建筑工业化的魅力

现代建筑是工业革命和科技革命的产物，是运用现代建筑技术、材料与工艺建造的。世界上第一座现代建筑——1851年伦敦世界博览会主展览馆水晶宫揭开了现代建筑工业化的历史篇章。1850年，英国决定在第二年召开世界博览会，以展示工业革命的成果。博览会组委会向欧洲著名建筑师征集主展览馆的设计方案，各国建筑师提交的方案基本都是古典建筑，既不能提供博览会所需要的大空间，又不能在博览会之前如期建成，无奈之下，组委会采纳了一个花匠提出的应急方案，把用铸铁和玻璃建造花房的技术用于展览馆的建设：在工厂制作好铸铁柱梁，在玻璃厂按设计规格制作玻璃，然后运到现场装配。不仅几个月就完成了展览馆的建设，解决了大空间和工期紧的难题，而且建筑也非常漂亮，像水晶一样，被誉为"水晶宫"（图3-1）。

水晶宫原本只是为世博会展品提供展示的一个场馆，却成了第一届世博会最成功的作品和展品，并成为建筑史上的奇迹。虽然1936年的一场大火将水晶宫付之一炬，但是人类并没有完全脱离水晶宫所使用的建造材料和建造方式，水晶宫依然存在于我们今天的生活中，以绚烂多姿的形式演绎着它的设计理念。

3.1.1 聚焦预制装配式技术

实际上，预制装配式建筑并不是什么新事物，也不是伴随工业革命才产生的新概念，而是在史前时期就已经具

图3-1 1851年伦敦世界博览会主展览馆

图片来源：www.news.sohu.com

图 3-2　帕提农神庙
图片来源：www.vcg.com

图 3-3　太和殿
图片来源：www.ctps.cn

有雏形。因此可以将人类的建筑史大致划分为四个阶段："前建筑时期""古典建筑时期""现代建筑时期""当代建筑时期"。

"前建筑时期"就是史前时期，该时期人类还是狩猎者，尚未有固定的居所，也没有所谓"建筑"的概念，只有简单的"庇护所"，就是主要由树枝、树叶搭建的草棚或者由兽骨、树干与兽皮搭建的帐篷。所谓兽皮帐篷就是人类将几十张兽皮缝制在一起，用树枝和木杆做骨架搭建成的"房子"。人类走到哪里，就将其带到哪里，可以根据需要在任何地方使用现成的材料搭建，这就是最早的"预制装配式建筑"。

到了古典时期，人类进入了农业时代并定居下来。随着石头、木材、泥砖和茅草等建筑材料的使用，人类不再满足于建造具有居住功能的庇护所类型的房屋，开始建造具有精神功能属性的建筑，神庙、宫殿、坟墓、教堂等大型的公共建筑便出现了。这些建筑都是在加工工场把石头构件凿好或把木头的柱、梁、斗拱等构件制作好，再运到现场，用可靠的方式连接安装[1]。如古希腊的帕提农神庙是古典时期的石材预制装配式建筑（图 3-2），科隆的哥特式大教堂是中世纪时期的石材预制装配式建筑，中国的各种亭台楼阁殿则是古代木结构预制装配式建筑的典型（图 3-3）。

因此，从这一点上来说，古典时期的建筑都是由"建筑材料或构件的非现场或现场的设计和制作"和"建筑材料或构件的现场连接和装配"这两个阶段建造而成的，在建造方式的层面上，本质上都是"预制装配式建筑"，只是预制方法和装配方法随着不同时代的物质环境会有所不同。

真正将预制装配式技术广泛应用并形成"预制装配式建筑"概念的是欧洲工业革命之后的现代主义建筑时期。继伦敦水晶宫出现之后，随着钢铁材料、钢筋混凝土材料的出现，工业技术的发展，建筑技术的进步，建筑业的预制装配式技术进入了蓬勃发展的时期，如巴黎埃菲尔铁塔、纽约自由女神像和纽约帝国大厦均采用了预制装配式技术。1886 年建成的自由女神像是法国在美

[1] 郭学明. 装配式混凝土结构建筑的设计、制作与施工[M]. 北京：机械工业出版社，2017.

图 3-4　罗马万神庙穹顶
图片来源：www.tuchong.com

图 3-5　巴黎博览会机器展览馆
图片来源：www.baike.so.com

国建国 100 周年时赠送给美国的。自由女神像采用了铸铁结构、铸铜表皮，且铸铁结构骨架和铸铜表皮都是在法国制作的，漂洋过海运到美国装配。1931年建成的纽约帝国大厦也是预制装配式建筑，这座高 381 米的钢结构石材幕墙大厦保持世界最高建筑的地位长达 40 年。帝国大厦共 102 层，由于采用了装配式的建造方法，全部工期仅用了 410 天，平均 4 天一层楼，这在当时是非常了不起的奇迹。现代建筑从 1850 年到 1950 年将近 100 年的时间里，钢结构是预制装配式建筑的主要结构材料。但自 1950 年后，随着高层建筑的大量兴起，钢筋混凝土以其优良的耐久性和使用寿命成为预制装配式建筑的主要结构材料，并且逐步成为预制装配式建筑的主要结构类型。

实际上，这种材料早在两千多年前的古罗马时期就已经被发明出来了，古罗马人用火山灰、水和石子结合浇筑建筑物的拱券，作为天然材料的混凝土。古罗马人将其材料的特性发挥到了极致，考虑到其抗压强度远远高于抗拉强度，因此创造性地采用了拱券结构来解决大跨度问题。建于古罗马时期的万神庙在空间跨度上达到了 43.3 米（图 3-4），这一记录一直保持到 1 000多年后的工业革命时期，才在 1867 年被以金属为结构材料的巴黎博览会机器展览馆的 115 米的跨度所超越（图 3-5）。

工业革命时期，大量新兴建筑拔地而起，但是传统的砖石砌筑的施工方式效率太低且整体性不佳，人们迫切需要一种高效率、高质量和价格低廉的建筑材料。直到 1756 年，英国工程师约翰·斯密顿在设计第三埃迪斯通灯塔时首次使用了水硬性水泥与骨料、水的混合物，成为现代混凝土的开端。1824 年，约瑟夫·阿斯普丁根据前人的经验，摸索出石灰石、黏土及铁渣的最合适配比，进一步完善了此种人造石头的生产工艺，并成功申请了专利。由于此种胶质材料硬化后的颜色和强度与波特兰出产的石材接近，故取名为"波特兰水泥"。至此，人类可以在不受地域限制的情况下，大量使用混凝土进行建设，而人工混凝土的主要材料——石灰石，广泛存在于天然石材中，可以在世界上的任何地区找到。此时期的混凝土主要使用在市政交通领域，作为大体量主要受压构件而被使用。由于没有解决混凝土的受拉问题，其作为建筑结构材料仅能用于墙、柱①。

混凝土是石料的延续继承，同时也是工业加工的产物，这种材料替代了石材，摆脱了地域的限制，但是同时也与石材一样，抗拉、抗冲击强度低且易脆断。1865 年，一个名叫约瑟夫·莫尼埃的法国花匠用混凝土做了一个花盆，栽上花后，花盆不小心被打碎了。莫尼埃发现，虽然坚硬的花盆打碎了，但是松散的泥土却由于花根的盘根错节而结成了团。这给了他启发，他就在混凝土里加铁丝来制作花瓶，如此，混凝土的抗拉、抗冲击能力就大幅提高了，两年后，他申请了钢筋混凝土的专利，至此，钢筋混凝土正式诞生。但由于当时水泥和混凝土的质量都较差，同时设计计算理论尚未得到系统建立，所以发展速度较为缓慢。直到 1890 年，法国才开始出现钢筋混凝土建筑，同时也有了预制混凝土构件。

20 世纪的两次世界大战所造成的城市损毁，使人们迫切希望在短时间内得到大量建筑产品来弥补家园受损而造成的建筑短缺，此时混凝土成为建筑师和工程师在民用建筑方面最喜欢使用的材料，预制装配式技术也在现代主义建筑的潮流下蓬勃发展。格罗皮乌斯在 1910 年提出钢筋混凝土建筑应当预制化、工厂化，随后大量钢筋混凝土建筑如雨后春笋般出现，这些建筑或采用预制装配式混凝土的建造方式，或采用现场现浇式的建造方法，抑或两者皆而有之。柯布西耶、路易斯·康、赖特等现代建筑大师均不掩饰对预制装配式钢筋混凝土技术的重视和依赖。预制装配式钢筋混凝土技术大规模应用始于北欧，20 世纪中期，瑞典、丹麦、芬兰等北欧国家首先兴起了建筑工业化的高潮，并取得了巨大成功，随后其经验传入欧洲、东欧、美国、日本、中国和其他东南亚国家。

3.1.2　预制装配式建筑之殇——偏见之源

然而，预制装配式混凝土的建造技术在这 100 多年的发展过程中也并不是一帆风顺的，受整体性能差、抗震性能不佳、高昂的造价成本以及后期频繁的维护需求等困扰，预制装配式混凝土建造技术的发展一度陷入迟缓状态。我国自 20 世纪 50 年代借鉴苏联经验开始探索建筑工业化，直到 20 世纪 80 年代才达到高潮，此时预制构件厂星罗棋布，砖混结构住宅和办公楼等建筑大量使用预制装配技术，一些地区还建造了"大板建筑"，但是这些建筑由于抗震、渗漏、透寒等问题没有很好地得到解决，再加上此时我国建筑工业化的水平不是很高，技术条件没有达到那么高的要求，因此建筑业施工手段仍是

① 张宏，朱宏宇，吴京，等. 构件成型·定位·连接与空间和形式生成：新型建筑工业化设计与建造示例[M].南京：东南大学出版社，2016.

部分非工业化的人工作业，预制装配式混凝土建造技术日渐式微，到了 20 世纪 90 年代，工业化的研究和发展陷入停滞甚至倒退的状态[1]。预制装配式的尝试停了下来，预制板厂也销声匿迹了。

早期混凝土的制备工作全部集中在工地现场，现场需要大量的水泥、黄沙及石子等物料堆场，需要为每个工地提供大型的搅拌设备，且混凝土质量不能达到有效的保证。由于浇筑仅仅是整个施工过程很小的一部分，因此堆场及搅拌设备在工地现场大量的时间中处于闲置状态，但却占用了宝贵的土地、资金成本。商品混凝土的出现有效地解决了上述问题，其以集中的方式，将原本散落在工地的物料及设备集中在混凝土搅拌站，采用订单模式进行生产制备，而后用混凝土搅拌车将混凝土快速运送至工地进行浇筑，包括搅拌、运输、泵送和浇筑等工艺。商品混凝土有效推动了现浇混凝土建造技术的发展，如今逐渐取代预制装配式混凝土成为应用最为广泛的建造技术。然而，现浇混凝土大量应用和高速发展的代价是出现了劳动生产率低、资源与能源消耗大、建筑环境污染严重、施工人员素质低、建筑寿命短、建筑工程质量安全和建筑行业管理差等诸多方面问题，因此，我国又重新启动了预制装配式建筑的工业化进程。

但是，此时的装配式建筑受到过去失败案例的影响，重启并不容易，一些对预制装配式建筑先入为主的怀疑观点也从未停止过。笔者自 2010 年以硕士研究生身份进入东南大学建筑学院跟随导师从事建筑工业化的相关研究以来，切身感受到来自身边的这些声音，如部分建筑师认为预制装配式建筑通常受到预制和装配工艺的影响，其建筑造型呆板、机械、缺乏变化，是阻碍他们追求设计理念的一大障碍；部分工程师则认为，预制装配式混凝土建筑节点众多、施工麻烦、连接烦琐、性能欠佳，在现浇混凝土建造技术大行其道的今天，采用预制装配式混凝土的意义不大。这些类似的怀疑观点在国外相关学者的研究中也有论述，如 Blismas 在 *Off-site manufacture in Australia：current state and future direction* 这篇探讨澳大利亚预制装配式建筑发展的动因和阻碍因素的研究报告中，将此类怀疑观点描述为"对过去失败的耻辱烙印和悲观情绪"，并将其归结为"行业和市场文化"类阻碍因素[2]。可以看出，这种怀疑观点在其他发达国家同样存在，预制装配式混凝土技术的问题在发展的前期也同样出现过，如英国 1968 年甚至有一栋 22 层的预制装配式高层公寓坍塌的惨痛教训，但英国并没有因出现问题而放弃预制装配式技术，而是致力于解决问题，时至今日，这项技术已经在英国大量应用，英国也因此走在了预制装配式技术的前列。

近年来，我国对建筑工业化发展的推进和引导愈加重视，多个国家级、

① 李忠富. 住宅产业化论[M]. 北京：科学出版社，2003.
② Blismas N. Off-site manufacture in Australia：current state and future directions[M]. Brisbane：Cooperative Research Centre for Construction Innovation，2007.

省市地方级的政府报告都共同指出深入发展工业化、产业化、信息化、城镇化是维持社会可持续发展的重要国家战略。在此背景下，国内众多科研机构和企业开展了大量有关预制装配式混凝土的研究和实践。先进设备和生产线的引进、先进管理理念的引入、钢筋混凝土工艺的改进、机械化施工机具的应用使得中国建筑的工业化水平、技术条件、施工手段得到了极大提升，但是实际上经过十几年的发展，预制装配式混凝土并未在中国真正推广开来，甚至遇到了新的问题和瓶颈，且预制装配式建筑项目并不是企业的主要盈利点，只是在政府政策的引导和鼓励下进行研究和试点，推广和发展举步维艰。此时，怀疑观点上升为偏见，其中不乏对预制装配式技术的全盘否定之声。笔者认为，其一，目前建筑工业化所遇到的问题有其历史发展必然性的原因，纵观整个人类建筑史，所有新理念、新流派、新技术都是在饱受争议中逐渐发展的，这是其所在时代的烙印，无关对错和优劣，要以包容和从容的心态面对。其二，将预制装配式混凝土技术视为如建筑造型一样呆板、机械、缺乏变化，抑或是将建筑工业化的迟缓发展归咎于预制装配式混凝土技术有推脱责任、舍本逐末之嫌。打个不恰当的比方，这就如同不能把青少年沉迷于网络游戏归咎于网络游戏本身，因为就算没有网络游戏，如果缺乏有效的教育和正确的引导，他们也可能会沉迷于其他的娱乐活动。从当年火遍神州大地的传奇、魔兽世界到现如今的王者荣耀，就能够充分说明在任何时代都会出现具有相同娱乐作用的替代品。逃避问题并不是解决问题的有效途径和正确态度。其三，建筑工业化需要拓展新的思路，相关从业人员也需要转变陈旧的思维模式。一方面，发展建筑工业化并不代表一味地发展预制装配式混凝土技术，预制装配式混凝土和建筑工业化也并不能完全画等号，随着新技术的兴起，建筑工业化有了更多实现的途径，在不远的将来，预制装配式技术并非是最佳途径。另一方面，钢筋混凝土结构在目前和不远的将来仍将是建筑的主要结构材料，无论是采用预制装配式混凝土技术还是现浇混凝土技术，都应以辩证的观点来看待，即所谓采用现浇混凝土技术的建筑，其中的某些建筑构件可能会采用预制装配式混凝土技术，而所谓采用预制装配式混凝土技术的建筑，其中的某些构造节点也可能会采用现浇混凝土技术。因此，建筑工业化发展的重点不在于现浇还是预制的技术争论，而是应该将重点放在如何根据建筑项目自身的特点，正确、系统、综合地利用现有的技术条件，以期达到建筑工业化的共同目标。

从进入 20 世纪开始，建筑界就呈现出多元化和多样化的局面。20 世纪初至今，建筑师所处的人文环境和社会环境给建筑师提供了足够宽松的创作空间，也给建筑工业化提供了肥沃的发展土壤，预制装配式混凝土技术不应再被贴上呆板、机械、缺乏变化的标签，恰恰相反，20 世纪至今的预制装配式混凝土建筑在建筑师和工程师的智慧下，散发出无尽的魅力。

3.1.3 预制装配式建筑魅力——悉尼歌剧院

悉尼歌剧院位于澳大利亚悉尼市，是悉尼市的地标建筑，也是澳大利亚的标志性建筑。该剧院由丹麦建筑师约恩·伍重设计，坐落在悉尼港湾，三面临水，环境开阔，它的外形像三个三角形翘首于海边，屋顶是白色的，形状犹如贝壳或风帆，以其酷似白色风帆的优美曲线为世人所熟知（图 3-6）。

但是，或许很少有人知道，这优美的屋面形态和明亮而闪闪发光的瓷砖似的外表，实际上都是用精密的预制混凝土技术实现的。悉尼歌剧院的建筑形态为三组巨大的壳片，耸立在南北长 186 米、东西最宽处为 97 米的现浇钢筋混凝土结构的基座上。第一组壳片在地段西侧，四对壳片成串排列，三对朝北，一对朝南，内部是大音乐厅。第二组在地段东侧，与第一组大致平行，形式相同而规模略小，内部是歌剧厅。第三组在它们的西南方，规模最小，由两对壳片组成，里面是餐厅。其他房间都巧妙地布置在基座内。整个建筑群的入口在南端，有宽 97 米的大台阶。车辆入口和停车场设在大台阶下面。

3.1.3.1 悉尼歌剧院的屋面

图 3-7 是悉尼歌剧院屋面设计一开始的形状，其结构共分为 3 个部分，每部分的中央是一个由 4 个或 6 个支脚构成的稳定结构，在其左右分别连接 1 个倒立的三角形结构。最初的设想将 A1、A2、A3 和 A4 的部分做成壳体结构（图 3-7）。

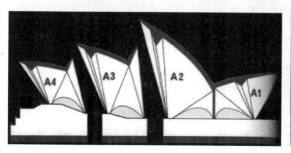

图 3-6 悉尼歌剧院
图片来源：作者自摄

图 3-7 初期屋面形态方案和模型
图片来源：渡边邦夫. PC建筑实例详图图解[M]. 齐玉军，译. 北京：中国建筑工业出版社，2012：62.

伍重一开始以为这种曲面形的屋面结构可以完全通过现场浇筑薄膜的混凝土壳的建造方式来实现，但作为悉尼歌剧院的结构设计师阿鲁普（Arup）及其领导的阿鲁普结构研究所则认为伍重期待的这种建筑形态通过现场现浇混凝土的方法是难以实现的，合理的方案应该是用预制混凝土构件组装形成整体，经过长时间的沟通，伍重最终采纳了这个建议。

3.1.3.2　屋面的球面几何求解

1957 年，伍重和阿鲁普开始进行悉尼歌剧院屋面的设计，但三年都没有什么进展，也没有具体的图纸，因为直到 1959 年，伍重还在进行建筑功能与平面的设计，最终在 1961 年，悉尼歌剧院的屋面壳体找到了应用预制混凝土构件的完美解决方案：将屋面设计的几何形状完全换成球面，在一个半径为76.3 米的球面上截取曲面组成悉尼歌剧院的壳体群（图 3-8）。这使得全部壳体曲率统一，计算简单化、施工标准化，连安装壳体的脚手架也可以做得像望远镜筒一样沿统一的曲率伸缩。统一的曲率成了造型的"公分母"，使得看似自由随意的形体有了潜在的韵律[①]。这些三角形的球面壳片可以划分成许多细肋，这些细肋类似于中国竹子折扇的扉骨，通过预应力钢索将其连接成一个整体，从而达到设计的强度和刚度。悉尼歌剧院的屋面只是在形态上可以被称为壳体结构，从结构和建造方式上来说，叫作"混凝土预制肋拱构件集合体"更准确一些。

3.1.3.3　屋面"肋拱构件集合体"的建造

接下来，在屋面建造的过程中，首先施工下部的基座，采用现场浇筑的方式制作，然后再分别建造上部的肋拱。未镶嵌瓷砖表面面层之前，屋面结构的各个壳体是由 17 根预制混凝土肋拱构件构成的（图 3-9），肋拱从左右的基座开始一直建造到最上部，在顶点处通过"脊型梁"的特殊箱型预制构件将左右的肋拱连接在一起。这一构件相当于哥特式拱结构中的拱顶石。整个肋拱通过预应力连接成一个整体，通过这样的方式一步一步地将这个壳体制作完成（图 3-10）。

那么这些构成壳体屋面结构的肋拱构件又是如何建造的呢？同样，每一根预制混凝土肋拱都是由一种经过设计的特殊预制混凝土构件组成的，其断面自下而上呈连续性变化，下面是实体的 I 字形，

图 3-8　从球面中切取曲面体
图片来源：孙轶男，郝晓赛. 浅析悉尼歌剧院壳体结构与中国传统建筑渊源 [J]. 建筑与文化，2016（4）：232-233.

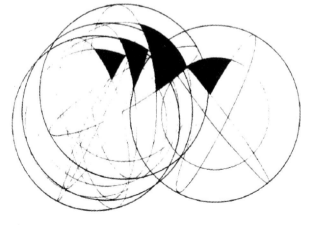

① 张良皋. 从悉尼歌剧院论到北京国家大剧院[J]. 新建筑，2001（1）：45-48.

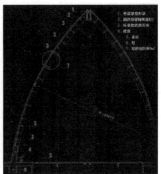

图 3-9　每个壳体由17根预制混凝土肋拱构成　　　　　　　图 3-10　肋拱剖面示意图

图片来源：渡边邦夫. PC建筑实例详图图解[M]. 齐玉军，译. 北京：中国建筑工业出版社，2012：63-64

图 3-11　组成肋拱的预制构件　　　图 3-12　组成屋面的肋拱结构

图片来源：图 3-11，渡边邦夫. PC建筑实例详图图解[M]. 齐玉军，译. 北京：中国建筑工业出版社，2012：64-65；图 3-12，作者自摄

向上是开有圆形孔的 Y 字形，最上面是开放型的 Y 字形，这种设计有利于抵抗集中的压力（图 3-11）。

例如从下面数第 7 段构件的形状，Y 形断面端头部分宽约 30 厘米，通过厚约 6.5 厘米的倾斜腹板连接在一起，上表面通过 X 形支撑来保持横向的刚度，支撑部分则通过专用的模板，与构件的其他部分浇筑成整体（图 3-11）。这一构件中翼缘部分有一些大小不等的圆孔，这些圆孔的作用是用来穿预应力钢索，从而将所有构件的翼缘部分连成一个整体。这些圆孔中有 3 个小孔，是用来导入施工时的较小预应力的。当整个肋拱做好之后，使用上述所有孔中的钢索施加永久预应力。通过预应力，将下部现场现浇的基座、肋拱和上部的"脊型梁"牢牢地连接在一起。将这些经过设计的 I 字形到 Y 字形的系列化特殊预制混凝土构件组合在一起，共同构成了组成屋面壳体形态的 17 根预制混凝土

图 3-13　悉尼歌剧院屋面的建造过程

图片来源：www.360doc.com；渡边邦夫.PC建筑实例详图图解[M].齐玉军，译.北京：中国建筑工业出版社，2012：67

图 3-14　肋拱构件的生产

图片来源：渡边邦夫.PC建筑实例详图图解[M].齐玉军，译.北京：中国建筑工业出版社，2012：67；www.360doc.com

肋拱构件（图 3-12）[1]。虽然这些肋拱长度不同，但是都具有相同的曲率和形状，这一做法正好满足预制构件设计的基本原则，即"统一形状的反复应用"，这些预制构件能够反复使用少量的模板快速和经济地制造（图 3-13）。

3.1.3.4　肋拱构件的生产

肋拱构件的长度约为 4.5 米，从下向上依次编号为 1、2、3、…，最上面的构件编号为 13。在与施工现场相邻的场地上设置了生产这些预制构件所需要的 3 列模板，在这些模板中，5 号和 9 号是重复的，这是为了实现构件间的无缝连接，保证肋拱结构的连续性。

在肋拱构件的生产过程中，首先在 1 到 5 号第一列模板构件的接头处插入薄板，进行混凝土浇筑，然后将脱模的 5 号构件安装到第二列模板中，接着浇筑 6 到 9 号构件，之后以此类推。模板用厚板制作，并且使用坚固的钢架进行支撑，模板内侧采用玻璃纤维和坏氧树脂进行加固，整个施工现场变成了一个大的预制构件加工厂（图 3-14）。

3.1.3.5　预制装配式技术的魅力

悉尼歌剧院优美的建筑形态完全得益于球面造型和预制装配式混凝土技术，在建造过程中，歌剧院是通过各种系列化的预制标准构件装配建造完成的。例如屋面肋拱的预制标准构件 1 到 12 号的生产数量如下：1 号和 2 号标准构件共 280 个，3 号标准构件 260 个，4 号标准构件 196 个，5 号标准构件 174 个，6 号标准构件 110 个，7 号标准构件 82 个，8 号标准构件 60 个，9 号标准构件 32 个，10 号标准构件 14 个，11 号标准构件 8 个，12 号标准构件 12 个。除此之外，拱肋最上部的 280 个特殊的构件也采用了预制装配技术，除去编

① 渡边邦夫.PC建筑实例详图图解[M].齐玉军，译.北京：中国建筑工业出版社，2012.

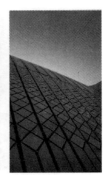

图 3-15 悉尼歌剧院屋表面的
陶瓷片
图片来源: 作者自摄

号大于 10 的模板，其余的模板都反复使用了 30—70 次，有效地提高了效率，降低了单个构件的造价。此外,悉尼歌剧院屋表面的陶瓷片共有 100 万块之多，但以方形为主，共有 8 种规格。组成"飞镖形"盖板 4 253 块，磨具重复使用率最高达 276 次，异性盖板 358 块仅用 4 种模具[①]。与现浇技术相比，使用预制装配式技术可以使构件的尺寸精度大幅提高，可以保证复杂球面结构中的应力分布和传递与设计相一致（图 3-15）。

悉尼歌剧院是预制装配式建筑的典范，其构件预制化生产、装配式施工的生产方式，设计标准化、构件部品化、施工机械化的建造特征现在来看也都符合当代建筑工业化的特征。悉尼歌剧院的建筑师伍重和结构工程师阿鲁普根据当时的技术条件，正确、系统、综合地采用了恰当的建造技术策略，巧妙地将复杂的屋面形态转化为各种系列化的预制标准构件，并将预制混凝土技术和现浇混凝土技术结合起来，最终实现了优美的建筑形态。预制装配式技术不仅没成为伍重追求自己设计理念的障碍，反而造就了一个伟大的建筑，更成就了伍重。正如 2003 年普利兹克建筑奖的引文中所评价的："毫无疑问，悉尼歌剧院是一项杰作。它是 20 世纪最伟大的标志性建筑之一，已经闻名世界，不仅是一个城市的象征，也是整个国家和整个大陆的象征。"悉尼歌剧院揭开了预制装配式建筑史上最华丽的篇章,时至今日仍然在这片"南方的大陆"散发着无尽的魅力。

3.1.4 建筑的工业化构成秩序的本质

综上所述，无论是前建筑时期采用树枝、兽皮等材料搭建的"庇护所"，还是古典时期采用石材、木材等材料堆砌的古典建筑，抑或是现代建筑时期采用钢筋混凝土、钢铁等材料浇筑、搭建的现代建筑，甚至是当代建筑时期采用3D 打印技术打印出来的建筑，其建筑的构成都离不开"预制"和"装配"的建造本质。前建筑时期以动植物材料为主要建筑材料，人们利用手工工具预先加工树枝、兽皮（预制），通过绑扎的连接方式将这些兽皮和树枝组装起来（装配）构成草棚、帐篷等"建筑"。古典时期以石材和木材为主要建筑材料，

① 赵辰."立面"的误会: 建筑·理论·历史[M]. 上海: 生活·读书·新知三联书店,2007.

人类利用手工工具预先制作石头构件（西方）或柱、梁、斗拱等木头构件（东方），运到现场后，通过砌筑或榫卯等连接方式将这些石头或木头构件组装起来（装配）构成建筑。现代和当代建筑时期以钢筋混凝土为主要建筑材料，人们利用机械工具预先制作混凝土构件（预制）或模板构件（现浇），运到现场后，通过机械式干连接或现浇式湿连接将这些混凝土构件或模板构件组装起来构成建筑。即使是当代最前沿的 3D 打印技术，人们也是利用专用打印机打印出预制构件，运到现场后，通过特定的连接方式将这些构件组装起来构成建筑。即便是所谓的"建筑现场整体打印"，也不可能一次性完成建筑，还是需要后期其他构件的预制和装配。

建筑是一项复杂的系统工程，需要各种建筑构件不断地通过"预制"和"装配"的建造过程才能实现，因此，建筑的"工业化构成"本质上可以从"任何建筑都可以被看作是由构件经过'预制'和'装配'这两个阶段构成的"这种建造逻辑出发，在建筑工业化的背景下，去探索建筑的构成原理。正如上文定义的一样：在建筑设计中，基于建筑是由基本物质要素——构件构成的视角，以建筑（预制）构件到最终建筑的路径为线索（建造），结合建筑工业化特征，从建筑构成的物质层面、技术层面、秩序层面这三个层面上，研究建筑的构成秩序、构成法则和构成方法等建筑构成的原理。"预制和装配"在"建筑的工业化构成"的语境下，不仅仅指的是一种技术方法或技术类型，更是分解、剖析和理解建筑构成的一种视角和方法。

3.1.5　建筑的工业化构成秩序的研究对象和范围

预制装配式混凝土结构是以预制构件为主要受力构件并经过装配、连接而成的混凝土结构，在西欧、北美、日本等国家或地区的应用相当广泛，其已经摆脱了构件品种、规格单一，建筑与结构功能脱节的旧模式，预制构件也已能将建筑装饰的复杂、多样性以及保温、隔热、水电管线等多方面的功能要求与预制混凝土构件结合起来，既可满足用户各种要求，又不失工业化规模生产的高效率。我国预制装配式混凝土技术发展较为缓慢，20 世纪 50 年代，我国开始制造整体式和块拼式屋面梁、吊车梁、大型屋面板等预制混凝土构件；70 年代，我国引进了后张预应力装配式结构体系；80 年代至今，我国一直发展预制装配式混凝土框架结构。

在当代新型建筑工业化的背景下，我国的预制装配式技术进入了一个自主研发和创新的快速发展时期，众多企业和科研机构通过开展大量的研究和实践形成了大量成果，因此预制装配式技术仍将是我国建筑工业化发展的重要方向之一。因此，本书选择 2000 年之后在建筑工业化发展中应用最为广泛的中高层预制装配式钢筋混凝土重型结构（住宅类型）建筑作为建筑构成秩序的研究对象。限于篇幅，对部分中低层预制装配式轻型钢（钢木）结构（住宅和小型公建类型）建筑有所涉及，对预制装配式重型钢结构建筑、轻型木结构建筑或其他结构建筑不做展开。

本书将预制装配式建筑的"工业化构成秩序"的研究范围限定在建筑的"主体结构"和"外围护结构"有以下三个方面的原因：其一，主体结构和外围护结构是建筑最为重要的组成部分，涵盖了建筑的大部分内容，但建筑又是一个复杂的系统，由于本书篇幅所限，只能选取主体结构和外围护结构作为研究对象。其二，主体结构和外围护结构受建筑工业化技术的影响最为明显，相比较"内装修""建筑设备"等建筑的其他相关系统，更加具有典型性和代表性，最能体现建筑的"工业化构成秩序"。其三，结构和围护一体化的复合构件在预制装配式建筑中应用较为普遍，因此主体结构和外围护结构通常相伴相生，无法割裂。此外，在调查、分类、比较、分析、归纳、推理、总结"建筑的工业化构成原理"时，也将从"任何建筑都可以被看作是由构件经过'预制'和'装配'这两个阶段构成的"这种建造逻辑出发，从建筑构成的物质层面、技术层面、秩序层面这三个层面上，研究建筑的构成秩序、构成法则和构成方法等建筑构成的原理。

3.2 建筑物质系统的构成原理

建筑的物质系统是"建筑的工业化构成系统"中的物质分系统，是建筑构成物质层面的体现。在"建筑物质构成"的语境下，建筑是由（预制）构件构成的，而建筑（预制）构件是由材料构成的。因此，构件和材料是构成建筑的基本物质要素，也是主要研究对象，具体体现在"构件分类"和"构件材料"这两个层次方面的内容。"构件分类"是通过研究构成建筑的构件种类和选择方法来确定建筑的物质构成，是"物质系统"的上层次内容；"构件材料"是通过研究构成建筑（预制）构件的材料种类和选择方法来确定建筑（预制）构件的物质构成，是"物质系统"的下层次内容。这两个层次方面的内容共同组成"建筑的物质系统"。

3.2.1 构件的基本概念

预制装配式建筑项目与传统建筑项目最大的不同在于增加了工厂这一组织节点，随之也带来了两个界面，即设计与工厂界面、工厂与现场界面，而传统建筑项目只有设计到现场的一个界面[①]。因此，在预制装配式建筑项目中，"建

① 李忠富,李晓丹.建筑工业化与精益建造的支撑和协同关系研究[J].建筑经济,2016,37(11):92-97.

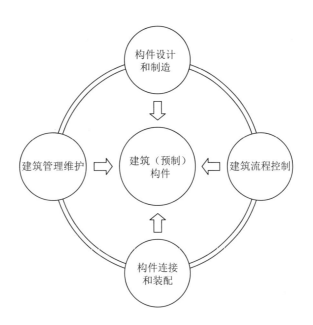

构件设计
和制造

图 3-16　以建筑（预制）构件为核心的"建筑的工业化构成系统"
图片来源：作者自绘

造"一词和传统建筑项目中的"建造"一词已经有了明显的差异。传统建筑项目中的"建造"主要指的是"施工"，围绕"现场工地"展开，而在预制装配式建筑项目中，"施工"只是建造的一个阶段，"建造"一词还包含工厂预制阶段的构件设计和制造、现场装配阶段的构件连接与装配、运营维护阶段的构件维修与更新等。预制装配式建筑项目的建造面向建筑的全生命周期，从建筑的原材料到建筑构件，到建筑交付，再到最终建筑维护和拆除的过程统称为"建造"。

因此，在这种具有工业化特征的"建造"语境下，预制装配式建筑是由具有各种功能、尺寸、层级、属性的标准或非标准的建筑（预制）构件通过预制和装配等建筑建造过程而构成的，在预制装配式建筑中，建筑（预制）构件是构成建筑的基本物质要素，在物质系统中，建筑（预制）构件也是构成物质系统的基本物质要素（图 3-16）。

3.2.2　构件的分类

3.2.2.1　构件分类的动因和意义

预制装配式建筑是由各种构件构成的复杂集合体，在研究其物质构成的时候，需要首先将这些构件进行归纳、整理和分类，在物质分系统中建立"建筑（预制）构件分类"的子系统。建立的原因有以下三点：

其一，预制装配式建筑是复杂的构件集合体，是一个具有复杂体系的系统，建筑设计活动贯穿于建筑全生命周期的建造流程始终，应用"建筑（预制）构件分类子系统"将有助于理清建筑物质系统内部的逻辑关系，从而更好地研究物质构成原理。

其二，物质系统是"建筑的工业化构成系统"中最基本的物质基础，也是技术系统和秩序系统的物质载体，"建筑（预制）构件分类子系统"的建立将有助于后续技术系统和秩序系统的研究和论述。

其三，分类子系统是对"建筑的工业化构成系统"中"层次性"系统特征的回应，"建筑（预制）构件分类子系统"的建立符合"系统论"中对"层次性"系统特征的描述，也满足"建筑的工业化构成系统"对"层次性"系统特征的需求。

需要注意的是，这种建筑（预制）构件作为构成预制装配式建筑的基本物质要素，不同于"材料或构件"等构成传统建筑的基本物质要素，建筑（预制）构件需要满足建筑工业化的建造要求且随着建造流程进行有秩序的物态变化，遵循原材料—图纸—标准/非标准构件—转运构件—装配构件—替换构件—分解构件等建筑全生命周期的物态变化线索。总之，对建筑（预制）构件进行分类，进而建立"建筑（预制）构件分类子系统"将有利于把握"建筑物质系统"和"建筑的工业化构成原理"的本质。

3.2.2.2　构件分类的方法

目前关于建筑物质构成分类的依据基本可以在"房屋建筑学"学科的相关教材中找到相应的论述。"房屋建筑学"是适合土木工程类专业从业人员了解和研究建筑设计的思路和过程、建筑物的构成和细部构造以及它们与其他专业，特别是与结构专业之间密切联系的一门专业基础学科。

同济大学等将建筑设计定义为"对建筑空间的研究以及对构成建筑空间的建筑物实体研究"[1]。由此可见，"房屋建筑学"研究的主要内容就是"构成建筑空间的建筑物实体"。虽然建筑类型众多、标准不一，但建筑物都由相同的部分组成，这是它们的共性所在。

同济大学等将建筑的物质构成分类为楼地层、墙或柱基础、楼电梯、屋盖、门窗等部分。这种分类方法在其他"房屋建筑学"学科的相关著作中也有类似的，如聂洪达将建筑的组成分类为基础、墙体、楼地层、楼电梯、屋顶、门窗等部分[2]。李必瑜和王雪松除了将建筑的组成分类为基础、墙或柱、楼板层和地坪层、楼梯、屋顶、门窗这六部分八大构件以外，还将阳台、雨棚、台阶、烟囱等归纳为附属部分构件，它们共同组成建筑[3]。同样地，舒秋华的《房屋建筑学》[4]、金虹的《房屋建筑学》[5]、弗朗西斯·D.K.程等的《房屋建筑图解》[6]中也应用了类似的分类方法（图3-17）。

综上所述，目前"房屋建筑学"学科中建筑物质构成的分类方法大多基于建筑构造的相关理论，是建筑设计的延伸和深化。建筑物质构成的分类规律体现为按照从下至上、从内而外、从主要构件到附加构件的逻辑顺序来论

① 同济大学,西安建筑科技大学,东南大学,等.房屋建筑学[M].5版.北京:中国建筑工业出版社,2016.
② 聂洪达,郝思因.房屋建筑学[M].3版.北京:北京大学出版社,2016.
③ 李必瑜,王雪松.房屋建筑学[M].5版.武汉:武汉理工大学出版社,2014.
④ 舒秋华.房屋建筑学[M].5版.武汉:武汉理工大学出版社,2016.
⑤ 金虹.房屋建筑学[M].2版.北京:科学出版社,2011.
⑥ 弗朗西斯·D.K.程,卡桑德拉·阿当姆斯.建筑图解[M].杨娜,孙静,曹艳梅,译.北京:建筑工业出版社,2004.

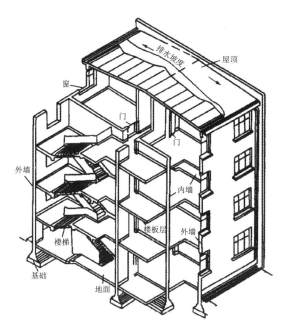

图 3-17　建筑的基本组成

图片来源：金虹. 房屋建筑学[M].2版.
北京：科学出版社,2011：116.

述建筑物的物质构成和细部构造，其目的在于使设计人员在建筑设计时能够综合各种因素，正确选用各种材料，提出适用、经济、美观的构造方案。此外，建筑涉及的内容和问题较广泛，而问题之间又因共存于一个复杂的建筑系统中而相互关联、制约和影响。了解建筑设计的思路和过程、建筑物的构成和细部构造将有助于土木工程类专业从业人员正确梳理本专业和建筑设计之间的关系，从而正确处理相应的问题。

　　预制装配式建筑是复杂的构件集合体，亦是一个具有复杂体系的系统，因此，"系统论"中的"层次性"特征同样适用于"建筑（预制）构件分类子系统"。实际上，这种系统分类的观点在"房屋建筑学"学科的相关著作中已有论述，如同济大学等指出，建筑是一个系统，会随着工程技术不断地发展，该系统的各个层面也会不断发生变化，它们之间的关系同样也会随之发生变化，在学习这门学科的时候，应当带有系统和发展的眼光[1]。随后，它们将建筑的楼地层、墙或柱基础、楼电梯、屋盖、门窗等物质组成部分进一步地分析归纳为"建筑系统"的"子系统"，即建筑物的结构支撑系统、围护分隔系统和设备系统等，并且阐述了这些"子系统"的系统特征及其相关关系[2]。聂洪达和郗恩田则用"体系"一词代替了"系统"一词，将建筑的这些物质组成部分归纳到"结构体系""围护体系""设备体系""装配体系"等体系之中[3]。而在其他"房屋建筑学"的相关教材中也采用了"结构""围护""设备""其他"等分类关键词来进行建筑物质构成的分类。

　　无论用什么词语来描述建筑的物质构成，房屋建筑学实际上已经将建筑视为一个系统，并运用了系统论的分类方法对建筑的物质构成进行了分类。系统的"层次性"特征体现为建筑系统是由结构分系统、围护分系统、设备分系统和其他分系统由下至上逐层构成的，相同"职能属性"的构件无论在建筑的什么部位，都能够被归纳为分系统中的基本物质构成元素，并且在分系统和系统中承担应有的功能和作用，履行其职能，共同组成分系统和系统。房屋建筑学教材中都采用这种相似的系统论观念和建筑的物质构成分类方法

① 同济大学，西安建筑科技大学，东南大学，等. 房屋建筑学[M]. 5版. 北京：中国建筑工业出版社，2016.
② 同①.
③ 聂洪达，郗恩田. 房屋建筑学[M]. 3版. 北京：北京大学出版社，2016.

也证明了其分类的科学性、可行性，以及对建筑专业、土木工程专业和其他相关专业的支撑作用。

预制装配式建筑实际上是建筑的一种类型，只是加入了建筑工业化的特征和要求，其物质构成的分类方式更加脱离不了传统建筑物质构成的分类方式，因此，建立"建筑（预制）构件分类子系统"的分类依据是目前已有的基于建筑构造理论的"房屋建筑学"学科的建筑物质构成分类方法，其可将"建筑（预制）构件分类子系统"初步分类为一系列分系统，即"主体结构构件系统""外围护构件系统""内装修构件系统""建筑设备构件系统"和"其他与建筑相关的构件系统"。"主体结构构件系统"和"外围护构件系统"是本书研究的重点。

3.2.2.3　主体结构体系分类

预制装配式建筑可按照结构材料、结构体系类型和施工工艺进行分类。

混凝土重型结构体系类型主要包括墙体承重结构、框架结构、框架–剪力墙结构、剪力墙结构和筒体结构等。实际上预制装配式的结构体系和这些传统建筑的结构体系相比并无太大差异，只是根据建筑工业化的要求加入了"预制"和"装配"的特征之后，变成了"装配式框架结构体系""装配式剪力墙结构体系""装配式框架–剪力墙结构体系"等。

施工工艺主要按混凝土工程的施工工艺来划分，如预制装配（全装配）、工具式模板机械化现浇（全现浇）和预制与现浇相结合等。如果按结构体系类型与施工工艺的综合特征进行分类，可以将预制装配式建筑划分为以下建筑类型：大板建筑、框架板材建筑、大模板建筑、砌块建筑、滑模建筑、升板建筑、盒子建筑、密肋壁板等。而轻型钢结构体系类型主要包括柱梁式、隔扇式、混合式和盒子式等。

1. 预制装配式钢筋混凝土结构建筑

（1）装配式框架结构体系

全部或部分框架梁、柱采用预制构件构建而成的装配式结构称为装配式框架结构。装配式框架结构按照材料可分为装配式混凝土框架结构、钢框架结构和木框架结构等（图 3-18）。

装配式框架结构体系连接节点单一、简单，结构构件的连接可靠并容易得到保证，方便采用等同现浇的设计概念；框架结构布置灵活，容易满足不同的建筑功能需求；结合外墙板、内墙板和预制楼板或预制叠合楼板的应用，预制率可以达到较高的水平。装配式框架结构采用预制叠合构件或叠合构件的梁、柱、板，其是结构的主要受力构件。这种结构体系的关键是处理好结合面新旧混凝土的交接以及保障结合部受力钢筋连接的可靠性和可行性。

图 3-18　装配式框架结构体系
图片来源：西安建筑科技大学等七院校.房屋建筑学[M].2版.北京：中国建筑工业出版社,2016：336.

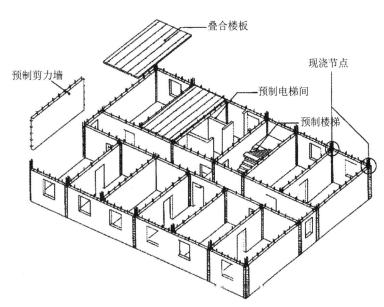

图 3-19　装配式剪力墙结构体系
图片来源：深圳市华阳国际工程设计有限公司.新建筑：中国建筑工业化技术的探索与实践[M].北京：中国建筑工业出版社,2014：84.

　　装配式混凝土框架结构体系是近年来发展起来的，其是参照日本的相关技术，同时结合我国的特点进行转化而形成的结构体系。由于技术和使用习惯等原因，我国装配式框架结构体系的适用高度一般是低层建筑、多层建筑和高度适中的部分高层建筑，其最大适用高度通常低于剪力墙或框架 – 剪力墙结构，主要应用于厂房、仓库、商场、办公楼等公共建筑，这些结构要求具有开敞的大空间和相对灵活的室内布局，同时没有对建筑高度的要求。但总的来说，目前装配式框架结构体系在我国较少应用于居住建筑。

　　（2）装配式剪力墙结构体系

　　全部或部分剪力墙采用预制墙板构建而成的装配整体式混凝土结构称为装配式整体式混凝土剪力墙结构。按照主要受力构件的建造工艺，剪力墙结构体系可分为全预制剪力墙结构体系和预制叠合剪力墙结构体系。此外，多层剪力墙结构体系也是一种剪力墙结构体系（图 3-19）。

预制叠合剪力墙是一种采用部分预制、部分现浇工艺生产的钢筋混凝土剪力墙，其预制部分称为预制剪力墙板，在工厂制作、养护成型，运至施工现场后与现浇部分整浇。根据预制方法和设计的不同，预制叠合剪力墙又可分为单面叠合剪力墙板（建成 PCF 板）和双面叠合剪力墙板。单面叠合剪力墙板参与结构受力，其外侧的外墙饰面可根据需要在工厂一并生产制作，预制剪力墙板在施工现场安装就位后可作为剪力墙外侧模板使用[①]。

装配整体式剪力墙结构以预制混凝土剪力墙墙板构件和现浇混凝土剪力墙作为结构的竖向承重和水平抗侧力构件，通过整体式连接而成。装配整体式剪力墙结构可大大提高结构尺寸的精度和住宅的整体质量，减少模板和脚手架作业，提高施工的安全性。剪力墙结构体系在我国的建筑市场中一直占据重要地位，以其在居住建筑中结构墙和分隔墙兼用，以及无梁、柱外露等特点得到了市场的广泛认可[②]。

目前国内万科、宇辉、中南、中建、万融、宝业等企业在高层建筑中大多采用这种结构体系，并且在北京、上海、深圳等城市中均有大规模的应用。

（3）装配式框架-剪力墙结构体系

框架-剪力墙结构是由框架和剪力墙共同承受竖向和水平作用力的结构，兼有框架结构和剪力墙结构的特点，当剪力墙在结构中集中布置形成筒体时，就称为框架-核心筒结构。

装配式框架-剪力墙结构的主要特点是剪力墙布置在建筑平面核心区域，形成结构刚度和承载力较大的筒体，同时可作为竖向交通核（楼梯、电梯间）及设备管井使用；框架结构布置在建筑周边区域，形成二道抗侧力体系。外周

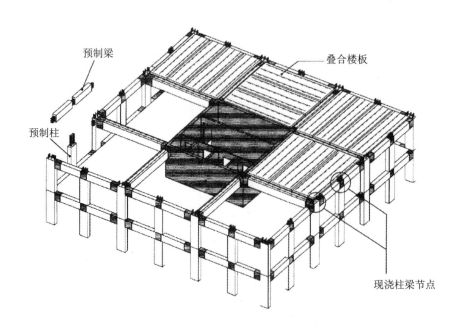

预制梁
叠合楼板
预制柱
现浇柱梁节点

图 3-20 装配式框架-剪力墙结构体系
图片来源：深圳市华阳国际工程设计有限公司. 新建筑：中国建筑工业化技术的探索与实践[M]. 北京：中国建筑工业出版社, 2014：124

① 上海市住房和城乡建设管理委员会，华东建筑集团股份有限公司. 上海市建筑工业化实践案例汇编[M]. 北京：中国建筑工业出版社, 2016.
② 文林峰. 装配式混凝土结构技术体系和工程案例汇编[M]. 北京：中国建筑工业出版社, 2017.

框架和核心筒之间可以形成较大的自由空间,便于实现各种建筑功能(图3-20)。

根据预制构件的部位不同,装配式框架－剪力墙结构可分为装配整体式框架－现浇剪力墙结构、装配整体式框架－现浇核心筒结构、装配整体式框架－剪力墙结构三种形式。前两种剪力墙部分均为现浇。

装配整体式框架－现浇剪力墙结构中,框架部分的技术要求和装配式混凝土框架结构相同,剪力墙部分与现浇剪力墙要求相同。装配整体式框架－现浇核心筒结构中,核心筒是主要受力构件,由于核心筒具有空间结构的特点,若将其设计为预制装配式结构反而更加复杂,因此,国内外一般都采用现浇的方式来制作核心筒;而外框架部分主要承担竖向荷载和部分水平荷载,承受的水平剪力较小,且主要由柱、梁、板等构件组成,框架材料也不仅限于混凝土。

装配式框架－剪力墙结构体系结合了框架结构布置灵活,以及剪力墙结构侧向刚度较大的优点,较易实现大空间和较高的适用高度,可以满足不同建筑功能的要求,可广泛应用于居住建筑、商业建筑、办公建筑、工业厂房等,且有利于用户个性化室内空间的改造。

2. 预制装配式轻型钢(钢木)结构建筑

轻型钢结构建筑通常应用于低层(3层以下)或多层建筑物(4-6层),其以轻钢龙骨或轻钢框架为结构骨架,以轻型复合墙体为外围护结构。轻型钢木结构是在轻型钢结构或木结构的基础上,用部分木构件替换部分钢构件(反之亦然),钢构件和木构件相互组合、共同形成的结构体系。这种结构体系比传统的木结构体系更加坚固耐用,又比现代的纯钢结构体系更丰富多彩,但结构体系本质上还是属于纯钢结构的轻钢框架或轻钢龙骨结构体系。

轻钢龙骨结构体系是低层轻型钢(钢木)结构建筑的主要结构体系,目前在我国发展迅速,在国外则已经非常成熟,广泛应用于低层小型建筑、住宅和私人别墅等。按照其骨架的构成,又可将其分为柱梁式、隔扇式、混合式和盒子式等。

(1)柱梁式

柱梁式是采用轻钢结构的柱子、梁和桁架组合的房屋支承骨架,节点多采用节点板和螺栓进行连接。为了加强整体骨架的稳定性和抗风力,在墙体、楼层及屋顶层的必要部分设置斜向支撑或剪力式的拉杆(图3-21)。

图 3-21 柱梁式轻钢结构
图片来源: 金虹. 房屋建筑学[M].2版.
北京:科学出版社,2011:340.

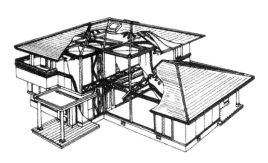

(2)隔扇式

隔扇式是将承重墙、外围护

墙和楼板层按模数划分为许多单元的轻钢隔扇,从而组成房屋的支承骨架(图
3-22,图 3-23)。

(3)混合式和盒子式

混合式是外墙采用隔扇、内部采用柱梁组合而成的骨架体系(图 3-24)。
盒子式是工厂先把轻钢型材组装成盒型框架构件,再运到工地装配成建筑的
支承骨架,随后以这个骨架为基础,最后安装楼板、内板墙、屋顶、顶棚等构
件(图 3-25)。钢筋混凝土结构也有盒子式类型,只不过是将支承骨架的材
料替换为钢筋混凝土预制构件。

3.其他结构

此外,预制装配式建筑还有许多其他材料的结构体系,如木结构中的梁
柱式、井干式和 CLT(交错层压木材)结构,以及铝合金结构和其他新型材料
结构等。

3.2.2.4 主体结构构件分类

1.预制装配式钢筋混凝土结构建筑

按照房屋建筑学对建筑组成部分的分类方法,传统钢筋混凝土结构构件
一般可以分类为基础、墙或柱、楼地层、屋顶和楼梯这 5 大类构件[1]。

预制装配式钢筋混凝土结构构件在总体分类的概念上,与传统钢筋混凝

图 3-22　隔扇式轻钢结构
图片来源:图 3-22,tupian.hudong.com;图 3-23,作者自摄

图 3-23　隔扇式轻钢结构工厂

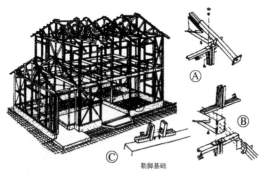

图 3-24　混合式轻钢结构
图片来源:金虹.房屋建筑学[M].2版.北京:科学出版社,2011:341.

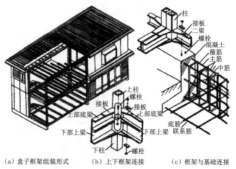

图 3-25　盒子式轻钢结构
(a)盒子框架组装形式　(b)上下框架连接　(c)框架与基础连接

① 同济大学,西安建筑科技大学,东南大学,等.房屋建筑学[M].5版.北京:中国建筑工业出版社,2016.

土结构构件相比并无太大的区别，但其需要考虑建筑工业化特殊的预制和装配工艺需求，具体体现为在这 5 大类结构构件中加入了"叠合""莲藕"等工艺概念。在装配式框架结构体系中，结构构件通常可分为柱（预制实心、空心、整体现浇）、梁（预制实心、叠合）、楼板（预制实心、空心、叠合）、节点构件（莲藕梁等）、楼梯（预制楼梯段、休息平台）和基础（现浇）等。在装配式剪力墙结构体系中，剪力墙（或承重墙）则代替柱成为最重要的竖向承重构件，同时还承受水平荷载，结构构件通常可分为剪力墙（预制实心、空心、叠合）、梁（预制实心、叠合）、楼板（预制实心、空心、叠合）、楼梯（预制楼梯段、休息平台）和基础（现浇）等。而装配式框架 - 剪力墙结构体系则上述构件兼而有之。

需要注意的是，目前预制装配式混凝土建筑通常在工程项目实践中无法达到 100% 的预制率，即使是在建筑工业化程度较高的日本和新加坡，预制率最高也只能达到 85% 左右[1]，而我国目前预制率与之相比则较低。因此，通常在实际项目中工程单位会根据项目特点和技术条件采用现浇和预制相结合的建造工艺。总的来说，预制装配式混凝土建筑中的结构体系呈现出现浇构件和预制构件并存、共同组成结构体系的状态。

根据目前国内的预制装配式钢筋混凝土结构建筑的技术体系、工程案例和惯用建造工艺[2]，其结构构件可进一步细分为 7 大类：剪力墙或承重墙（全预制：实心、空心，半预制：叠合）、柱（全预制：实心、空心、整体现浇）、梁（全预制：实心，半预制：叠合）、楼板（全预制：实心，空心，半预制：叠合）、节点构件（莲藕梁等）、楼梯（全预制楼梯段、休息平台）和基础（现浇）等。上述 7 大类构件构成了预制装配式混凝土建筑的"主体结构构件系统"。

（1）柱构件

柱是结构中的竖向承重构件，主要承受屋顶和楼板传来的竖向荷载。柱一般只起承重作用，无论是预制柱还是现浇柱，通常只用于骨架结构体系（框架、框剪、框筒、板柱、单层钢架、拱、排架等）[3]。预制柱采用工厂预制，再运至施工现场进行装配（图 3-26）。

图 3-26　预制柱

图片来源：www.precast.com.cn

① 纪颖波. 建筑工业化发展研究[M].北京:中国建筑工业出版社,2011.
② 文林峰. 装配式混凝土结构技术体系和工程案例汇编[M]. 北京:中国建筑工业出版社,2017.
③ 同济大学,西安建筑科技大学,东南大学,等. 房屋建筑学[M]. 5版.北京:中国建筑工业出版社,2016.

（2）剪力墙和承重墙构件

剪力墙和承重墙是结构中的竖向承重构件，承重墙和柱类似，主要承受屋顶和楼板传来的竖向荷载，而剪力墙又称抗风墙，主要承受风荷载或地震作用引起的水平荷载和竖向荷载。预制剪力墙构件（图3-27）是目前预制装配式混凝土结构体系中最为重要也是应用最为广泛的竖向构件。

除了整体式预制剪力墙构件外，还有预制叠合剪力墙构件，叠合构件是指由预制混凝土构件和后浇混凝土组成，以两阶段成型的整体受力构件。叠合剪力墙的特点是将剪力墙沿厚度方向分为三层，内、外两层预制，中间层后浇，形成"三明治"结构。三层之间通过预埋在预制板内的桁架钢筋进行结构连接。叠合剪力墙将内、外两侧预制部分作为模板，中间层后浇混凝土可与叠合楼板的后浇层同时浇筑，这种三明治结构称为双面叠合剪力墙构件（图3-28）。此外，还有单面叠合剪力墙构件，基本原理与双面叠合剪力墙构件类似，只是外侧一层预制，中间层和内层后浇。

（3）梁构件

梁是结构中的水平构件，主要承受横向力和剪力，以弯曲为主要变形特征。梁的横截面一般为矩形或T形，当楼盖结构为预制板装配式楼盖时，为减少结构所占的高度，增加建筑净空，框架梁截面常为十字形或花篮形。

预制叠合梁和实心梁是目前预制装配式混凝土结构体系中应用较为广泛

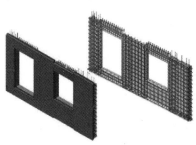

图3-27　预制实心剪力墙
图片来源：www.precast.com.cn

图3-28　预制双面叠合剪力墙
图片来源：上海市住房和城乡建设管理委员会，华东建筑集团股份有限公司. 上海市建筑工业化实践案例汇编[M]. 北京：中国建筑工业出版社，2016：92，97.

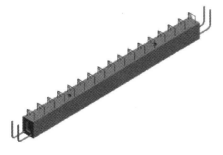

图 3-29　预制叠合梁和实心梁

图片来源：www.precast.com.cn

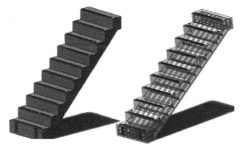

图 3-30　预制楼梯

图片来源：www.precast.com.cn

的横向结构构件。在装配整体式框架结构中，常将预制梁做成矩形或 T 形截面，在预制板安装就位后，再现浇部分混凝土，即形成所谓的叠合梁（图 3-29）。

（4）楼梯构件

楼梯是垂直交通联系构件，供人们上下楼层和安全疏散，同时楼梯有承重作用，是结构中必不可少的一部分（图 3-30）。

预制装配式楼梯可以分为大中型构件装配式和小型构件装配式，大中型构件主要用于预制装配式混凝土结构中，以整个梯段以及整个平台为单独的构件单元，在工厂预制好后再运到现场进行安装。

（5）板构件（楼板、地板、屋顶板）

板（楼板、地板、屋顶板）是结构中的水平承重和分隔构件，其承受着人及家具设备和构件自身的荷载，并将这些荷载传给竖向承重构件，同时沿竖向将建筑物分隔成若干楼层，对承重墙体或柱子起水平支撑作用。

预制叠合板、实心板和空心板是目前预制装配式混凝土结构体系中应用较为广泛的水平结构构件（图 3-31）。预制叠合板的应用最为广泛，通常和叠合梁一同现浇，形成整体。

（6）节点构件（莲藕梁）

节点构件是将结构构件的连接处进行预制所形成的预制构件，比较典型的有梁柱节点构件，也称为"莲藕梁"。其一般运用于框架结构柱和梁交接节点位置，特点是梁柱节点与构件一同预制，然后在梁、柱构件上设置后浇段连

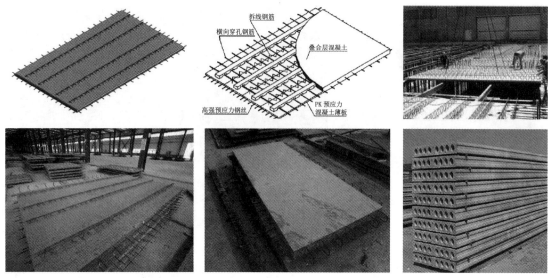

图 3-31 预制叠合板、实心板和空心板
图片来源：www.precast.com.cn

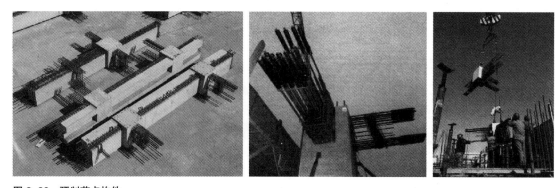

图 3-32 预制节点构件
图片来源：中国城市科学研究会绿色建筑与节能专业委员会. 建筑工业化典型工程案例汇编[M]. 北京：中国建筑工业出版社,2015: 213-214;
www.ifeng.com

接（图 3-32）。

（7）基础构件

基础是建筑室外地面以下的承重构件，它承受建筑物上部结构传递下来的全部荷载，并把这些荷载连同基础的自重一起传到地基上。目前国内预制装配式混凝土建筑的地基采用传统现浇方式较多。

2. 预制装配式轻型钢（钢木）结构建筑

预制装配式轻型钢（钢木）结构建筑通常以轻钢龙骨骨架或钢木混合骨架为主体结构（图 3-33），同样在总体分类的概念上，其结构构件与传统钢筋混凝土结构构件相比并无太大的区别，其结构构件可以被分为 5 大类：基础、墙或柱、楼地层、屋顶和楼梯。上述 5 大类构件构成了预制装配式轻型钢（钢木）建筑的"主体结构构件系统"。

图 3-33　轻钢龙骨结构骨架

图片来源：www.sdxsjgg.com；www.chhome.cn；blog.sina.com.cn

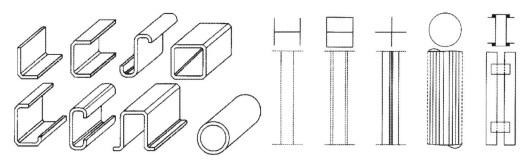

图 3-34　薄壁型钢板的截面形式　　　　　图 3-35　小断面型钢的断面形式

图片来源：同济大学，西安建筑科技大学，东南大学，等. 房屋建筑学[M]. 5版. 北京：中国建筑工业出版社，2016：336.

　　由于轻型钢的材料特征，其钢结构骨架构成更为灵活和多样，上述 5 大类构件都可以由基本的轻型钢构件或轻型钢组合构件组合而成。在柱梁式、隔扇式、盒子式和混合式的结构体系中，单个轻型钢构件就可以被当作是结构中的"柱""梁"等，而多个轻型钢构件组合形成的组合构件也可以被当作是结构中的"柱""梁""墙""板""楼梯"等。如在隔扇式结构体系中，组合多个轻型钢构件可以形成"隔扇骨架"组合构件、"楼层骨架"组合构件和"屋顶骨架"组合构件等。

　　轻钢龙骨结构的骨架一般都是由厚度为 1.5—5 毫米的薄壁型钢板经冷弯或冷轧成型的支撑构件组合而成，或者由小断面的型钢制成的支撑构件组合而成。薄壁型钢板的截面形式可以分为图 3-34 所示的几种，而小断面型钢的断面形式有 H 形钢柱、封闭式 H 形钢柱、角钢组合柱、钢管圆柱和槽钢连接柱等（图 3-35）。根据需要，能够组合成各种形式的柱构件。

　　在轻钢建筑中，这些薄壁型钢板和小断面型钢不仅能够成为"柱""梁"等结构构件（图 3-36），经过组合还能成为"墙""板""楼梯"等结构构件（图 3-37）。钢木建筑中的木构件也是如此。因此，预制装配式轻型钢（钢木）结构建筑的"主体结构构件系统"可以由基本的单个轻型钢（木）构件自身或多个轻型钢（木）构件拼装所组成的组合构件构成，这些构件或组合构件所扮演的角色依然是"柱""梁""墙""板""楼梯"等常规结构构件。

　　在轻钢建筑中，楼板构件相对特殊，一般是由轻型钢构件、现浇混凝土

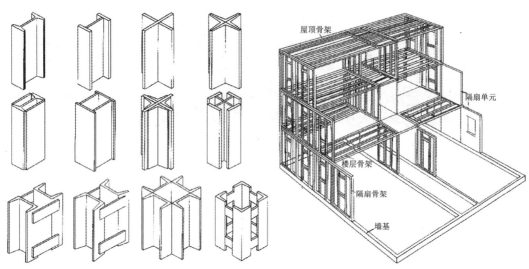

图 3-36　由薄壁钢板和小断面型钢组合而成的"柱""梁"等结构构件

图 3-37　隔扇式轻钢结构

图片来源：同济大学，西安建筑科技大学，东南大学，等. 房屋建筑学[M]. 5版. 北京：中国建筑工业出版社，2016：337-338.

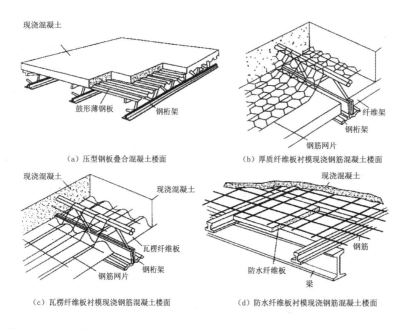

（a）压型钢板叠合混凝土楼面　　　（b）厚质纤维板衬模现浇钢筋混凝土楼面

（c）瓦楞纤维板衬模现浇钢筋混凝土楼面　　（d）防水纤维板衬模现浇钢筋混凝土楼面

图 3-38　预制叠合板、实心板和空心板

图片来源：同济大学，西安建筑科技大学，东南大学，等. 房屋建筑学[M]. 5版. 北京：中国建筑工业出版社，2016：340.

和其他辅助材料共同组成的复合结构构件，通常采用上覆混凝土的压型钢板和其他几种防水纤维板加钢筋网片现浇的楼板形式（图 3-38）。而在钢木建筑中，也可选择木板或木板和钢构件组合的方式来构成楼板构件。

3.2.2.5　外围护构件分类

1. 预制装配式钢筋混凝土结构建筑

建筑的外围护结构是界定和联系建筑室内外空间，遮蔽风、雨等外界气候侵袭，同时隔离炎热、寒冷、噪声、强光等不利因素，保证使用人群安全性和私密性的重要建筑组成部分。传统钢筋混凝土结构建筑的外围护结构通常采用砌筑、现浇、龙骨安装、分层黏合等，是一种劳动密集型现场作业的手工模式。按照房屋建筑学对建筑组成部分的分类方法，传统钢筋混凝土结构建筑的外围护结构通常由外墙、门和窗、屋顶等主要外围护构件构成。同时，还有一些附属功能性外围护构件,如阳台、雨棚、台阶、烟囱、空调机板、遮阳板、分户隔板以及其他装饰性构件等。同样在总体分类的概念上，预制装配式混凝土建筑的外围护构件与其相比并无太大的区别，分为外墙、门和窗、屋顶等主要外围护构件和一些附属功能性外围护构件以及其他装饰性构件。但在预制装配式混凝土建筑中，外围护构件受到来自设计、制造、生产、转运、装配、建造、维护和拆除的条件和工艺约束，这些给外围护构件带来最明显的变化是门或窗构件、保温隔热材料、装饰面层等会被选择性地整合进外墙、屋顶等主要外围护构件之中。上述情况体现了"复合"技术的引入，且促进了结构性、交互性（围护采光等）、性能性（保温隔热等）、装饰性等一体化复合外围护构件的诞生和应用，而外围护构件的结构性、交互性、性能性、装饰性又会根据实际工程项目进行适当的调整和删减。

因此，预制装配式混凝土建筑的外围护构件可以被整合为4大类：复合外墙体、复合屋顶、附属功能性构件（阳台、雨棚、台阶等）和其他装饰性构件。根据目前国内的预制装配式混凝土建筑的技术体系、工程案例和惯用建造工艺[①]，其外围护构件可进一步被细分为5大类：结构性复合外墙（全结构性、半结构性）、结构性复合屋顶（全结构性、半结构性）、非结构性复合外墙（预制成品、半成品）、附属功能性构件（预制成品、半成品）以及非结构性装饰构件（预制成品）。上述5大类构件构成了预制装配式混凝土建筑的"外围护构件"。

（1）全结构性复合外墙

全结构性复合外墙是指建筑外墙构件具有结构性的特征，构件既是外围护构件，又是结构构件，在预制时就已经是全预制混凝土构件，装配时只需通过现场干作业，或者节点湿作业的方式就能和主体结构成为整体。

同时，全结构性复合外墙作为外围护构件，可以根据实际工程项目的要求在工厂或现场选择性地添加门或窗（交互性）、保温隔热层（性能性）（图3-39）或装饰面层（图3-40）。全结构性复合外墙是"外围护构件系统"中的一种完成度较高的外围护构件，又是"主体结构构件系统"中的全预制实心剪力墙结构构件。

（2）半结构性复合外墙

半结构性复合外墙是指建筑外墙具有半结构性的特征，半结构是指考虑到建造工艺的需求，不直接将混凝土构件预制成全预制混凝土构件，而是需要在装配时通过现场的二次施工（通常为非节点处现浇混凝土），使构件全部

① 文林峰. 装配式混凝土结构技术体系和工程案例汇编[M]. 北京:中国建筑工业出版社,2017.

图 3-39　预制夹心保温复合外墙
图片来源：www.precast.com.cn

图 3-40　石材反打工艺的复合外墙
图片来源：bbs.zhulong.com

图 3-41　叠合式复合剪力墙外墙板
图片来源：www.precast.com.cn；www.jundaozhugong.com

或部分承担结构构件的作用，这种半结构性构件比较典型的建造工艺是"叠合"。典型的半结构性复合外墙是预制混凝土叠合剪力墙板（PCF），这是一种将预制剪力墙外侧（单面叠合剪力墙板）或内外两侧（双面叠合剪力墙板）部分作为模板，在现场浇筑成整体后共同组成并参与结构受力的剪力墙结构构件。

同样，复合外墙作为围护构件，根据实际工程项目的要求在工厂或现场选择性地添加门或窗（交互性）、保温隔热层（性能性）或装饰面层之后形成"半结构性复合外墙"（图 3-41）。半结构性复合外墙是"外围护构件系统"中的一种"半成品"外围护构件，又是"主体结构构件系统"中的半预制叠合剪力墙结构构件。

（3）非结构性复合外墙

非结构性复合外墙一般也称作装配式外挂复合墙板，是一种具有交互性、性能性和装饰性，但不具有结构性的外围护构件，其不承担任何结构构件的作用，属于非承重预制外墙的一种，一般在框架结构或框架－剪力墙结构体系中应用较多。非结构性复合外墙通过标准连接构件悬挂或支承在主体结构上，其技术原型为单元式幕墙（图 3-42）。非结构性复合外墙作为纯粹的外围护构件，同样根据实际工程项目的要求在工厂或现场选择性地添加门或窗（交互性）、保温隔热层（性能性）或装饰面层。按照是在工厂添加还是在现

图 3-42 复合一体化外挂墙板
图片来源：上海市住房和城乡建设管理委员会，华东建筑集团股份有限公司. 上海市建筑工业化实践案例汇编[M]. 北京：中国建筑工业出版社，2016：221；中国城市科学研究会绿色建筑与节能专业委员会. 建筑工业化典型工程案例汇编[M]. 北京：中国建筑工业出版社，2015：163.

场添加，又可将其分为成品和半成品。如夹心保温外挂墙板在现场通过现浇，和剪力墙成为一体；成品复合外墙板在现场直接柔性连接（螺栓连接）至主体结构上。

（4）全结构性或半结构性复合屋顶

全结构性或半结构性复合屋顶是具有结构性、交互性、性能性、装饰性的外围护构件，分为屋面板和女儿墙等，屋面板同时也是结构构件，属于板构件中的一种，承担水平承重的结构作用。同样，半结构性复合屋顶作为外围护构件，根据实际工程项目的要求在工厂或现场添加天窗（交互性）、保温隔热层以及防水层（性能性）或专门面层之后形成"全结构性复合屋顶"。按照是在工厂添加还是在现场添加，又可将其分为成品和半成品。全结构性复合屋顶是"外围护构件系统"中的一种"成品"或"半成品"围护构件，又是"主体结构构件系统"中的一种全预制或半预制的屋顶板结构构件。

（5）附属功能性构件

附属功能性构件是除了复合墙体、复合屋顶两大围护构件之外，在外围护结构中具有一定附属功能的围护构件，主要包括 2 大类：具有一定结构性的阳台、空调机板等构件（图 3-43），不具有非结构性但具有一定功能性的雨棚、台阶、烟囱、遮阳板、分户隔板等构件。这些构件按照实际工程项目的要求和工厂制作的完成度，又可分为成品和半成品。

（6）其他装饰性构件

其他装饰性构件是除了复合墙体、复合屋顶和附属功能性构件之外，在围护结构中只有装饰性的围护构件，如玻璃纤维增强混凝土（GRC）装饰线条、线脚等（图 3-44）。通常这些构件都是先在工厂完成预制，再运到现场进行装配。

2. 预制装配式轻型钢（钢木）结构建筑

预制装配式轻型钢（钢木）结构建筑属于预制装配式建筑中的一种。轻型钢（钢木）结构建筑施工方便，由于使用了薄壁型钢，与需要设置许多道圈梁、构造柱来满足抗震要求的砌体墙混合结构建筑相比，用钢量并不会高出

图 3-43　预制阳台和预制空调板

图片来源：www.precast.com.cn; www.cscsf.com

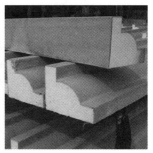

图 3-44　预制GRC装饰构件

图片来源：www.bmlink.com; www.abtzs.com

多少，且内部空间较为灵活。轻钢结构建筑采用了轻型复合墙板等技术，可以使建筑的防水、热工等综合性能指标得到提升，有利于建筑节能[①]。与预制装配式混凝土建筑一样，外围护构件在总体分类的概念上相似，且同样受到预制装配式技术的条件和工艺约束，但与之相比最大的不同在于其围护构件具有更强的独立性，主体结构和围护结构相对独立，较少交叉。预制装配式轻型钢（钢木）结构建筑的外围护构件通常不承担结构构件的作用，一般柔性连接（螺栓连接）至轻钢龙骨骨架或钢木混合骨架上。同样，外围护构件采用"复合"的技术，采用交互性、性能性、装饰性一体化的复合外围护构件。

　　而预制装配式钢木结构建筑由于材料的原因，其外围护构件则更加灵活多样，在一些项目中也承担结构构件的作用，例如在悉尼迈耶木业办公楼项目中，外墙板采用工程公司自行研发的结构性、交互性、性能性、装饰性一体化的复合外围护构件，其是完成度非常高的外围护成品构件，在现场可直接装配使用，无须二次加工和处理。

　　总体来说，预制装配式轻型钢（钢木）结构建筑的外围护构件形式较为简单，构件形式以"板式构件"为主。根据目前国内外的预制装配式轻型钢（钢木）的技术体系、工程案例和惯用建造工艺，板式构件大体可分为钢丝水泥网水泥板、复合板等。这两种板式构件通过附着在结构骨架上，跟随骨架形式，通过不同的组合方式形成外墙、屋顶等主要外围护构件。其围护构件可以被分

① 同济大学,西安建筑科技大学,东南大学,等.房屋建筑学[M].5版.北京:中国建筑工业出版社,2016.

108

为 4 大类：复合外墙板、复合屋顶板、附属功能性构件和其他装饰性构件。上述 4 大类构件共同构成了预制装配式轻型钢（钢木）结构建筑的"外围护构件系统"。

（1）钢丝网水泥墙

此类水泥墙通常有 2 种构造方式：① 轻钢龙骨钢丝网水泥墙，在隔扇式轻钢骨架的外侧或两面绑扎或用专用卡具卡住钢丝网片，外喷水泥砂浆，隔扇内填泡沫或纤维。② 钢筋网架水泥墙，用直径为 3—4 毫米钢丝点焊成间距为 100 毫米的双向网片，制成空间网架，内部插入泡沫塑料，安装在骨架的外围部分，双面喷 20—30 毫米的水泥砂浆（图 3-45）。

（2）轻钢骨架复合墙板

轻钢骨架复合墙板由多层材料组合而成（图 3-46）。一般有以下几个层次：① 骨架，通常用槽形薄壁型轻钢龙骨制成单元墙板的外形框架，内部视面板的刚度需要，设置横档、竖筋或斜撑。除轻钢外，视情况还可将木材、纤维水泥板以及混凝土板的肋作为支承骨架。② 外层面板，包括表面经过处理的金属压型薄板、有色或镜面玻璃，经过一定防火和抗老化处理的塑料、水泥制品、木制品以及其他新型材料。③ 内层面板，通常采用纸面石膏板、胶合板和木质纤维板等材料。④ 保温层，通常设置在内外面层之间，材料有玻璃棉、岩棉、矿棉和加气混凝土等。

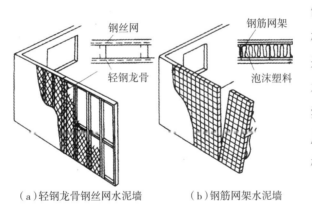

图 3-45　两种钢丝网水泥墙
图片来源：金虹，房屋建筑学[M].2版.
北京：科学出版社，2011：342.

（a）轻钢龙骨钢丝网水泥墙　　（b）钢筋网架水泥墙

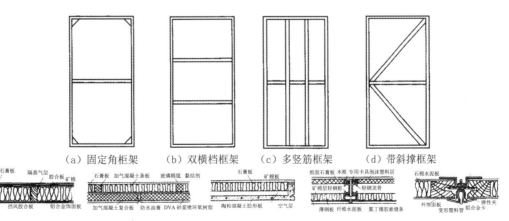

（a）固定角框架　　（b）双横档框架　　（c）多竖筋框架　　（d）带斜撑框架

图 3-46　轻钢骨架复合墙板
图片来源：金虹.房屋建筑学[M].2版.北京：科学出版社，2011：342-343.

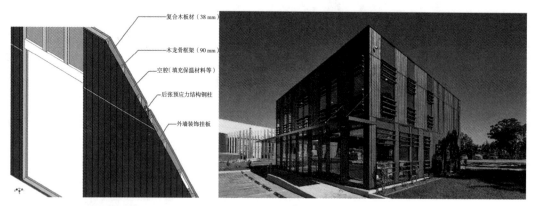

图 3-47 钢木骨架复合墙板

图片来源：作者根据澳大利亚 Timber Building System 工程公司提供的项目资料编辑

（3）钢木骨架复合墙板

钢木骨架复合墙板的构造与轻钢骨架复合墙板类似，典型的钢木骨架复合墙板如上文提到的悉尼迈耶木业办公楼项目中应用的复合墙板，其采用断面为 90 毫米 ×35 毫米的木龙骨框架和断面为 65 毫米 ×65 毫米的后张预应力钢柱组合形成构件的结构骨架，外侧附木纹装饰面板，内侧附 38 毫米厚的复合木板材，内、外面板之间形成的空腔则填充相应的保温隔热或隔声材料，以满足建筑的性能要求（图 3-47）。

（4）屋顶钢板

① 平屋顶，平屋顶只需在楼板上铺设防水层或彩色钢板，之后设置排水坡度与排水沟即可。② 坡屋顶，先搭建好屋架，在屋架上设置钢檩条，再铺设彩色钢芯夹板，其既有一定的美观性，又有很好的保温、防水效果。坡屋顶还有一种建造方法：先在钢檩条上铺设纤维板，再铺设防水层、瓦片等。最好选用大且薄的瓦片以减轻屋顶质量，较常见的有纤维水泥瓦屋面。

3.2.3 构件的材料

材料是构成建筑（预制）构件的基本物质要素，赋予构件材料属性是让构件从概念转变为实体的关键步骤，也决定了构件的功能和属性。根据这些功能和属性，构成建筑（预制）构件的材料可以分为如下 6 类：结构性材料、交互性材料、性能性材料、装饰性材料、联系性材料和配件。

3.2.3.1 结构性材料

结构性材料也可称为承重材料，指的是在构件和建筑中承担结构作用的材料，可以承受包括自重在内的外加荷载和由此引起的内力。在预制装配式钢筋混凝土重型结构建筑中，结构性材料主要为混凝土和钢筋。在预制装配式轻型钢（钢木）结构建筑中，薄壁型钢板、小断面型钢、钢组合构件、木材和特殊木构件是构件中主要的结构性材料，在一些构件中，也会和混凝土材料组合，共同承担结构作用。

3.2.3.2　交互性材料

交互性材料指的是在构件和建筑中连接室内外且使人和自然环境进行交互的材料。无论是预制装配式钢筋混凝土结构建筑，还是预制装配式轻型钢（钢木）结构建筑，门、窗、阳台等在构件中都属于交互性材料，其中可开启和关闭的门是连接室内外的通道，窗和阳台可以透光、通气和开放视野。

3.2.3.3　性能性材料

性能性材料指的是在构件和建筑中满足建筑性能要求的材料。性能性材料通常分为单一材料和复合材料两种。单一材料如各类卷材，具有防水、防潮、隔气性能，还有各类矿（岩）棉、泡沫塑料、挤塑板、珍珠岩等，具有保温、隔热性能。复合材料可同时采用上述两种或多种材料以满足建筑性能要求。

3.2.3.4　装饰性材料

装饰性材料指的是暴露在大气中，在人的视线范围内能够满足人的视觉需求的装饰材料，主要包括天然材料，如石材、木材等，二次加工的人工合成材料，如墙面涂料、油漆、饰面砖、各类饰面板材等。这类材料既有固态的也有液态的，既有金属的也有非金属的，既有有机的也有无机或复合的。总之，随着技术的发展，装饰性材料的种类和样式日趋多样化。

3.2.3.5　联系性材料和配件

联系性材料和配件指的是在构件中除了满足构件物质本体的功能需求外还需要满足预制和装配等建造工艺要求的材料和配件，如构件内预埋的钢件、螺栓套筒、灌浆套筒等具有连接构件与构件的作用，脱模、斜撑用预埋件、运输吊装用预埋件等具有构件吊装和装配的作用，拉结件、FRP 连接件等具有连接构件内保温板和混凝土板的作用，钢筋网片、钢丝网片具有增强混凝土抗裂能力的作用。

3.2.4　物质系统的构成原理总结

综上所述，虽然预制装配式钢筋混凝土结构建筑和预制装配式轻型钢（钢木）结构建筑都是建筑的一种类型，其物质构成的构件内容在总体概念上与传统基于建筑构造理论的建筑组成内容相比并无太大差异，但是建筑工业化背景下的预制装配式建造工艺带来的变化体现为预制装配式构件和材料的新的分类依据和选择方法，而这些则为预制装配式建筑的物质构成原理的组成部分。

3.2.4.1　构件的构成特征

建筑工业化背景下的预制装配式建造工艺给建筑和建筑（预制）构件带

来的最显著的变化可以被归纳为"独立性""叠合性""复合性"和"联系性"这4种建筑物质系统的工业化构成特征。

1. 独立性

"独立性"指的是预制装配式建筑可以被分割成多功能、多尺寸、多层次、多属性的标准或非标准的独立构件，这种构件具有鲜明的系统性特征，能够被独立地设计、制造、生产和运输，然后和其他独立构件装配，系统地组合为建筑的某一部分或某一系统，而传统的建筑构件则难以做到。在建筑预制构件的物质本体上体现为标准化的构件尺寸、一体化的构件功能、系统化的构件分类、层次化的构件属性。

2. 叠合性

"叠合性"指的是建筑预制构件可以根据实际工程项目的要求灵活选择工厂预制和现场装配的部分，这种构件通常采用"半结构"和"半预制"的构造，即构件的一部分在工厂预制，另一部分则在现场装配。"半结构"的典型构件包括叠合剪力墙、叠合梁、叠合楼板等，构件在工厂预制的部分通常作为模板，在现场现浇混凝土之后，形成完整的结构构件。"半预制"的典型构件包括复合外墙板等，构件中的门或窗、保温隔热层和装饰面层等可以选择工厂预制或现场装配。在建筑预制构件的物质本体上体现为半成品的预制构件。

3. 复合性

"复合性"指的是预制装配式建筑的构件为了满足建造工艺的要求将各种功能的材料或构件整合进一种构件之中，这种构件通常采用一体化的设计理念，同时具备结构性、交互性、性能性、装饰性、联系性等工业化特征。"复合性"的典型构件为一体化的复合外墙板，在工厂预制时就已经将门或窗、保温隔热层和装饰面层等整合进构件，在现场只需装配即可，无须二次加工和处理。在建筑预制构件的物质本体上体现为完成度较高的成品预制构件。

4. 联系性

"联系性"指的是预制装配式建筑的构件不仅需要满足建筑基本物质要素的功能要求，还需要与建造过程中的制造、生产、运输、装配等环节相联系，保证构件能够顺利地完成从设计、装配到维护的全生命周期流程。"联系性"在建筑预制构件的物质本体上体现为增加具有构件连接作用的螺栓套筒、灌浆套筒预埋件等，增加具有构件装配作用的脱模、斜撑用预埋件，增加具有构件运输吊装作用的金属预埋件，增加具有连接保温板和混凝土板作用的FRP连接件等。

以上4种建筑构件的工业化构成特征也是预制装配式建筑系统的物质构

成与传统建筑系统的物质构成最大的区别所在。

3.2.4.2 构件的分类依据和选择方法

根据目前国内预制装配式钢筋混凝土结构建筑和国内外预制装配式轻型钢（钢木）结构建筑的技术体系、工程案例和惯用建造工艺，围绕构成构件材料的结构性（半结构性）、交互性、性能性、装饰性、联系性，可以对"主体结构构件系统"和"外围护构件系统"的分类依据和选择方法做出如下归纳（表3-1）：

表 3-1 主体结构构件系统

构件特征	预制程度	结构性	交互性	性能性	装饰性	联系性
剪力墙	全预制	全结构	可能有外墙	可能有外墙	可能有外墙	通常工厂预制
	半预制	半结构（叠合）				
	非预制	整体现浇				
柱	全预制	全结构	无	无	无	
	非预制	整体现浇				
梁	全预制	全结构				
	半预制	半结构（叠合）				
楼板	全预制	全结构	通常无	有	可能有屋顶	
	半预制	半结构（叠合）				
节点构件	全预制	全结构	无	无	无	
楼梯	全预制	全结构				
基础	非预制	整体现浇				无

表来源：作者自绘

主体结构构件只有结构性和联系性两个属性，构件并不具备交互性、性能性、装饰性的功能属性，且结构构件可分为全预制、半预制（叠合）和整体现浇3种类型。如上文所述，全预制代表构件的结构性程度较高，是全结构性构件，在预制时就已经是全预制混凝土构件，装配时只需通过现场干作业，或者节点湿作业的方式就能和主体结构成为整体。半预制（叠合）代表构件的结构性程度一般，是半结构性构件，不是全预制混凝土构件，需要在装配时通过现场的二次施工（通常为非节点处现浇混凝土），使构件全部或部分承担结构构件的作用。整体现浇则是部分构件采用传统现浇钢筋混凝土结构建筑的建造方法，通常预制装配式钢筋混凝土结构建筑会采用现浇剪力墙、柱、基础等主要竖向承重构件，同时辅以其他横向预制构件来加强建筑结构。因此，可以综合考虑工程项目的实际情况，选取合适的结构构件。

表 3-2　外围护结构构件系统

构件特征		预制程度	结构性	交互性	性能性	装饰性	联系性
结构性复合外墙		全预制	全结构	工厂预制			通常工厂预制
		半预制	半结构（叠合）	视情况选择工厂预制或现场装配			
结构性复合屋顶		全预制	全结构	通常无	工厂预制		
		半预制	半预制（叠合）		视情况选择工厂预制或现场装配		
非结构性复合外墙		全预制	无	工厂预制			
		半预制		视情况选择工厂预制或现场装配			
附属功能性构件	阳台	全预制	全结构	工厂预制			
		半预制	半结构（叠合）	视情况选择工厂预制或现场装配			
	空调板	全预制	全结构	无	无	工厂预制	
	其他	全预制	无	无	无	工厂预制	
非结构性装饰构件		全预制	无	无	无	工厂预制	

表来源：作者自绘

外围护构件具有结构性、交互性、性能性、装饰性和联系性五个属性，结构性外围护构件和结构构件一样，可分为全结构和半结构（叠合），此类外围护构件通常也可能是结构构件。无论是结构性外围护构件还是非结构性外围护构件，都会按照建筑的具体部位，具备交互性、性能性和装饰性中的一项或多项特征，具体体现为构件中的门或窗、保温隔热层和装饰面层等可以根据工程项目的实际情况灵活选择工厂预制或现场装配，在预制阶段，既可以是完成度很高的成品构件，也可以是完成度一般的半成品构件。如外墙、屋顶等具有多项特征，而阳台板、空调板和装饰构件则只具有一项或两项特征。因此，可以综合考虑工程项目的实际情况，选取合适的结构构件（表3-2）。

预制装配式的建造技术体系使得预制装配式建筑的构件呈现出少种类（一体化构件）、多物态（全预制形态、半预制形态等）、高联系（各个环节之间的联系）的特征，因此，在选择构件时需要全局、系统、综合地考虑建造过程中各个环节的需求和客观技术条件，从而正确地选择所需要的构件。除此之外，随着新技术、新工艺的出现，也可能会出现其他新材料、新构件，"建筑的物质系统"也会随之更新，这体现了系统的"适应性"。

3.3　建筑技术系统的构成原理

建筑的技术系统是"建筑的工业化构成系统"中的技术分系统，是建筑构成技术层面的体现。在"建筑技术构成"的语境下，建筑（预制）构件需要通过一系列的技术手段才能够构成建筑。因此，构件构成的技术手段和方法是主要研究对象，具体体现在"构件设计制造"和"构件连接装配"这两个层次方面的内容。"构件连接装配"是通过研究各种构件间的连接和装配所采用的技术手段和方法来确定建筑的技术构成，是"技术系统"的上层次内容；"构件设计制造"是通过研究单个构件的设计和制作所采用的技术手段和方法来确定构件的技术构成，是"技术系统"的下层次内容，这两个层次方面的内容共同组成"建筑的技术系统"。

3.3.1 构件的设计

3.3.1.1 设计趋势

建筑工业化和预制装配式技术起源于制造业，近年来，随着预制装配式技术的飞速发展，建筑工程的大部分工作从工地转移到了工厂，预制构件在预制和装配环节与典型工业产品越来越具有趋同性，而建造方法的改变使得将制造业已经成熟应用的生产原则应用到建筑业成为可能。实际上早在 20 世纪 90 年代，制造业的生产原则就被逐步引入建筑业[1]，典型的是起源于制造业精益生产的精益建造理念，其中包含并行工程技术、面向制造与装配的设计等，起初这种设计方法的提出是为了解决产品设计中由于设计与制造、装配各自独立而造成的产品成本增加和产品开发周期长等现实问题，它的核心是通过各种管理手段和计算机辅助工具帮助设计者优化设计，提高设计工作的一次成功率。

预制装配式建筑的主要特征是生产方式的工业化，具体体现为标准化设计、工厂化生产、装配化施工、一体化装修和信息化管理，这种建造方式一方面打破了设计、生产、施工、装修等环节各自为战的局限性，另一方面不同于传统建筑设计中很多问题要到施工阶段才能够暴露出来，预制装配式建筑设计在施工阶段之前就需要解决。

传统建筑设计通常需要考虑建筑的使用功能、视觉美观、房屋性能等相关内容，还需要考虑结构、设备、装修等相关专业的沟通配合。而预制装配式建筑设计不仅需要考虑上述传统建筑设计的内容，更需要考虑制造、生产、转运、装配、维护和拆除的建筑全生命周期环节的需求。

构件的工厂预制化意味着建筑设计的提前定型化，一旦构件进入批量生产阶段，建筑设计就很难在工地现场做出改变。因此，预制构件的设计作为构成预制装配式建筑的基本物质要素，构件设计对建筑设计起到了至关重要的作用。预制装配式建筑设计要求初始的设计阶段就要将建筑的设计要求和预制构件的制造与装配工艺结合起来，运用系统化的眼光重新审视现有的知

① Anumba C J, Evbuomwan N F O. Concurrent engineering in design-build projects[J]. Construction Management and Economics, 1997, 15(3): 271–281.

识结构和技术体系，采用产业化的思维重新建立企业之间的分工和合作，从而使研发、设计、制造、生产、转运、装配、维护和拆除等建筑的全生命周期形成完整的协作机制。结合目前国内预制装配式建筑的技术体系、工程案例和惯用建造工艺，预制装配式建筑设计及其预制构件设计呈现出协同化、模块化、模数化等设计特点。

3.3.1.2 设计原则

1. 协同化设计

协同化设计是构件工厂化预制和装配化施工的前提，在设计时应利用信息化等技术手段进行建筑、结构、设备、室内装修、制造、施工等一体化设计，实现各专业、各工种的协同配合；参与各方都需有协同的意识，在各个阶段重视信息的互联互通；确保落实到工程上所有信息的唯一性和正确性。实现协同的方法有通过传统的项目周例会，全部参与方通过全体会议和定期沟通、互提资料等方式协同或基于二维CAD和协同工作软件搭建的项目协同设计平台或基于BIM的协同工作平台等。

2. 模块化设计

模块化是将有特定功能的单元作为通用性的模块与其他产品要素进行多种组合，构成新的单元，产生多种不同功能或相同功能、不同性能的系列组合。模块化是系统的方法和工具，其将复杂的建筑系统分解为多个具有独立功能的子系统，并使子系统构成整个建筑的系统架构。

同时，子系统中填充具有独立功能的模块，通过调整、更换具有相同或相似功能的模块以及模块的组合方式，无论多么复杂的建筑系统，都可以按照不同建筑设计的要求在不改变整个建筑系统架构的前提下进行调整，这恰恰也是预制装配式建筑工业化生产方式所需要的，建筑不再是必须唯一定制的作品，而是批量生产的产品。

3. 模数化设计

建立一套具有适用性的模数以及模数协调原则是预制装配式建筑及其预制构件的数理基础，具体体现为不同建筑分系统（外围护、内装修、设备等）构件之间、相同建筑分系统构件之间通过数理尺寸的协调与配合，形成标准化尺寸体系和公差标准，进而有序指导建筑生产各环节的行为。模数化设计体现在不同建筑分系统构件之间，例如建立一套模数网格系统，通常以结构开间网格为主，考虑其他建筑分系统与结构的装配尺寸与误差，使各分系统之间的模数网格保持协调一致。而相同建筑分系统构件之间，以梁、柱为例，如果梁、柱拆分设计中构件尺寸符合模数化原则，模具就可以共用，例如一种断面的柱子有几种不同长度，可按最长的柱子制作模具，根据模数变化规律预留不同柱长的端部挡板螺栓孔，就可以方便地改用。

综上所述，模数化是设计的数理原则，模块化是设计的操作原则，而协同化是设计的实现原则，无论是模数化、模块化还是协同化，其目的都是使预制装配式建筑设计及其预制构件设计在此基础上有利于设计的标准化，从而使预制装配式建筑衍生出通用性、多样性、系列性等特征，从而满足工业化生产方式的需要。模数化和模块化是实现上述特征的内在客观基础条件，而协同化是实现上述特征的主观促成条件，两者相辅相成，缺一不可。

3.3.1.3　构件设计深化

1. 深化设计流程

构件深化设计是指将各专业需求转换为实际可操作图纸的过程，集合了不同相关工种的专业需求，以及不同建造流程的技术需求，涉及专业交叉、多专业协同等问题。

深化设计首先要将不同建筑分系统的构件进行符合预制装配式建造工艺的拆分设计，然后由一个具有各专业能力、各专业施工经验的组织（例如施工总承包方）通过协同化设计，将各专业的需求反映到构件厂（制造），构件厂根据自身构件的制作和工艺需求，将其明确反映在深化图纸中，并尽可能在制造和生产的过程中实现（图 3-48）。

2. 深化设计内容

以预制装配式钢筋混凝土结构建筑为例，其深化设计内容与现浇钢筋混凝土结构建筑不同，不仅需要完成施工图纸，更需要完成构件制作图的设计。构件制作图是将各专业需求转换为实际可操作图纸的具体体现，也是满足各个专业和各个环节需求的文件依据。构件制作图设计主要有三项内容[①]：

（1）将各个专业和各个环节对预制构件的要求汇集到构件制作图上，包括建筑、结构、装饰、水电暖、设备等专业，以及制造、生产、转运、装配、维

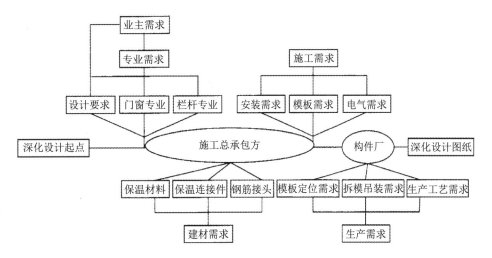

图 3-48　深化设计流程
图片来源：李慧民，赵向东，华珊，等.
建筑工业化建造管理教程[M]. 北京：
科学出版社，2017：49.

① 郭学明. 装配式混凝土结构建筑的设计、制作与施工[M]. 北京：
机械工业出版社，2017.

117

护和拆除等环节。

（2）与现浇混凝土结构不同，预制装配式结构的预制构件需要对构件制作环节的脱模、翻转、堆放，运输环节的装卸、支承，装配环节的吊装、定位、临时支撑等，进行荷载分析和承载力与变形的验算。

（3）设计预制环节的预埋件、辅助件，运输环节的装卸、支承，堆放环节的支承，装配环节的吊点位置、结构与构造。

3.3.2 构件的制造

3.3.2.1 构件的制造工艺

1. 工艺种类

预制钢筋混凝土构件的制造工艺大致可分为两种方式：固定方式和流动方式。固定方式是指把模具安装在固定的位置，包括固定模台工艺、立模工艺和预应力工艺等。流动方式是指模具在流水线上移动，也称为流水线工艺，包括手控流水线、半自动流水线和全自动流水线[①]。

（1）固定模台工艺

固定模台是固定式生产的主要工艺，也是预制构件制造应用最广的工艺。固定模台是一个平整度较高的钢结构平台，或高平整度高强度的水泥基材料平台。固定模台是预制构件的底模，在模台上固定构件侧模，组合成完整的模具。组模、放置钢筋与预埋件、浇筑振捣混凝土、养护构件和拆模都在固定模台上进行。固定模台的模具是固定不动的，作业人员和钢筋、混凝土等材料在各个模台之间"流动"。

（2）立模工艺

立模工艺是固定生产方式的一种。立模工艺构件是立着浇筑的，并非是躺着浇筑的。立模有独立立模和组合立模两种。一个立着浇筑的柱子或一个侧立浇筑的楼梯板的模具属于独立立模，成组浇筑的墙板模具属于组合立模。组合立模的模板可以在轨道上平行移动，在安放钢筋、套筒、预埋件时，模板移开一定距离，留出足够的作业空间，安装结束后，模板移动到墙板厚度所需要的位置，然后再封堵侧模。

（3）预应力工艺

预应力工艺是固定生产方式的一种，分为先张法工艺和后张法工艺。

先张法预应力工艺是在固定的钢筋张拉台上制作构件。钢筋张拉台是一个长条平台，两端是钢筋张拉设备和固定端，钢筋张拉后在长条台上浇筑混凝土，养护达到要求强度后，拆卸边模和肋模，然后卸载钢筋拉力，切割预应力楼板。除钢筋张拉和楼板切割外，其他工艺环节与固定模台工艺相似。

① 郭学明. 装配式混凝土结构建筑的设计、制作与施工[M]. 北京：机械工业出版社,2017.

后张法工艺与固定模台工艺相似,构件预留预应力钢筋(或钢绞线)孔,钢筋张拉在构件达到要求强度后进行。

(4)流水线工艺

流水线工艺是将模台放置在滚轴或轨道上,使其移动。首先在组模区组模;接着移动到放置钢筋和预埋件的作业区段,进行钢筋和预埋件入模作业;然后再移动到浇筑振捣平台上进行混凝土浇筑;完成浇筑后,模台下的平台振动,对混凝土进行振捣;振捣后,将模台移动到养护窑进行养护;最后养护结束出窑后,移动到脱模区脱模,构件或被吊起,或在翻转台翻转后吊起,然后运送到构件存放区。

(5)压力成型工艺

压力成型工艺是预制混凝土构件工艺的新发展,特点是不用振动成型,可以消除噪声。如荷兰、德国、美国采用的滚压法,混凝土用浇灌机灌入钢模后,用滚压机碾实,经过压缩的板材进入隧道窑内养护。又如英国采用大型滚压机生产墙板的压轧法等。

2. 工艺比较和选择依据

预制构件的工艺种类大致可分为固定模台工艺、立模工艺、预应力工艺和流水线工艺4种。在选择构件制造工艺的时候应根据市场需求、项目特点以及经济效益等综合选用单一工艺或多种工艺。各种预制构件的制造工艺和选择依据如表3-3所示。

固定模台工艺适用于各种标准、非标准和异形构件,涵盖主体结构构件系统和外围护构件系统中的所有构件,具有投资少、适用范围广、机动灵活等优点,但是用工量大、占地面积大。

立模工艺在内墙板和楼梯板制造领域相对成熟,适用于无装饰面层、无门窗洞口的墙板、清水混凝土柱子和楼梯等构件,但不适用于楼板、梁、夹芯保温板、装饰一体化板等构件,侧边出筋复杂的剪力墙板也不大适用,柱子也仅限于要求四面光洁的柱子。

组合立模一般用来生产单层、大面积、钢筋密集程度相对较低的混凝土预制构件。立模工艺适合制造相对简单的构件,尚未成为预制构件生产的主要工艺方式。立模工艺制作的构件,立面没有抹压面,脱模后也不需要翻转。立模工艺具有节约用地、立面光洁、模具成本低、无翻转、工艺简单等优点,但是预制构件适用范围太窄。

预应力工艺的先张法一般用于制作大跨度预应力混凝土墙板、预应力叠合楼板和预应力空心楼板。后张法主要用于制作预应力梁或预应力叠合梁,只适用于预应力梁、板,具有设备投入低,可制造构件长度为9—16 m的大跨度楼板等优点，但是预制构件适用范围较窄。

流水线工艺适合非预应力叠合楼板、双面空心墙板和无装饰层墙板的制作，有手控、半自动和全自动三种类型的流水线。对于标准且出筋不复杂的构件，可以形成全自动或半自动生产线，具有节约用地、能耗和人工，高度自动化、工业化等优点，但是预制构件适用范围太窄，初期投资较大，维护费用较高，且对操作人员要求较高。

表 3-3　预制构件的制造工艺和选择依据

序号	项目	比较单位	固定式			流水线		
			固定模台	立模	预应力	全自动	半自动	手控
1	可生产构件		梁、叠合梁、莲藕梁、柱梁一体、柱楼板、叠合楼板、内墙板、外墙板、折板、曲面板、楼梯板、阳台板、飘窗、各种异形构件	内墙板、外墙板、柱、楼梯板	预应力叠合板、预应力空心板、预应力实心楼板、预应力梁	楼板、叠合楼板、内墙板、双层墙板	楼板、叠合楼板、内墙板、外墙板	楼板、叠合楼板、内墙板、外墙板
2	设备投资	10万 m³ 生产规模	800万—1 200万	300万—500万	300万—500万	8 000万—10 000万	6 000万—8 000万	3 000万—5 000万
3	厂房面积	10万 m³ 生产规模	1.5万—2万 m²	0.6万—1万 m²	1.5万—2万 m²	1.3万—1.6万 m²	1.3万—1.6万 m²	1.3万—1.6万 m²
4	场地面积	10万 m³ 生产规模	3万—4万 m²	1.5万—2万 m²	1.5万—2万 m²	3万—4万 m²	3万—4万 m²	3万—4万 m²
5	其他设施	10万 m³ 生产规模	0.3万—0.5万 m²	0.3万—0.5万 m²	0.3万—0.5万 m²	0.3万—0.5万 m²	0.3万—0.5万 m²	0.3万—0.5万 m²
6	工作人员	10万 m³ 生产规模	130—170人	90—110人	90—110人	90—120人	120—150人	120—150人
7	运行用电	1 m³ 运行用电量	8—10 kW·h	8—10 kW·h	8—10 kW·h	10—12 kW·h	10—12 kW·h	10—12 kW·h
8	养护耗能	1 m³ 养护蒸汽量	60—80 kg	60—80 kg	60—80 kg	60—70 kg	60—70 kg	60—70 kg
9	评价		投资少、适用范围广	适用范围窄	适合大跨度构件	用人少，但投资高	适用范围窄、用人多、占地多	适用范围窄、用人多、占地多

表来源：郭学明. 装配式混凝土结构建筑的设计、制作与施工[M]. 北京：机械工业出版社，2017：320

3.3.2.2　模具的设计制作

传统钢筋混凝土结构在建造过程中最重要的两个环节是钢筋的定位和混凝土的成型，通常这两个环节依赖工地现场复杂的模板工程，而预制装配式技术的出现使得复杂的模板工程从工地转移到了工厂，工业化制造工艺和模具系统替代了混凝土现浇工艺和模板工程。因此，模具系统直接关系到预制混凝土构件的制造工艺、质量和生产周期，是预制构件制造和生产过程中重要的工艺基础。

1. 固定台式工艺模具

固定台式工艺模具由固定模台和边模组成。固定模台由工字钢和钢板焊接而成，边模通过螺栓与固定模台连接，内模通过模具架与固定平台连接。固定模台一般不经过研磨抛光，表面光洁度就是钢板出厂的光洁度，固定模台的边模有柱、梁构件边模和板式构件边模。柱、梁构件边模高度较高，板式构件边模高度较低。柱、梁边模一般用钢板、型钢制作，无出筋的边模也可以用混凝土等材料制作。当边模高度较高时，宜用三角支架支撑边模。板边模可由钢板、型钢、铝合金型材、混凝土等制作。最常用的边模为钢结构边模（图 3-49）。

2. 立模工艺模具和预应力工艺模具

立模工艺模具和预应力工艺模具是工艺系统的一部分，不需要单独设计和制作（图 3-49）。预应力工艺模具通常采用钢制台座，钢制边模，并且通过螺栓相互连接。板肋模具即内模也是钢制的，用龙门架固定。

3. 独立模具

独立模具是指不用固定模台也不用在流水线上制作的模具，其特点是模具自身包括 5 个面，且自带底板模。这种模具主要适用于有特殊要求的构件，且模具可以根据项目特点灵活设置在工地或工厂，如上文提到的悉尼歌剧院的预制屋面构件就是采用独立模具在工地现场制造的。

4. 流水线工艺配套模具

流水线工艺的配套模具主要包括流转模台和边模（图 3-50）。流转模台由U 形钢和钢板焊接组成，焊缝设计应考虑模具在生产线上的振动。模台涂油

图 3-49　固定模台工艺模具、立模工艺模具和独立模具
图片来源：www.product.gongchang.com

图 3-50　流水线工艺配套模具
图片来源：www.precast.com.cn

质类涂料以防止生锈。常用的流转模台规格有 4 m×9 m；3.8 m×12 m；3.5 m ×12 m。

除了模台外，主要模具为边模。自动化程度高的流水线边模采用磁性边模，自动化程度低的流水线边模采用螺栓固定边模。磁性边模由 3 mm 钢板制作，包含两个磁铁系统，每个磁铁系统内镶嵌磁块，通过磁块直接与模台吸合连接。以叠合楼板为例，常用边模高度有 60 mm、70 mm 两种，常用边模长度有 500 mm、750 mm、1000 mm、2 000 mm、3 000 mm、3 300 mm 六种。磁性边模适合全自动化作业，由自动控制的机械手组模，但不适用于边侧出筋较多且无规律的楼板或墙板。螺栓固定边模是将边模与流转边模用螺栓连接在一起，与其他工艺的模台和边模的连接方式一样。

5. 模具分类和适用范围

制作模具的材质种类众多，常用的有钢材、铝材、混凝土、玻璃纤维增强混凝土（GRC）、玻璃钢、塑料、硅胶、橡胶、木材、聚苯乙烯、石膏以及以上材质的组合，其适用范围如表 3-4 所示。

表 3-4　预制构件的模具分类和适用范围

模具材质	流水线工艺		固定模台工艺					立模工艺		预应力工艺		表面质感	优、劣分析
	流转模台	板边模	固定模台	板边模	柱模	梁模	异形构件	板面	边模	模台	边模		
钢材	△	△	△	△	△	△	△	△	△	△	△		不变形、周转次数多、精度高，成本高、加工周期长、质量重
磁性边模		△											灵活、方便组模脱模、适应自动化，造价高、磁性易衰减
铝材		△	△					△	△	△			质量轻、表面精度高，加工周期长、易损坏
混凝土			△	△	△	△			△				价格便宜、制作方便，不适合复杂构件、质量重
超高性能混凝土			△	△	△	△			△				价格便宜、制作方便，不适合复杂构件、质量重
GRC			△	△	△	△			△				价格便宜、制作方便，不适合复杂构件、质量重
塑料								○					光洁度高、周转次数高，不易拼接、加工性差
玻璃钢							○	○				○	可实现比钢模复杂的造型、脱模容易、价格便宜，周转次数低、承载力不够

续表

模具材质	流水线工艺		固定模台工艺					立模工艺		预应力工艺		表面质感	优、劣分析
	流转模台	板边模	固定模台	板边模	柱模	梁模	异形构件	板面	边模	模台	边模		
硅胶												○	可以实现丰富的质感及造型、易脱模，价格昂贵、周转次数低、易损坏
木材		○		○	○	○	○		○		○	○	加工快捷精度高，不能实现复杂造型和质感、周转次数低
聚苯乙烯												○	加工方便、脱模容易，周转次数低、易损坏
石膏												○	一次性使用

注：△正常周转次数，○较少或一次性周转次数。表来源：郭学明.装配式混凝土结构建筑的设计、制作与施工[M].北京：机械工业出版社，2017：323.

6. 模具的连接[①]

（1）钢模具通常在模具加强板上打孔绞丝，通过螺栓直接连接，常用的连接螺栓有 M8—M20 等。长度一般为 25 mm、30 mm、35 mm、40 mm 等。

（2）木模板可采用螺栓、自攻螺栓或钢钉连接，在木板端部附加木方连接固定木板。

（3）玻璃钢模具和铝材模具采用对拉螺栓连接，在需要连接的部位钻孔，然后用螺栓连接。

（4）边模和模台的连接方式有两种：一种是磁性边模通过内置磁块连接，一种是在模台上打孔绞丝通过螺栓连接。

（5）模具连接节点间距一般在 300—450 mm，间距太远模具连接有缝，容易漏浆，间距太密成本高且组卸不便。

3.3.2.3　构件的运输作业

预制混凝土构件的运输是连接工厂预制和现场装配的重要纽带，也是构件工厂制造的一个重要环节。预制混凝土构件具有体积大、质量重、易损坏等特点，因此，需要选用合适的运输工具、临时吊装机具，以及合理的装车和运输方法。

1. 运输工具

在运输时，需要防止构件发生裂缝、破损和变形等，因此选择运输车辆和运输台架时要选择适合构件运输的运输车辆和运输台架。重型、中型载货汽车，半挂车载物，高度从地面起不得超过 4 m，载运集装箱的车辆不得超过 4.2 m。

① 郭学明.装配式混凝土结构建筑的设计、制作与施工[M].北京：机械工业出版社，2017.

图 3-51　预制构件的装车方式
图片来源：www.360doc.com；东南大学建筑学院新型建筑工业化设计与理论团队提供

2. 运输方式①

柱构件通常采用横向装车方式或竖向装车方式（图 3-51）。当采用横向装车方式时，要采取措施防止构件中途散落。当采用竖向装车方式时，要事先确认所经路线的高度限制，确保不会出现超高的问题，另外还需采取措施防止构件在运输过程中倒塌。

梁构件通常采用横向装车方式，需要采取措施防止构件中途散落；要根据构件配筋决定台木的放置位置，防止构件在运输过程中产生裂缝。墙板构件通常采用竖直运输的方式，运输车上配备专用的运输架，并固定牢固，同一运输架上的两块板应采用背靠背的形式竖直立放，上部用花篮螺栓互相连接，两边用斜拉钢丝绳固定。

叠合板通常采用平放运输，每块叠合板设置 4 块木块作为搁支点，木块尺寸要统一，长度超过 4 m 的叠合板应设置 6 块木块作为搁支点，防止预制叠合板中间部位产生较大的挠度，叠合板的叠放应尽量保持水平，叠放数量不应多于 6 块，并且用保险带扣牢。

其他构件包括楼梯构件、阳台构件和各种半预制构件等，考虑到各种构件的形状和配筋各不相同，所以要分别考虑不同的装车方式。选择装车方式时，要注意运输时的安全，根据断面和配筋方式采取不同的措施防止出现裂缝等现象，还需考虑搬运到现场之后的施工性能等。阳台板、楼梯应采用平放运输，用槽钢做搁支点并用保险带扣牢，必须单块运输，不能叠放。

预制构件装车和卸货时要小心谨慎。运输台架和车斗之间要放置缓冲材料，长距离或者海上运输时，需对构件进行包框处理，防止造成边角的缺损。运输过程中为了防止构件发生摇晃或移动，要用钢丝或夹具对构件进行充分固定（图 3-52）。

3. 堆放要求

预制混凝土构件应堆放在工地现场的指定堆场。当构件运输至现场后必须及时利用塔吊吊运至指定的专用堆场，按照品种、规格、吊装顺序分别设置堆垛，存放堆垛应设置在吊装机械工作范围内并避开人行通道。堆场中预制构件的堆放以吊装次序为原则，并对进场的每个构件按吊装次序编号。

① 上海城建职业学院. 装配式混凝土建筑结构安装作业[M]. 上海：同济大学出版社, 2016.

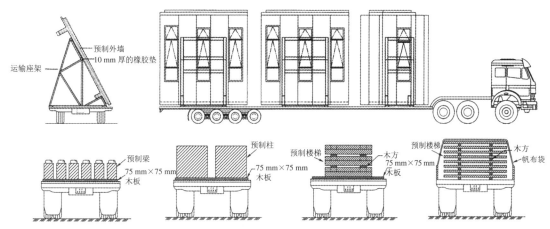

图 3-52　预制构件的装车技术方案

图片来源:中国城市科学研究会绿色建筑与节能专业委员会. 建筑工业化典型工程案例汇编[M]. 北京:中国建筑工业出版社,2015:164.

图 3-53　预制构件堆放

图片来源:www.precast.com.cn;东南大学建筑学院新型建筑工业化设计与理论团队提供

　　构件不得直接放置于地面上,场地上的构件应做防倾覆措施。所有的预制构件堆场与其他设备、材料堆场需间隔一定的距离,应尽量布置在建筑物的外围并严格分类堆放。竖向预制构件堆放时下部应有下坠缓冲措施,横向预制构件堆放时下侧应放置垫木,以方便构件的保护和起吊。

　　预制外墙板宜采用堆放架插放或靠放,堆放架应具有足够的承载力和刚度,预制墙板外饰面不宜作为支撑面,对构件薄弱部位应采取保护措施。预制墙板采用靠放时,用槽钢制作满足刚度要求的三角支架,应对称堆放,外饰面朝外,倾斜度在 5° 到 10° 之间,墙板搁支点应设在墙板底部两端处,搁支点采用柔性材料,堆放好以后采用临时固定措施。

　　预制内墙板、预制叠合板、预制柱、预制梁宜采用叠放方式,预制叠合板叠放层数不宜大于 6 层,叠合板叠放时用 4 块尺寸大小统一的木块衬垫,木块高度必须大于叠合板外露马凳筋的高度,以免上下两块叠合板相碰。预制柱、梁叠放层数不宜大于 2 层,底层及层间应设置支垫(图 3-53)。

　　阳台板、楼梯堆放时下面要垫 4 包黄沙或垫木,作为高低层差调平之用,防止构件倾斜面滑动。空调板单块水平放置,方便栏杆焊接施工 。异形构件堆放应根据工地现场实际情况按施工方案堆放。

3.3.3 构件的装配

　　装配是实现各种预制构件组合连接，并最终形成预制装配式建筑的技术手段和方法。预制装配式建筑的建造从以手工为主的传统施工转变为以机械为主的对预制构件的装配和组装，在整个装配过程中，吊装起到了预制构件定位、固定的作用，是预制构件装配组合的前提条件。混凝土预制构件种类众多，装配工艺也多种多样，下面选取构件装配的典型技术手段和方法来展开论述。

3.3.3.1 构件的吊装机具

　　1. 起重机械

　　预制混凝土构件的常用起重机械有塔式起重机和自行式起重机。

　　塔式起重机也称塔吊，是指动臂装在高耸塔身上部的旋转起重机。塔式起重机作业空间大，主要用于建筑施工中物料的垂直和水平运输及构件的装配。

　　自行式起重机是指自带动力并依靠自身的运行机构沿有轨或无轨通道运移的臂架型起重机。该类起重机分为汽车起重机、轮胎起重机、履带起重机、铁路起重机和随车起重机等五种。

　　塔式起重机适用范围广，高度可达 100 m 以上，有效作业幅度较高，但机体庞大，拆装不易，转移慢。自行式起重机灵活机动、吊装速度快，但适用范围有限，且维修费用较高。

　　2. 吊装索具

　　预制混凝土构件类型多、质量重，形状和重心等千差万别。因此，预制构件的吊点应提前设计好，根据预留吊点选择相应的吊具。无论采用几点吊装，都要始终使吊钩和吊具的连接点的垂线通过被吊构件的重心。应通过计算合理地选择合适的吊具，从而使预制构件吊装稳定，不出现摇摆、倾斜、转动、翻倒等现象，保证吊装的操作安全。

　　（1）钢丝绳

　　钢丝绳是将力学性能和几何尺寸符合要求的钢丝按照一定的规格捻制在一起的螺旋状钢丝束，由钢丝、绳芯及润滑脂组成。

　　钢丝绳是先由多层钢丝捻成股，再以绳芯为中心，由一定数量股捻绕成螺旋状的绳。钢丝绳强度高、自重轻、工作平稳、不易折断，是预制混凝土构件必备的吊装索具。

　　（2）卸扣和葫芦

　　卸扣是连接吊点与钢丝绳的连接工具。葫芦是提升重物的滑轮，分手动葫芦和动力葫芦两种。

（3）工具式横吊梁

吊装梁是一种通用性非常强的预制构件吊装的吊装工具。该工具采用合适型号及长度的工字钢或类似材料焊接而成，可以根据被吊预制构件的尺寸、质量以及预制构件上预留吊环的位置，利用卸扣将钢丝绳和预制构件上的预留吊环相连接。

吊装梁上设有多组圆孔，任何预制构件均可通过吊装梁的圆孔连接钢丝绳与卸扣进行吊装。此外，还有吊点可调式横吊梁（设有两个吊点距离可调的活动调节吊钩），适用于 L 形预制墙板的"口"字形吊梁等（图 3-54）。

3.3.3.2　构件的吊装和装配作业

1. 墙板构件

① 连接起重机械与预制构件。在墙板构件吊点处锁好卡环钢丝绳，吊装机械的钩绳与卡环相钩区用卡环卡住，吊绳应处于吊点正上方。

② 观察吊钩与吊环连接是否稳固，吊链是否受力均匀。慢速起吊，待吊绳绷紧后暂停上升，及时检查自动卡环的可靠情况，之后继续起吊。

③ 当墙板构件吊起距地 500 mm 稍停，去掉保护构件的垫木及支腿，然后将构件吊运到就位位置。

④ 墙板构件就位时，缓慢降落到安装位置的正上方，核对墙板构件编号，调整方位，由两人控制，待墙板定位全方位吻合无误，方可落到安装位置上。进入下一步装配连接环节。

⑤ 支撑临时斜撑。吊装就位后，首先用一根板内斜撑杆调整垂直度，待矫正完毕后再紧固另一根，单个墙板构件装配过程的临时斜撑不宜少于 2 根，临时斜撑宜设置调节装置。临时斜撑和限位装置应在连接部位混凝土或灌浆料强度达到设计要求后方可拆除。

⑥ 调整安装精度。墙板构件安装平整度应以满足外墙板面平整为主，墙板拼缝校核与调整应以竖缝为主，横缝为辅，墙板阳角位置相邻的平整度校核与调整应以阳角垂直度为基准进行调整，墙板采用螺栓连接方式时，应先进行螺栓连接，随后去除吊具。

图 3-54　一字形吊梁和口字形吊梁

图片来源：文林峰. 装配式混凝土结构技术体系和工程案例汇编[M]. 北京：中国建筑工业出版社，2017：51.

⑦ 钢筋工程。绑扎边缘构件钢筋及后浇段部位的钢筋分 2 个步骤，首先进行相邻墙板构件的竖缝处理，然后再绑扎节点钢筋。

⑧ 连接点的模板工程。支设边缘构件及后浇段模板，利用墙板内表面混凝土之间的缝隙及内外墙板上预留的对拉螺栓孔充分拉模，保证墙板内表面混凝土边与支模板连接紧固好，防止胀模（图 3-55）。

2. 楼板构件

① 设置合理的吊点位置。每块楼板构件至少需设置 4 个起吊点，以叠合楼板为例，吊点位于中格构梁上弦与腹肋交接处，距离板端为整个板长的 1/5 到 1/4 之间。吊点应均衡受力，避免单点受力过大，吊点需通过预埋钢筋吊环设置。

② 吊装就位前底部搭设支撑架。支撑架主要有独立钢支柱和折叠三脚架两种，支撑架起到支撑楼板的荷载、调平等作用。支撑架设置就位后，进入下一步装配连接环节。

③ 楼板铺设后注意格构钢筋与墙柱钢筋位置，预防墙柱钢筋偏移。同时进行楼板安装调平，之后进行附加钢筋及楼板下层横向钢筋的绑扎安装。

④ 进行水电管线的铺设与连接工作，管线完全铺好后，开始楼板上层钢筋的安装。

⑤ 楼板上层钢筋设置在格构梁上弦钢筋上并绑扎固定，以防止偏移和混凝土浇筑时上浮。

⑥ 相邻楼板间采用干硬性防水砂浆塞缝，大于 30 mm 的拼缝应采用防水细石混凝土填实。

⑦ 在后浇混凝土强度达到设计要求后，拆除支撑（图 3-56）。

吊点吊装　　　构件吊装　　　准备安装　　手扶平稳就位　　斜撑固定　　　板缝处理

图 3-55　墙板构件吊装和装配作业
图片来源：上海市住房和城乡建设管理委员会，华东建筑集团股份有限公司. 上海市建筑工业化实践案例汇编[M]. 北京：中国建筑工业出版社，2016：121，作者编辑

吊点安装　　　构件吊装　　挂挡体系搭设　　手扶平稳就位　　精确调整　　　板缝处理

图 3-56　楼板构件吊装和装配作业
图片来源：文林峰. 装配式混凝土结构技术体系和工程案例汇编[M]. 北京：中国建筑工业出版社，2017：191，作者编辑

3. 梁构件

① 梁装配前应按照设计要求对立柱上梁的搁置位置进行复测和调整。叠合梁装配前应按设计要求对现浇部分钢筋进行复核。

② 主次梁方向、编号、上层主筋确认。

③ 主次梁上侧设次梁安装基准线,作为次梁吊装定位的依据。

④ 主梁起吊安装,两向主梁安装后吊装次梁。

⑤ 柱头位置、梁中部标高调节。柱梁交接部位,进行现浇结构模板的支设与钢筋绑扎工作(图 3-57)。

4. 柱构件

① 对基准放样、柱边线放样及钢筋位置进行复核,用高压空气清理柱套筒内部,测量标高与放置垫片,绘制柱头梁端位置线。

② 底部高程用贴片垫平,完成定位测量后,进行柱底标高测量,根据现浇部位顶标高与设计标高对比结果,在柱底部位安装垫片,调整垫片以 10 mm、5 mm、3 mm、2 mm 四种基本规格进行组合。

③ 柱起吊,起吊翻转过程中做好柱底混凝土成品保护工作,垫黄沙或橡胶软垫。

④ 柱初步定位后,采用斜支撑进行临时固定,根据深化设计图纸,X、Y 方向各安装一根斜撑,连接紧锁后方能拆除塔机卸扣。

⑤ 测量垂直度,用柱斜撑调整垂直度,调整至满足规范要求位置,待柱垂直度调整后,再于四个角落放置垫片。

⑥ 柱底部用高强砂浆封堵,确保灌浆时不发生漏浆现象(图 3-58)。

吊点安装　　　　构件吊装　　　　支撑体系搭设　　　手扶平稳就位　　　就位完成

图 3-57　梁构件吊装和装配作业
图片来源:文林峰. 装配式混凝土结构技术体系和工程案例汇编[M]. 北京:中国建筑工业出版社,2017:190,作者编辑

吊点安装　　　　构件吊装　　　手扶平稳就位　　　精确调整　　　斜撑固定　　　就位完成

图 3-58　柱构件吊装和装配作业
图片来源:中国城市科学研究会绿色建筑与节能专业委员会. 建筑工业化典型工程案例汇编[M]. 中国建筑工业出版社,2015:14,作者编辑

吊点安装　　　　构件吊装　　　　标高调整　　　手扶平稳就位　　手动葫芦精确调整　　就位完成

图 3-59　楼梯构件吊装和装配作业

图片来源：文林峰. 装配式混凝土结构技术体系和工程案例汇编[M]. 北京：中国建筑工业出版社，2017：188，作者编辑

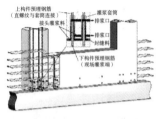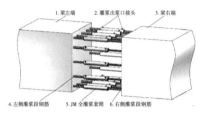

图 3-60　钢筋套筒灌浆连接

图片来源：www.360doc.com

5.其他构件

其他预制构件如楼梯、阳台板、空调板等，在吊装和装配之前均应在底部预先设置支撑架，待与结构整体连接之后，再拆除支撑架。在进行装配时，还应特别注意连接之处的接缝和防水处理（图 3-59）。

3.3.4　构件的连接

3.3.4.1　结构构件之间的连接

1.钢筋套筒灌浆连接

钢筋套筒灌浆连接是指在预制混凝土构件内预埋的金属套筒中插入钢筋并灌注水泥浆料而实现的钢筋连接方式。其原理是通过中空型的金属套筒，钢筋从套筒两端开口插入套筒内部，无须搭接或融接，钢筋与套筒间填充高强度微膨胀结构性砂浆，即完成钢筋的续接。其连接原理是借助砂浆受到的套筒围束作用，加上灌浆料本身具有微膨胀的特性，以此增强与钢筋、套筒内侧间的正向作用力，钢筋借助该正向力与粗糙表面产生的摩擦力来传递钢筋应力[1]。钢筋套筒灌浆连接技术是目前预制装配式建筑中剪力墙、柱、梁、楼板、节点构件、楼梯等结构构件之间应用最为成熟和广泛的预制构件之间的连接技术，其连接技术使构件间形成刚性节点，节点构造具有与现浇节点相近的受力性能，但对节点施工精度要求较高（图 3-60）。

[1] 上海城建职业学院. 装配式混凝土建筑结构安装作业[M]. 上海：同济大学出版社，2016.

2. 预制剪力墙螺栓连接

预制剪力墙螺栓连接技术的原理是带螺纹的钢筋穿过套筒，借助垫板、螺帽锁紧上下相邻的预制剪力墙（控制旋紧螺帽的扭矩以检查连接的可靠性），完成预制剪力墙的竖向连接，而灌浆只起到对螺栓的保护作用。这种螺栓连接方式具有连接质量可靠、操作便捷、成本低廉等优点。其连接技术使构件间形成柔性节点，具有更好的抗震性能，螺栓连接一般用于上下相邻剪力墙构件（穿过楼板）的连接（图 3-61）。

3. 钢筋浆锚搭接连接

钢筋浆锚搭接连接是指在预制混凝土构件内预留孔道，在孔道中插入需搭接的钢筋，并灌注水泥基浆料而实现的钢筋搭接方式。这种钢筋浆锚体系属于多重界面体系，即钢筋与锚固材料（灌浆料）的界面体系、锚固材料与波纹管的界面体系以及波纹管与原构件混凝土的界面体系。一般用于剪力墙连接，不可用于预制暗柱的竖向连接。钢筋浆锚搭接连接技术具有操作简单、传力可靠的优点，其连接技术使构件间形成刚性节点，节点构造具有与现浇节点相近的受力性能，但对节点施工精度要求较高。

4. 现浇带连接

在需要连接的预制混凝土构件之间设置现浇带，构件之间的钢筋通常采用搭接的方式，构件就位后直接现浇混凝土，把预制构件连接成整体。现浇带连接无须钢筋套筒，通常用于叠合板与叠合梁、柱之间的连接（图 3-62）。

3.3.4.2　结构构件与外围护构件的连接

预制装配式建筑的外围护结构通常采用先装法施工或后装法施工，先装法施工是指主体结构施工之前完成同一工作面外围护构件安装的施工方法，多用于剪力墙结构体系；后装法施工是指在主体结构施工完成之后另行安装外围护构件的施工方法，多用于框架结构体系。

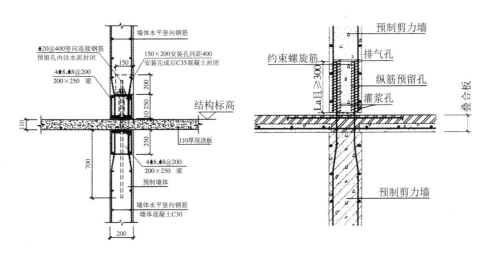

图 3-61　预制剪力墙螺栓连接和钢筋浆锚搭接连接

图片来源：上海城建职业学院. 装配式混凝土建筑结构安装作业[M]. 上海：同济大学出版社，2016：12；文林峰. 装配式混凝土结构技术体系和工程案例汇编[M]. 北京：中国建筑工业出版社，2017：82.

图 3-62　现浇带连接
图片来源：上海市住房和城乡建设管理委员会，华东建筑集团股份有限公司. 上海市建筑工业化实践案例汇编[M]. 北京：中国建筑工业出版社，2016：92；中国城市科学研究会绿色建筑与节能专业委员会. 建筑工业化典型工程案例汇编[M]. 中国建筑工业出版社，2015：24.

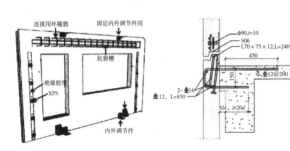

图 3-63　外围护构件与结构构件的钢筋连接
图片来源：上海城建职业学院. 装配式混凝土建筑结构安装作业[M]. 上海：同济大学出版社，2016：66；上海市住房和城乡建设管理委员会，华东建筑集团股份有限公司. 上海市建筑工业化实践案例汇编[M]. 北京：中国建筑工业出版社，2016：224.

1. 外挂式螺栓连接

外挂式螺栓连接通常用于后装法施工的外围护墙体。外挂式螺栓连接为点式连接，连接不传递力矩且不改变主体结构力学计算模型，具有构造标准化、快速、高效等优点。螺栓连接通常采用上挂式和下承式连接外围护构件。上挂式连接使外围护构件上端与主体结构连接并承受整个构件的重量，下端的连接仅起限位作用，构件在自重作用下处于受拉的状态，与玻璃幕墙受力状态相似。下承式连接使外围护构件下端与主体结构连接并承受整个构件的重量，上端的连接仅起限位作用，构件在自重作用下处于受压的状态。

2. 钢筋连接

钢筋连接通常用于先装法施工的外围护构件。钢筋连接整体性好，表现为线形连接形态，传递力矩并对主体结构力学计算模型产生一定影响。在实际工程中，线形连接与点式连接通常结合应用，以减轻这种影响，一般顶部采用线连接，侧边、底部采用点连接（图 3-63）。

3. 与结构构件之间相似的连接

此外，当外围护构件为"结构性复合外围护构件"时，外围护构件实际上也是结构构件。因此，其与结构构件的连接与结构构件之间的连接相似，可分为钢筋套筒灌浆连接、预制剪力墙螺栓连接和钢筋浆锚搭接连接三种，在此不做赘述。

3.3.4.3　外围护构件之间的连接

外围护构件具有结构性、交互性、性能性、装饰性、联系性的特征。"结构性复合外围护构件"中结构性部分之间，以及结构性部分与主体结构的连接方式目前常用的有钢筋套筒灌浆连接、预制剪力墙螺栓连接、钢筋浆锚搭接连接、外挂式螺栓连接和钢筋连接。但外围护构件之间涉及性能性、装饰性部分的连接，具体体现在外围护构件之间的接缝处理上，如装饰封条，防水、防火、防潮密封胶条的应用。无论是"结构性复合外围护构件"还是"非结构性复合外围护构件"，其典型接缝连接的构造做法如图 3-64 所示：① 最外侧采用装饰封条和高弹力的耐候密封胶。② 中间部分为物理空腔形成的减压引流空间，一方面减小内外压强差，另一方面将渗入减压空间的雨水引到室外。③ 内侧使用预贴在外围护构件边的防水橡胶条上下互相紧压以起到防水效果，防水胶条采用耐火棉材料。

3.3.4.4　临时连接与永久连接

预制混凝土构件的连接需要一系列的辅助性构件，一般可分为构件外的临时性连接构件和构件内的永久性连接构件。临时性连接构件通常是构件外的独立构件，起到构件间装配和连接的辅助作用，在装配完成后会拆除，此类构件主要有斜撑、支撑架、定位架等；永久性连接构件通常预埋在构件内，起到构件间和构件内装配和连接的关键作用，在装配完成后大多和构件融为一体，此类构件主要有钢筋套筒、吊点钢件、斜撑点钢件、拉结件等。

1. 临时性连接构件

（1）斜撑

斜撑的主要功能是将预制柱、墙等竖向构件吊装就位后起到临时固定支撑的作用，通过设置在斜撑上的调节装置对其垂直度进行微调。斜撑构件包括丝杆、螺套、支撑杆、手把和支座等部件。斜撑可以调节长度，进而调整竖向构件的垂直度和位移（图 3-65）。

图 3-64　外围护构件之间的典型连接构造
图片来源：上海市住房和城乡建设管理委员会，华东建筑集团股份有限公司. 上海市建筑工业化实践案例汇编[M]. 北京：中国建筑工业出版社，2016：189,223.

图 3-65　斜撑和支撑架
图片来源：上海城建职业学院. 装配式混凝土建筑结构安装作业[M]. 上海：同济大学出版社，2016：129-130；www.360doc.com

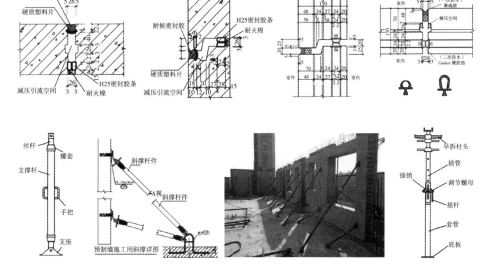

（2）支撑架

支撑架的主要功能是将预制楼板、梁、楼梯等水平构件吊装就位后起到垂直荷载的临时支撑作用。与斜撑相比，竖向支撑不仅要承受构件的自重荷载，还要承受此类叠合构件现浇混凝土的荷载。支撑架包括早拆柱头、插管、套管、插销、调节螺母及摇杆等部件。插管可以调节高度，进而调整水平构件的高度和精确度（图3-65）。

（3）定位、固定件

其他临时性辅助连接构件包括垂直度调节器、内外调节器、吊装限位器、临时固定件（七字码）等（图3-66）。此类构件均具有定位、调节、临时固定、临时连接等作用。

2. 永久性连接构件

（1）钢筋套筒

钢筋套筒又称钢筋接头，是用以连接钢筋并有与丝头螺纹相对应内螺纹的连接件，可分为灌浆套筒、机械套筒和注胶套筒等。

灌浆套筒是预制混凝土建筑中最主要构件间的连接构件，两根钢筋从套筒两端插入，通过注入的水泥浆料实现钢筋连接，构件包括筒壁、剪力槽、灌浆口、排浆口、钢筋定位销（图3-67）。

机械套筒与钢筋的连接方式包括螺纹连接和挤压连接，比较常用的是螺纹连接，即将对接连接的两根钢筋端部都制成螺纹的端头，并将机械套筒旋在两根钢筋上。

注胶套筒是日本应用较多的钢筋连接方式，用于连接后浇区的钢筋，其

图3-66　临时固定件、吊装限位器、斜撑固定座、吊具连接件

图片来源：上海市住房和城乡建设管理委员会，华东建筑集团股份有限公司. 上海市建筑工业化实践案例汇编[M]. 北京：中国建筑工业出版社，2016：133，223.

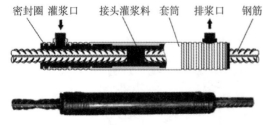

图3-67　灌浆连接套筒和机械连接套筒

图片来源：www.360doc.com；www.tenjan.com

图 3-68　浆锚孔波纹管和FRP连接件
图片来源：www.360doc.com；www.tenjan.com

连接原理和灌浆套筒类似。

（2）浆锚孔波纹管

浆锚孔波纹管是浆锚搭接连接方式使用的构件，预埋于预制构件中，形成浆锚孔内壁（图 3-68）。

（3）吊点和斜撑点预埋件

吊点和斜撑点通常预埋配套钢件（孔洞或螺母）在混凝土构件中，与吊环和斜撑固定座相连，起到辅助吊装、装配和连接的作用。

（4）构件内部连接件

构件内部连接件是拉结构件内部不同特征部分的构件，如在外围护构件中应用最为广泛的 FRP 构件。

FRP 学名是玻璃纤维增强复合塑料，是英文 Fiber Reinforced Plastics 的缩写。FRP 材料是由纤维材料与基体材料按一定比例混合后形成的高性能材料。FRP 复合材料的热膨胀系数与混凝土相近，可以起到拉结外围护构件保温隔热层、装饰面层和结构层的作用。常用的 FRP 主要有碳纤维（CFRP）、玻璃纤维（GFRP）和芳纶纤维（AFRP）等，连接件的形式主要有棒型和片型（图 3-68）。类似的还有其他金属拉结件等，其作用都是将构件内部不同特征部分的构件连接成一个整体，成为"复合外围护构件"。

3.3.5　技术系统的构成原理总结

综上所述，预制装配式建筑的技术系统是建筑物质构成的技术手段，也是建筑物质系统的实现依据，在技术系统中，"预制"和"装配"的技术手段和方法是实现建筑物质构成的核心建造方法和技术路线。在设计方面，面向制造与装配的标准化理性设计替代了感性的作品化设计；在制造方面，工厂环节的增加使得建筑工程的大部分工作从工地转移到了工厂；在施工方面，工业化的制造工艺和模具系统替代了混凝土现浇工艺和模板工程，传统人工主导的模板施工模式转变为机械主导的构件装配式模式。在工业化构成的视角下，预制构件的技术系统构成原理具体体现为单个构件的"设计制造"和构件间的"连接装配"这两个层次方面的内容。因此,"构件构成"的观念贯穿技术系统始终。技术系统的构成原理可以从"构件的设计原则""构件的制造规律""构件的装配秩序"和"构件的连接法则"这四个方面来进行总结。

3.3.5.1　构件的设计原则

无论是标准化的设计趋势,还是协同化、模块化和模数化的设计原则,实际上都是为了寻找主观建筑设计和客观建造工艺之间的最优结合点,从而使建筑设计具备"预制"和"装配"的可操作性。

传统的建筑设计需要建筑师结合所处时代的物质环境和人文环境在建造活动之前,针对建筑事先做好通盘的设想,拟定好解决问题的方案。这种通盘的设想通常是基于建筑师个人或其小团队的专业修养、工程经验和个人喜好。看起来这是一种基于客观条件的理性设计,实际上由于部分传统建筑设计达不到深度要求,建筑师只是协调沟通后续建造过程,并不主导,这种客观条件是经过主观加工之后得出的,是一种以建筑师为主导的个人博弈行为,具有明显的感性倾向性。因此,传统的建筑设计的主要内容还是基于数理抽象化后的点、线、面、体的整体构成设计,并无构件设计的概念。

与传统建筑设计不同,构件成为连接预制装配式建筑设计和预制装配式建造方法的桥梁和载体。预制构件替代传统建筑设计中的"点、线、面、体",成为构成建筑的基本物质要素,构件单体设计和构件组合设计成为预制装配式建筑设计中重要的组成部分。目前预制装配式建筑的具体设计操作可以被分解为三个层面的设计原则:

1. 基于构件应用的"一体化"设计

预制装配式建筑构件为了具备"预制"和"装配"的可操作性,将各种功能性的材料或构件集成进单体构件之中,这种复合构件采用"一体化"的设计理念,不仅需要具备结构性、围护性等传统特征,而且还需要满足上述可制造和运输、可装配和连接的工业化特征。

在具体的深化设计内容上,将各个专业和各个环节对预制构件的要求汇集到构件制作图上,包括建筑、结构、装饰、水电暖、设备等专业,以及制造、生产、转运、装配、维护和拆除等环节。在深化设计具体操作方法上,采用协同化设计模式。深化设计遵循在设计的初始阶段就将建筑的设计要求和建筑的建造过程统一、结合和匹配的原则。

2. 基于构件装配和连接的"拆分和组合"组合设计

对预制装配式建筑进行合理的构件拆分是设计的第一步,也是保证建筑方案后续可操作性的必要前提。"拆分和组合"设计主要是指根据构件装配和连接的原则,将建筑方案拆分为可供工厂制造且能在现场组合的预制构件。

在具体的构件拆分设计上，主体结构遵循剪力墙或承重墙、柱、梁、楼板、节点构件、楼梯和基础的拆分设计原则；外围护结构遵循结构性复合外墙、结构性复合屋顶、非结构性复合外墙、附属功能性构件以及非结构性装饰构件的拆分设计原则。在具体的构件组合设计上，遵循刚性连接和柔性连接相结合、干作业和湿作业相结合、现浇和装配相结合的组合设计原则。组合设计的原则使构件在装配组合之后，预制装配式建筑在结构性上等同于现浇式建筑，在外围护性上等同于或高于传统建筑，在建造性上优于传统建筑。

3. 基于构件制造和运输的"选型和定型"单体设计

在预制装配式建筑被合理地拆分为构件之后，构件需要进入工厂进行预制生产。"选型和定型"设计主要是指根据构件的具体设计要求，选择合理的构件材料和制造工艺，将预制构件定型为可供现场装配的构件。

在具体的制造工艺选型设计上，不同的构件根据固定模台工艺、立模工艺、预应力工艺、流水线工艺、压力成型工艺等的适用范围和特点，选择合理的制造工艺和适合的模具系统的设计原则，如板构件选择流水线工艺，柱构件、梁构件和其他构件选择固定模台工艺等。在具体的构件定型设计上，遵循全预制和半预制相结合、全结构和半结构（叠合）相结合、非预制和整体现浇相结合的设计原则。单体设计的原则是构件在制造定型之后，预制装配式建筑在现场装配过程中，可以灵活准确地选用定型构件实现在结构性上等同于现浇式建筑，在外围护性上等同于或高于传统建筑，在建造性上优于传统建筑的目标。

上述三个层面的设计原则是协同化、模块化和模数化在预制装配式建筑建造过程中的具体设计操作原则，能够实现建筑标准化的目标，使建筑设计具备"预制"和"装配"的可操作性。第一层面的"一体化设计"是根据宏观的建筑设计要求对预制构件进行预判性的一体化设计，第二层面的"组合设计"是根据中观的建筑构件装配和连接要求进行技术性的深化设计，第三层面的"单体设计"是根据微观的建筑构件制造和运输要求进行工艺性的制造设计。

在设计过程中，这些具体的设计操作原则需要遵循相关建筑设计规范和技术规程。除了传统建筑设计惯用的设计规范和技术规程外，还需要遵循预制装配式技术的相关专用设计规范和技术规程。典型的有《建筑模数协调标准》（GB/T 50002—2013）、《装配式住宅建筑设计标准》（JGJ/T 398—2017）、《装配式混凝土结构技术规程》（JGJ 1—2014）以及其他专业和环节的相关设计规范和技术规程。

目前我国的预制装配式技术种类众多、体系繁杂，新技术、新专利层出不穷。国家级、地方级以及企业级的各种相关设计规范和技术规程在不断摸索制定的同时，因需要适应当地技术的发展特点而互有区别。因此，构件的"一体化"设计、"拆分和组合"组合设计、"选型和定型"单体设计受到当地规范、技术规程以及实践经验的约束和影响较大，但在总体设计原则上，协同化、模块化和模数化的设计原则贯彻始终。

3.3.5.2 构件的制造规律

预制装配式技术的核心是指预制构件在工厂的精细化制造和批量化生产，目前建筑工程的大部分工作从公司转移到了工厂，这些均离不开成熟的制造工艺和模具系统，工业化的制造工艺和模具系统已经逐步替代了现浇工艺和模板工程。

混凝土构件并不能像石材、木材等材料那样可以直接通过加工打磨来形成构件，而是需要将模具系统作为二次转换媒介，将流动状态的混凝土定型为固态的混凝土构件。因此，无论是固定模台工艺、立模工艺、预应力工艺、流水线工艺还是压力成型工艺，都需要将模具系统作为转换媒介，这是由混凝土的材料特性所决定的。转换媒介意味着预制混凝土构件在制造过程中需要受到制造工艺和模具系统的约束。在这些制造工艺和模具系统之中，固定模台（立模）工艺的适用范围最广，但工业化程度相对较低，墙、板、梁、柱、楼梯、阳台、飘窗以及各种异形构件都可以使用固定模台（立模）工艺进行制造；而流水线工艺的工业化程度较高，最接近制造业的生产线工艺，但使用范围较为局限，只适用于平板形状的板类构件，如楼板、墙板等，且出筋不能过于复杂，出筋越复杂，流水线的自动化程度越低。因此，构件制造的很多工艺流程还是基于手工模式完成的，只是地点从现场转移到了工厂。

相较于预制装配式钢筋混凝土结构建筑，预制装配式轻型钢（钢木）结构建筑则较易实现较高的工业化程度。一方面，轻型钢（钢木）结构建筑多为中低层的小型建筑，建筑较为简单；另一方面，由于钢材和木材的材料特征，其构件的制造工艺和混凝土构件的制造工艺具有本质区别，钢材能够直接由厚度为 1.5—5 mm 的薄壁型钢板经冷弯或冷轧成型，木材能够直接切割、磨光成型。而混凝土结构建筑多为高层，建筑较为复杂，且混凝土构件是经多种材料（混凝土、钢筋、保温隔热材料、饰面材料以及其他预埋件等）复合，从流动状态通过模具系统定型为固体状态成型的。

混凝土构件的"复合性"特征和一体化设计理念在目前的技术条件下更加降低了流水线的自动化程度，这也就解释了为何夹心保温板、装饰一体化板不太适用于工业化程度较高的制造工艺。因此，在目前的技术条件和工业化程度下，建筑本身的复杂性、预制构件的复合性和混凝土的材料特性使得"像造汽车一样造房子"的美好愿景较难实现。

此外，制造工艺不仅受限于目前的技术条件，还受限于目前的设计模式。关于这一点，后文会详细分析和阐述。目前建筑业的构件制造工艺相较于制造业还有一定的差距，其制造规律呈现出半手工半机械、半预制半施工的规律，这是预制装配式技术正在发展的表现，也是构件制造工业化的必经之路。

3.3.5.3 构件的装配秩序

机械工业的发展带动了建筑业施工机具的应用，使得机械化的构件装配成为可能。实现有秩序的构件的装配需要具备合适的吊装机具以及科学的构件吊装和装配作业这两个条件。

吊装机具分为起重机械和吊装索具，起重机械通常有两种：塔式起重机和自行式起重机。预制装配式钢筋混凝土结构建筑高度较高，构件较重，通常使用塔式起重机；预制装配式轻型钢（钢木）结构建筑高度较低，构件较轻，通常使用自行式起重机。吊装索具通常有两种组合方式，一种是钢丝绳和卸扣组合，通常配合自行式起重机，用于构件自重较轻的预制装配式轻型钢（钢木）结构建筑；另一种是钢丝绳、卸扣和吊梁组合，通常配合塔式起重机，用于构件自重较重的预制装配式钢筋混凝土结构建筑。吊梁根据构件种类进行选择，一般墙、梁等平面投影为条状的构件使用一字形吊梁，而楼板、阳台板、楼梯等平面投影为板状的构件使用口字形吊梁。这些吊装方式始终都遵循使吊钩和吊具的连接点的垂线通过被吊构件的重心的原则。

构件在吊装和装配的作业过程中，遵循科学的装配秩序。根据上文对主体结构构件和外围护构件的分析和归纳，预制构件可以按照装配秩序分类为水平构件和竖向构件，竖向构件指的是构件在吊装就位后，无须竖向临时支撑（支撑架），在装配时需添加横向临时支撑（斜撑、临时定位件、固定件等）辅助其精确装配和连接，典型构件有墙、柱等。水平构件指的是构件在吊装就位后，在装配时需添加竖向临时支撑（支撑架等），待其与竖向承重构件装配和连接成整体之后，再拆除竖向临时支撑，典型构件有楼板、楼梯、阳台板等。

其装配秩序具体表现为：① 竖向构件：起吊—就位准备—横向临时支撑—精度调整—就位完成—继续钢筋、连接点及其他相关工程；② 水平构件：起吊—就位准备—竖向临时支撑—精度调整、就位完成—继续钢筋、连接点及其他相关工程。因此，装配秩序大体可分为水平构件装配秩序和竖向构件装配秩序两类，其主要区别在于是添加横向临时支撑还是添加竖向临时支撑。

竖向构件和水平构件并不能同时装配和连接组合成完整的结构体系，在真实的装配过程中，存在先后顺序。因此，在竖向构件和水平构件尚未装配和连接产生结构作用之前，竖向和横向的临时支撑实际上起到了临时结构构件的作用。这个原理在构件的装配过程中至关重要。

3.3.5.4 构件的连接法则

预制混凝土构件的连接是构件装配过程中的关键步骤和技术支撑。可靠合理的连接能够保证预制装配式建筑在结构性上等同于现浇式建筑，在外围护性上等同于或高于传统建筑，在建造性上优于传统建筑。目前常用的预制装配式建筑构件的连接方式有钢筋套筒灌浆连接、预制剪力墙螺栓连接、钢筋浆锚搭接连接、现浇带连接、外挂式螺栓连接、钢筋连接等。

在这6种常用的连接方式中，钢筋套筒灌浆连接、钢筋浆锚搭接连接和现浇带连接是湿作业刚性连接，预制剪力墙螺栓连接和外挂式螺栓连接是干作业柔性连接，而钢筋连接是半刚性半柔性、半湿作业半干作业的连接。

湿作业刚性连接的法则是将连接的目标设定为力求连接的性能和效果等同于钢筋混凝土整体现浇连接。整体现浇连接原理是指在钢筋工程、模板工程完成之后，一次性地将流动的混凝土浇筑进模板，待成型后和钢筋成为一体。而湿作业刚性连接原理本质上与之相同，但在建造工艺上需要混凝土进行二次定型作业。第一次是在工厂定型为预制构件；第二次是在现场定型为预制构件间的连接节点，其作用是通过节点现浇，将不同构件浇筑成整体，从而达成连接的设定目标。在具体操作上体现为将预埋的金属套筒或构件的外侧部分作为连接节点处钢筋的"现浇模板"，通过给金属套筒和连接节点灌浆，将不同构件间的钢筋和钢筋、钢筋和混凝土、混凝土和混凝土浇筑成整体。浇筑完成后，其结构性可以基本等同于整体现浇结构。湿作业刚性连接的法则通常用在结构构件之间，或者是"结构性复合外围护构件"的结构性部分与结构构件之间。

干作业柔性连接并不使用混凝土浇筑的方式将不同构件连接成整体，而是引入了除混凝土、钢筋之外的第三方连接构件——螺栓。螺栓连接是指以螺栓为连接件，穿过被连接构件或配件的通孔形成的紧固性连接。螺栓连接是可拆卸连接，是柔性连接中比较常用也是最接近制造业的一种连接方式。目前在预制装配式建筑中常用在上下相邻的预制剪力墙构件之间或外挂式外围护构件与结构构件之间。在具体操作上，螺栓通常搭配辅助配件（板边缘角钢、方钢等），通过紧固，将预制构件、辅助配件连接成整体。相较于湿作业刚性连接，这种以螺栓为主导的干作业柔性连接具有抗震性能佳、操作便捷、成本低廉、连接简单、高效等优点。

半刚性半柔性连接指的是钢筋连接，通常用于先装法施工的外挂式墙板构件，典型的连接方式为外墙板上部采用线形钢筋节点现浇混凝土刚性连接，下部采用点式螺栓柔性连接。这种连接方式兼具刚性连接和柔性连接的优点。

综上所述，目前预制装配式建筑构件的连接法则大致可以分为两类。一类是基于传统整体现浇混凝土的连接方式——整体浇筑，此类连接方式遵循与现浇混凝土一致的等效连接法则；另一类是基于现代制造业工业产品的连接方式——螺栓紧固，此类连接方式遵循便捷、高效、可靠的工业连接法则。

3.4　建筑秩序系统的构成原理

建筑的秩序系统是"建筑的工业化构成系统"中的秩序分系统，是建筑构成秩序层面的体现。在"建筑秩序构成"的语境下，建筑（预制）构件除需要通过一系列技术手段构成建筑之外，还需要通过一系列有秩序的工业化流程，才能够使得预制装配式建筑具备完整的工业化特征，达到建筑建造的目的和目标，实现供人居住和使用的本质功能，从而真正成为最终建筑。因此，预制装配式建筑的建造流程是主要研究对象，具体体现在"建造总流程"和"建造子流程"这两个层次方面的内容。"建造总流程"是通过研究由建筑（预制）构件到最终建筑（实体）的整个建造流程之中的固有顺序（秩序）原则来确定建筑总流程的秩序构成，是"秩序系统"的上层次内容；"建造子流程"是通过研究建筑（预制）构件的设计、制造、生产、运输、装配等每个子流程之中的固有顺序（秩序）原则来确定建造子流程的秩序构成，是"秩序系统"的下层次内容，这两个层次方面的内容共同组成了"建筑的秩序系统"。

3.4.1　建造总流程

预制装配式建筑本质上是各种预制构件通过"预制"和"装配"的建造过程而实现的，而这种建造工艺要求带来了工厂这一组织节点，使得建筑能够像工业产品一样制造和装配，也带来了建造流程环节的改变。

具体体现为：① 建造地点不再局限于工地现场。工厂预制本质上也是建筑的建造过程。② 建造时间不再受限于工地工期。工厂预制和工地施工能够同步进行。③ 建造环境不再受制于环境影响。工地现场的恶劣环境对建筑工期产生的影响较小。

而这些恰恰也是预制装配式建筑诸多优势的前提条件。但也随之带来建造流程环节的增加，主要体现为工厂阶段环节的增加。传统建筑的典型建造流程按照项目阶段可以大致归纳为（图 3-69）：

1. 建筑立项环节：甲方根据项目策划进行建筑立项，明确设计需求，初步拟定项目任务书，并寻找设计单位。

2. 建筑设计环节：设计单位根据项目任务书的设计要求，进行建筑设计，

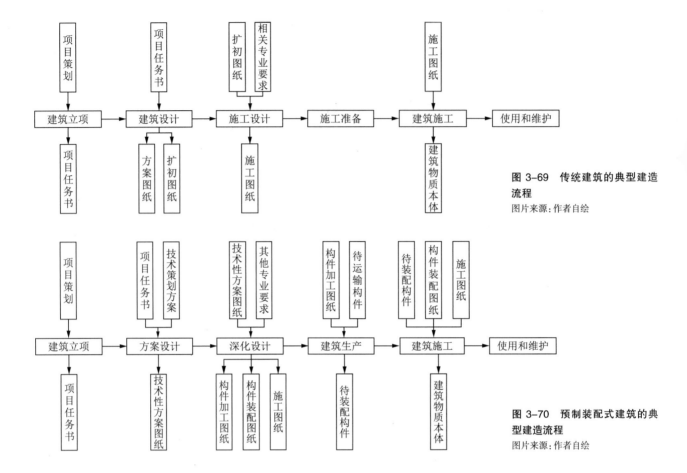

图 3-69 传统建筑的典型建造流程
图片来源:作者自绘

图 3-70 预制装配式建筑的典型建造流程
图片来源:作者自绘

出具方案图纸、扩初图纸。

3. 施工设计环节:建筑专业跟结构、设备、装修等相关专业沟通配合,深化扩初图纸,出具施工图纸。

4. 建筑施工环节:施工单位依据施工图纸进行建筑施工,施工完成后通过验收交付甲方,进入使用和维护阶段。

预制装配式建筑的典型建造流程按照项目阶段可以大致归纳如下(图3-70):

1. 建筑立项环节:甲方根据项目策划进行建筑立项,明确设计需求,初步拟定项目任务书,并寻找设计单位。

2. 方案设计环节:设计单位根据项目任务书的设计要求,需要先制定技术策划方案,之后依据技术策划方案进行建筑设计,出具技术性方案图纸。

3. 深化设计环节:建筑专业不仅需要跟结构、设备、装修等相关专业协同设计,还需要跟构件生产单位配合进行深化设计,在技术性方案图纸的基础上出具构件加工图纸、构件装配图纸和施工图纸。

4. 建筑生产环节(构件制造和运输):生产单位依据构件加工图纸,精确制造,批量生产构件,装车运输送往工地准备装配。

5.建筑施工环节（构件装配与连接）：施工单位依据构件装配图纸、施工图纸进行建筑施工，建造完成后通过验收交付甲方，进入使用和维护阶段。

对比传统建筑的典型建造流程图和预制装配式建筑的典型建造流程图可以发现，预制装配式建筑的建造总流程最明显的变化是工厂这一组织节点的出现增加了构件制造和运输的环节。

此外，建筑设计环节、深化设计环节、建筑施工环节更新了新的内容，体现为子环节的增加和子流程的改变，如在深化设计环节增加了构件加工设计、构件装配设计等，以满足后续构件精确化制造、批量化生产、规范化运输和机械化装配的要求，深化的内容不再只是施工设计；建筑施工环节增加了构件装配图纸等工法类图纸，和施工图纸一样成为建筑施工环节的主要依据，后文会对其进行详细阐述。

3.4.2　建造子流程

总的来说，预制装配式建造总流程可以分为建筑设计（方案设计和深化设计）、建筑生产（构件制造和运输）、建筑施工（构件装配与连接）、使用和维护等四个环节。这几个环节在建造总流程中又有各自的子流程，共同构成了建造的总流程。

3.4.2.1　建筑设计环节

预制装配式建筑的设计环节与传统建筑相比，其深化设计环节增加了技术策划、构件拆分设计、构件设计等子环节，在具体设计操作上，应用了协同化、模块化、模数化等设计原则。

其设计环节的子流程可以归纳如下（图 3-71）：

1.技术策划环节：设计单位在正式开始设计之前应根据项目策划通盘考虑项目定位、建设规模、装配化目标、成本限额、生产单位技术条件等各种物质环境条件，预先制定合理的技术路线，出具技术策划方案。

图 3-71　建筑设计环节的建造子流程
图片来源：作者自绘

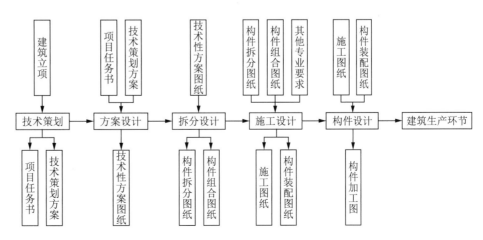

143

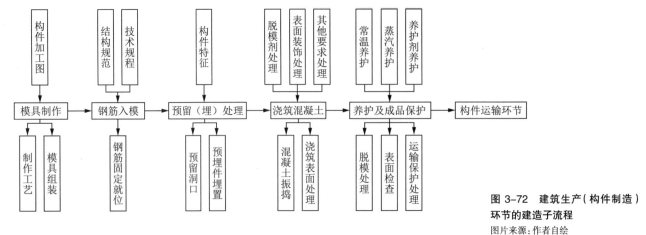

图 3-72　建筑生产（构件制造）
环节的建造子流程
图片来源：作者自绘

2. 方案设计环节：根据技术策划方案，确定预制构件范围，做好平面设计、立面及剖面设计，以实现技术策划的目标。

3. 拆分设计环节：依据平面、立面、剖面设计方案，对建筑进行合理的构件拆分和组合，即将构件拆分为符合工厂制造和现场装配的单体构件。

4. 施工设计环节：协同结构、设备、室内装修等专业，优化构件种类，推敲连接和装配节点，协调设备管线等，使建筑在经过构件拆分和组合后依然能够符合建筑的设计要求、结构要求、性能要求、防火要求等。

5. 构件设计环节：在构件进入制造与运输环节之前，设计单位需要与生产单位密切配合，并根据上个环节各专业的设计要求，控制构件的精确尺寸，出具构件加工图。

3.4.2.2　建筑生产环节

预制装配式建筑的生产环节包括构件制造和构件运输两个子环节。构件制造环节的子流程可以归纳如下（图 3-72）：

1. 模具制作环节：生产单位根据构件加工图，结合自身技术条件，选择合适的制作工艺，组装适合的模具系统。

2. 钢筋入模环节：根据相关结构规范和技术规程，制作钢筋，在模具内绑扎、固定钢筋，钢筋就位。

3. 预留（埋）处理环节：根据构件设计要求和特征，将各类预埋件放入模具系统，有洞口的构件需要预留洞口位置。

4. 浇筑混凝土环节：在浇筑混凝土之前需涂刷脱模剂，有表面饰面层以及其他要求的构件需在混凝土浇筑前进行处理。浇筑混凝土时，应采用适合混凝土预制构件的专用混凝土振捣方法，浇筑完毕后，需要进行浇筑表面处理。

5. 养护及成品保护环节：养护是混凝土浇筑之后的重要环节，是保证预制混凝土构件质量的关键步骤，常用的养护方式分为常温养护、蒸汽养护和养护剂养护三种。养护完毕后需对构件进行脱模处理、表面检查和运输保护处理。

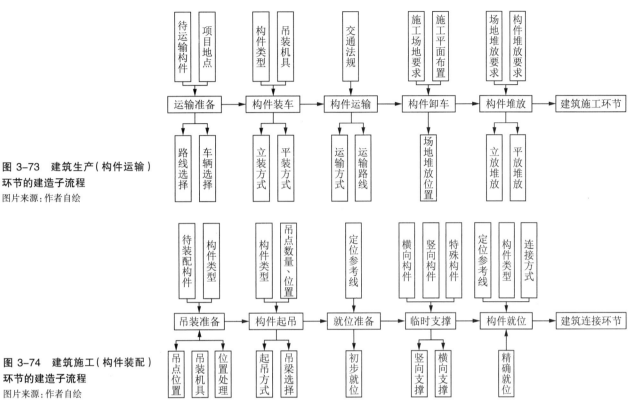

图 3-73　建筑生产（构件运输）环节的建造子流程
图片来源：作者自绘

图 3-74　建筑施工（构件装配）环节的建造子流程
图片来源：作者自绘

构件运输环节的子流程可以归纳如下（图 3-73）：

1. 运输准备环节：生产单位根据待运输构件情况和项目地点，综合考虑路线，选择合适的车辆。

2. 构件装车环节：根据构件的不同类型和规格，使用适合的吊装机具将构件装车，装车方式大体上有立装和平装两种。

3. 构件运输环节：根据交通法规，针对大型运输车辆的尺寸、质量、高度限制等条件，采取合理的运输方式和运输路线。

4. 构件卸车环节：根据施工场地要求和施工平面布置，将构件从车上卸下，分别按构件型号和吊装顺序依次堆放至场地堆放位置。

5. 构件堆放环节：根据场地堆放要求和构件堆放要求，将构件平放或立放在施工场地的构件堆场位置。

3.4.2.3　建筑施工环节

预制装配式建筑的施工环节包括构件装配和构件连接两个子环节。在预制装配式建筑中，构件装配环节通常指的是构件吊装就位后，进入待连接的状态，着重于动态的构件组合过程；而构件连接环节指的是构件经过调整精确就位后，进入连接过程，着重于静态的构件连接技术。

构件装配环节的子流程可以归纳如下（图 3-74）：

1. 吊装准备环节：施工单位根据待装配构件类型，进行吊点位置二次确

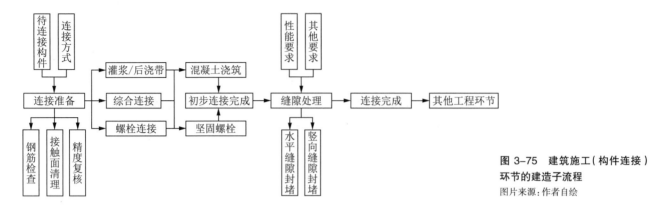

图 3-75　建筑施工（构件连接）
环节的建造子流程
图片来源：作者自绘

认和微调，选择合适的吊装机具，对构件自身和构件吊装位置进行处理，包括构件自身清理，构件吊装位置调整和复核等。

2.构件起吊环节：根据构件的不同类型和吊点数量、位置，选择合适的起吊方式和吊梁，如墙、柱等竖向构件在起吊翻转过程中需要做好底部保护工作；条状构件使用一字形吊梁，板状构件使用口字形吊梁等。

3.就位准备环节：根据定位参考线，在地面工人和塔吊工人的配合下，进行初步就位。

4.临时支撑环节：根据构件类型（水平构件、竖向构件和特殊构件），在构件尚未连接产生结构作用之前，采用竖向或横向临时支撑固定构件。

5.构件就位环节：根据定位参考线、构件类型及其适合的连接方式，通过调整临时性支撑构件、定位和固定件等，对构件进行精确定位，为下一步构件连接做准备。

构件连接环节的子流程可以归纳如下（图 3-75）：

1.连接准备环节：施工单位根据待连接构件的连接方式，进行连接处钢筋检查、接触面清理、精度复核等连接准备工作。

2.构件连接环节：常用的连接方式分为三种。其一，灌浆/后浇带，采用混凝土浇筑成型的刚性湿作业连接方式；其二，螺栓连接，采用紧固螺栓的柔性干作业连接方式；其三，综合连接，综合采用上述两种连接方式。

3.初步连接完成环节：构件经过上述三种连接之后，构件与构件之间已经初步"黏结"在一起，能够起到一定的结构作用。

4.缝隙处理环节：构件在初步连接完成后，还需满足建筑的防水、防火、保温隔热等性能要求，因此构件间的缝隙处理是连接完成前最关键的步骤，根据构件间的缝隙种类，大体可分为水平缝隙封堵和竖向缝隙封堵。

3.4.3　秩序系统的构成原理总结

预制装配式建筑与传统建筑相比，其流程更加复杂和多样，这就需要更加有条理性、有组织性、有纪律性的系统秩序，从而维持"建筑的工业化构成系统"，本小节将以时间序列为线索对建造总流程和子流程的秩序进行总结。

3.4.3.1 建造总流程秩序

1. 建筑设计全置

预制装配式建筑设计不再局限于前期建筑设计、中期施工设计、后期交付施工的传统模式，而是建筑设计行为贯穿建造总流程始终，在建筑生产和施工环节，均有预先的、标准的、成熟的、详细的设计对其进行把控，改变了传统建筑施工环节依靠"边修边改"的个人或小团队工程经验来解决实际问题的模式。因此，在建造总流程上，建筑设计全部置于建造总流程的各个环节，并无"前期建筑设计"的概念，只有不同项目标准化设计"先后积累"的概念。标准化设计是最主要的建立建筑设计全置秩序的具体操作方法。

2. 施工设计前置

预制装配式建筑需要在构件进入批量生产之前就按照施工的要求设计完毕，在建造总流程的时间性上具有前置性的特征，因为一旦构件进入批量生产阶段，构件就很难再根据工地现场的施工要求进行调整。因此，施工设计前置使建筑设计在一开始就需要满足建筑生产和建筑施工环节的要求。因此，与传统建筑设计流程中施工设计通常放在方案设计之后不同，预制装配式建筑的施工设计是标准化设计，预先存在，通常放在方案设计之前或伴随方案设计进行适当调整。协同化设计是最主要的建立施工设计前置秩序的具体操作方法。

3. 建造流程并行

预制装配式建筑的建造地点不再局限于工地现场，工厂也成了建造地点之一。建造地点的并置使得将已经在制造业领域成熟应用的并行技术引入建筑业成为可能，建筑师可以将一个完整的建筑分解成连续的、具有较大体量的构件或模块，在不同的地方、不同的企业进行生成和加工，在现场施工环节所有的构件才会装配成一个整体。设计单位和生产单位可以同时设计不同的模块，在施工环节运用标准化、通用化的装配和连接手段。建造流程不再是从设计到其他专业再到施工的单一线性结构，而是设计、结构、设备、室内装修协同配合，建筑生产环节和施工环节流程交叉的并行结构。协同化、模块化和模数化等标准化设计是建立建造流程并行秩序的具体操作方法。建造流程并行是建造总流程秩序最明显也是最核心的体现。

3.4.3.2 建筑设计秩序

预制装配式建筑的设计分为技术策划、方案设计、拆分设计、施工设计和构件设计5个子环节，按照从先至后的时间顺序组成了建筑设计环节。其中拆分设计、施工设计和构件设计属于建造总流程中的深化设计环节。

技术策划环节是在设计开始之前，预先从整体上制定预制装配式建筑设计的技术路线，与传统建筑设计的项目策划相比，具有更加明确的早期技术条件介入和技术目标制定的特点。方案设计环节和传统建筑类似，但在设计过程中不仅需要依据项目任务书，还需要将技术策划方案纳入设计考量因素，带有明显技术倾向性。拆分设计环节是预制装配式建筑设计新加入的一个环节，是使建筑方案转变为可制造和装配构件的前提条件。

施工设计环节和传统建筑类似，但在设计过程中需要根据工业化的建造工艺对设计内容进行调整，具体体现为将"现场施工搭建"的房屋构造设计转变为"现场装配连接"的构件组合设计，施工图纸不再是唯一主要的建筑施工依据，构件装配图纸等工法类图纸也起到了同样重要的作用。构件设计环节也是预制装配式建筑设计新加入的一个环节，是预制装配式建筑的技术策划、方案设计、拆分设计、施工设计最终落实到单体构件上的集中体现，能够从单体上明确构件的技术细节。

技术策划是对预制装配式建筑设计的宏观技术约束，在设计开始之前，就在宏观层面上设定了技术路线。方案设计和拆分设计是对预制装配式建筑设计的中观技术约束，在进入建筑生产环节之前，就在中观层面上使得建筑具备了可拆分、可制造、可装配的特征，为后续的建筑生产和建筑施工做铺垫。而施工设计则是对预制装配式建筑设计的微观技术约束，其构件加工图、构件装配图、建筑施工图等制造类、工法类、构造类图纸直接指导构件的生产和装配。

综上所述，预制装配式建筑设计流程遵循"技术—设计—技术"的设计秩序，即首先选取或改进现有成熟的预制装配式技术，进行技术策划，其次在此基础上进行技术性的方案和拆分设计，最后根据技术细节，进行施工设计和构件设计。其建筑设计流程呈现出各专业协同的并行建造流程特征。而传统建筑的设计则遵循"技术—设计"的设计秩序，遵循由设计到技术，由建筑专业到结构专业再到其他专业的各专业联系较弱、相对独立的线性建造流程。

3.4.3.3 建筑生产秩序

预制装配式建筑的生产环节包含构件制造和运输，是建筑的"预制"流程。构件制造分为模具制作、钢筋入模、预留（埋）处理、浇筑混凝土和养护及成品保护5个子环节，构件运输分为运输准备、构件装车、构件运输、构件卸车和构件堆放5个子环节。

在构件制造环节中，模具制作环节在构件制造之前，预先制作能够使混凝土定型为固态构件的模具系统，建筑的构件化使得传统施工环节的模板工程转移到了工厂制造，施工现场烦琐的模板工程被分解为系列化的模具系统，以替代模板工程。钢筋入模环节在构件浇筑混凝土定型之前，即将钢筋预先植入模具内，和构件一起浇筑成型，无须在现场进行二次浇筑。预留（埋）处理环节与钢筋入模环节类似，都是预留或预埋构件等辅助材料再和构件一起浇筑成型。浇筑混凝土环节使混凝土构件成型，养护及成品环节使预制构件具备了直接装配的条件。在构件运输环节中，运输准备环节、构件装车环节、构件运输环节、构件卸车环节和构件堆放环节则是连接工厂预制和现场装配的重要纽带。

预制装配式建筑的生产本质上是构件的生产，其生产流程遵循"定型工具—结构辅材—辅助或性能材料—结构主材—养护及运输"的生产秩序，其构件生产流程呈现出由内至外（从内部钢筋到外部混凝土）、由单一到复合（材料逐渐添加）、由液态到固态（混凝土定型）的生产秩序。而传统建筑通常并无建筑生产的概念，直接由建筑设计到建筑施工。

3.4.3.4　建筑施工秩序

预制装配式建筑的施工环节包含构件装配和连接，是建筑的"装配"流程。构件装配分为吊装准备、构件起吊、就位准备、临时支撑和构件就位 5 个子环节，构件连接分为连接准备、构件连接、初步连接完成和缝隙处理 4 个子环节。

在构件装配环节中，吊装准备环节在构件吊装之前，对构件自身和吊装位置进行复核和处理，以确保满足构件装配的精度要求。构件起吊环节是构件从工地堆场通过吊装机具运输至吊装位置的过程。就位准备和临时支撑环节是对构件在进入连接状态之前的初步固定和就位。构件就位是对构件在进入连接状态之前的精确调整和就位。在构件连接环节中，连接准备环节在构件连接之前，对构件间的连接处进行复核和处理，以确保满足构件连接的精度要求。构件连接环节和初步连接完成环节是构件组合的关键环节，通过三种连接方式使构件组合成整体，并起到相应的结构作用。缝隙处理环节是对构件间的接缝进行现场处理，建筑的构件化意味着缝隙数量的增加，缝隙处理环节是保证预制装配式建筑整体性的关键性环节。

预制装配式建筑的施工本质上是构件的装配和连接，正如上文所提到的，竖向构件的装配流程在具体操作过程中遵循"起吊—就位准备—横向临时支撑—精度调整—就位完成—继续钢筋、连接点及其他相关工程"的秩序。水平构件的装配流程在具体操作过程中遵循"起吊—就位准备—竖向临时支撑—精度调整、就位完成—继续钢筋、连接点及其他相关工程"的秩序。而连接流程遵循"定位工具—构件组合—缝隙处理"的连接秩序。总体来说，建筑施工流程呈现出由粗调到微调、由临时支撑到永久连接、由单体到整体的施工秩序。而传统建筑的施工则通常采用"模板工程—现场搭建"的施工秩序，是以手工模式为主的人工主导施工模式，遇到问题通常临时现场解决，工业化程度较低，秩序性较弱，容错率较高。

3.5 预制装配式建筑的工业化构成秩序小结

"建筑的工业化构成系统"的"结构性"是建筑的工业化构成秩序的体现，通过上文对预制装配式建筑的物质系统、技术系统、秩序系统工业化构成原理的整理、归纳和分析，其工业化构成秩序可以总结如下：

1. 物质系统的工业化构成秩序是围绕预制构件的独立性、叠合性、复合性和联系性的特征，在建筑物质构成层面根据"预制"和"装配"的建造工艺，对预制装配式建筑构件进行有秩序的构件分类和材料选择。

2. 技术系统的工业化构成秩序是遵循符合"预制"和"装配"建造工艺的预制装配式建筑及其构件的设计原则、制造规律、装配秩序和连接法则，对建筑的预制构件进行有秩序的设计和制造、装配和连接。

3. 秩序系统的工业化构成秩序是根据"预制"和"装配"的建造工艺，建立建筑设计环节、建筑生产环节和建筑施工环节的流程秩序，从而使建筑建造总流程和子流程之间具备高度的操作自律性。

第4章 典型工业产品的工业化构成秩序

4.1 工业产品的"建筑化"之路

4.1.1 工业产品和建筑的历史渊源

自人类诞生以来，人们便利用可得到的资源制造各式各样的物品，来满足生理或心理的需求。从远古时代的简易工具到现在的精密仪器，从远古时代的庇护所到现在的复杂建筑，制造业和建筑业一直伴随着人类文明的发展而进步。在古代手工业时代，两者区别并不明显，随着工业革命的到来，工业技术的涌现，专业分工的细化，以及建筑和工业产品的差异性，建筑业和制造业已逐渐成为两个独立发展的行业，但是无论称之为工业产品还是建筑，都是人类为了适应和改变自然环境所创造的人工产物，离不开从主观设计到客观实施的固有流程。从广义上来说，工业产品设计和建筑设计都属于工业设计，都是为了达到某一特定目的，从构思到建立一个切实可行的实施方案，并且用明确的手段表示出来的系列行为。它包含了一切使用现代化手段进行生产和服务的设计过程，涉及心理学、社会学、美学、人机工程学、机械构造、摄影、色彩学等，它是各种学科、技术和审美观念相交叉的产物，也是主观意识和客观条件相融合的产物。

随着18世纪工业革命的爆发，工业开始从农业中分离出来成为一个独立的物质生产部门，无论是制造业还是建筑业，本质上都是工业的组成部分。社会的工业化进程使得制造业取得了飞速发展，这种潮流也不可避免地在建筑业掀起了一场革命。实际上，"向制造业学习""建筑工业化"的思想并不是什么新鲜事物，在现代建筑革命兴起之初，柯布西耶在《走向新建筑》一书中就观点鲜明地指出："工程师的美学，建筑，这两个互相联系的东西，一个正当繁荣昌盛，另一个则正可悲地衰落。"随后他在书中"视而不见的眼睛"一章中，列举了远洋货轮、飞机、汽车这三个典型工业产品和现代建筑之间的关系[①]。

在远洋货轮一节中柯布西耶描述道："那些构造物，那些机器，越来越经

① 柯布西耶. 走向新建筑[M]. 陈志华，译. 北京：商务印书馆，2016.

过推敲比例、推敲体形和材料的搭配，以致它们中有许多已经成了真正的艺术品，因为它们包含着数，这就是说，包含着秩序。"[1]柯布西耶在这一小节中高度赞扬了现代工业创造所表现出来的美学风格，如他列举了阿基达尼亚号充满光线的明亮大厅，具有和谐比例的船体，并将其比喻为诺曼底沙滩上的一栋别墅。最后他评论道："一个伟大的时代刚刚开始，存在着一种新精神，存在着大量新精神的作品，它们主要存在于工业产品中，建筑在陈规陋习中闷得喘不过气来，那些风格都是欺骗……我们的眼睛还不会认识它。"[2]

在飞机一节中柯布西耶将飞机和住宅进行了比较，并描述道："飞机是一个高度精选的工业产品，飞机给我们的教益在左右着提出问题和解决问题的逻辑之中，住宅的问题还没有提出来，建筑的现状已不能满足我们的需要，然而存在着住宅的标准。机器含有起选择作用的经济因素，住宅是居住的机器。"[3]随后，柯布西耶提出了目前住宅的问题和新的住宅标准，并从飞机中领悟到飞机发明者的想象力和冷静的理性精神状态，呼吁人们理性和冷静地看待住宅标准。最后他评论道："每个现代人心里都有一架机器，对机器的感情存在着并由日常的生活证实。这感情是，尊敬机器、感谢机器、重视机器。为了造房子，我们需要聪明、冷静而镇定的人们。"[4]

在汽车一节中柯布西耶将汽车和神庙进行了比较，并描述道："帕提农是精选了一个标准的结果，建筑按标准行事，标准是有关逻辑、分析、深入研究的事，它们建立在一个提得很恰当的问题之上，实验决定标准。"[5]随后，柯布西耶列举了帕提农神庙，并指出其实它早已建立了标准结果，在它之前的100年，希腊庙宇的所有部分都已经被标准化了。汽车是一件功能简单（转动）而目标复杂（舒适、坚固、漂亮）的东西，它迫使大工业化必须被标准化，所有汽车都有同样的基本布局，是典型大工业标准化的产物。柯布西耶对比了帕提农神庙和汽车，最后评论道："为了完善，必须建立标准。"[6]

风格、机器和标准是柯布西耶在对比工业产品和建筑中提到的关键词，工业产品给现代建筑带来的影响是显而易见的，在这种时代背景下，建筑设计正在逐步转型为产品设计抑或是工业设计，而工业设计也给建筑设计注入了新的血液。正如那句"我站在建筑学的立场上，处在飞机发明者的精神状态之中"，在柯布西耶看来，远洋货轮可以被比作诺曼底沙滩上的一栋别墅，正在逐渐打陈旧的建筑风格；飞机可以被比作住宅的机器，正在构建机器般冷静的住宅标准；而汽车可以被比作建筑史上的标准巅峰之作——帕提农神庙，正在推进大工业部件和零件的标准化时代精神。

也许上述这些工业产品的"建筑化"之路使现代主义建筑的先锋建筑师找到了灵感，也许柯布西耶的"新建筑五点"和工业产品一脉相承，这些我

① 柯布西耶. 走向新建筑[M]. 陈志华, 译. 北京: 商务印书馆, 2016.
② 同①.
③ 同①.
④ 同①.
⑤ 同①.
⑥ 同①.

们都无从考证。但是，不可否认的是，建筑设计在随后 100 多年的发展过程中和工业设计有着密切的联系，而工业产品和建筑之间也一直保持着千丝万缕的联系。从早期的现代主义到现代的高技派，从萨伏伊别墅到蓬皮杜国家艺术与文化中心，即使是在建筑多元化的今天，建筑师也从未放弃从工业技术中寻求灵感。然而，制造业在这期间经历了单件生产、大量生产、精益生产、计算机集成制造、批量客户化生产、敏捷制造等阶段之后，工业产品质量取得了质的飞跃，但建筑业的发展却远远落后于制造业。建筑师开始意识到对工业产品的借鉴不应仅仅局限于美学层面对"机械美"的追求，而是需要在技术层面上从建造出发，将制造业先进的理念引入建筑业，精益建造理念应运而生。工业产品和建筑的关系也不再仅仅局限于形式美的互相借鉴，精益建造的研究和实践更是深入到生产技术和建造技术之中，涉及生产计划和控制研究、产品开发和设计管理研究、建筑生产系统设计、企业文化和创新、项目供应链管理研究、预制件和开放型工程项目实施研究、项目管理和信息系统结合、安全、质量和环境、合同和成本管理等方面，进入了一个新的发展阶段。

4.1.2　工业产品和建筑的当代思辨

产品的定义有狭义和广义之分。从狭义上来说，产品是指被生产出来、能满足人们某种需求的物品，是一种有形产品。从广义上说，产品是指能够提供给市场，被人们使用和消费，并且可以满足人们某种需要的载体。它可以是有形的物品，如水杯、手表等，也可以是无形的服务，如教育机构为学生提供的知识信息等，此外还包括组织、观念或者它们的组合[①]。就工业领域而言，产品主要指有形产品，小至水杯、手表和手机等个人用品，大至汽车、飞机和轮船等交通工具，都属于有形的工业产品。

上文已经提到，在当代新型建筑工业化的背景下，我国的预制装配式技术进入了一个自主研发和创新的快速发展时期，建筑业和制造业越来越具有趋同性，建筑产品和工业产品的界限变得模糊。在这种背景下，"精益建造""面向制造与装配的设计"等相关研究提供了"向制造业学习"的途径，诸多学者和媒体在宣传时也提出了"像造汽车一样造房子"的美好愿景。这一方面反映了目前建筑业向制造业学习的迫切愿望，另一方面也反映出从业者潜意识里对汽车制造和预制建造两者相似之处的认同。

那么预制装配式建筑是否真的能和汽车或其他工业产品一样制造、生产和装配呢？实际上，早在精益建造提出之初，有关将制造业融合进建筑业的研究就从未停止过，如 Koskela 将制造业和建筑业进行了比较，并对将精益生

① 张峻霞. 产品设计：系统与规划[M]. 北京：国防工业出版社，2015.

产等理念应用到建筑业的可行性做了初步分析[①]。在随后的十几年内,陆续有学者将工业产品和建筑产品进行对比,如 Fox 等针对制造业和建筑业的差异,总结了融合的不同策略[②];Blismas 经过分析调查,认为建筑的定制性特征使得建筑并不能像工业产品一样批量化生产[③]。而有关典型工业产品——汽车和典型工业化建筑——预制装配式建筑的类比研究也并不是什么新鲜事物,如Herbert 早在 1959 年就提出建筑的工业化生产可以和汽车的批量化生产进行类比[④];Groak 认为建筑和汽车最大的差异性在于建筑需要固定的场地和定制化的设计,这使得建筑很难像汽车一样批量化生产[⑤];Gann 也表达了类似的观点[⑥];Gibb 更是观点鲜明地指出房屋不是汽车,上述这些有关汽车和建筑的"陈腐比较"很难得到证实和验证,随后列举了 10 条预制装配式建筑可以从与汽车的类比中得到的经验和启示[⑦]。由此可以看出,十多年前大多数学者对"像造汽车一样造房子"的观点基本持怀疑和否定的态度。时至今日,新型建筑工业的时代已经来临,随着预制装配式技术、信息技术、计算机技术以及其他相关技术的发展和应用,制造业和建筑业具有越来越明显的趋同性。在这种背景下,"向制造业学习"的古老命题被重新提及,"像造汽车一样造房子"的美好愿景在当今新型建筑工业化时代人文环境和物质环境的支持下,是否可以真正实现?

4.1.3 产品的工业化构成秩序的研究对象和范围

事实上,自 1992 年精益建造理念的提出掀起"向制造业学习"的浪潮之后,工业产品和建筑的类比研究就从未间断过,但当时的预制装配式技术尚未兴起,两者之间固有的差异性使得类比研究停留在局部、零碎、相对浅表的层面上,缺少全局、系统、深入的类比研究,且难以得到验证。因此,本章选择一直以来与建筑类比的热点工业产品——汽车作为预制装配式建筑的类比目标和产品构成秩序的研究对象,以构成的视角,借鉴"建筑的工业化构成原理"建立"产品的工业化构成原理"。同时,在调查、分类、比较、分析、归纳、推理、总结"产品的工业化构成原理"时从"汽车可以被看作是由部件经过'预制'和'装配'这两个阶段构成的"这种制造逻辑出发,从产品的物质层面、技术层面和秩序层面整理、归纳和分析汽车的工业化构成秩序,试图将汽车和预制装配式建筑进行全局、系统、深入的类比,从而探索"预制装配式建筑是否真的能像造汽车一样建造?"这个问题的答案。

汽车通常由发动机、底盘、车身和电气设备等部分构成[⑧]。将典型工业产品——汽车的"工业化构成秩序"的研究范围限定在"汽车车身(轿车)"部分,主要有以下三个方面的原因:其一,汽车车身所承担的功能与主体结构

① Koskela L. Application of the new production philosophy to construction[M]. San Francisco: Stanford University Press, 1992.
② Fox S, Marsh L, Cockerham G. Design for manufacture: a strategy for successful application to buildings[J]. Construction Management and Economics, 2001, 19(5): 493-502.
③ Blismas N. Off-site manufacture in Australia: current state and future directions[M]. Brisbane: Cooperative Research Centre for Construction Innovation, 2007.
④ Herbert G. The Synthetic Vision of Walter Gropius[M]. Johannesburg: Witwatersrand University Press, 1959.
⑤ Groak S. The idea of building: thought and action in the design and production of buildings[M].London: Taylor & Francis, 1990.
⑥ Gann D M. Construction as a manufacturing process? Similarities and differences between industrialized housing and car production in Japan[J]. Construction Management and Economics, 1996, 14(5): 437-450.
⑦ Gibb A G F. Standardization and pre-assembly- distinguishing myth from reality using case study research [J]. Construction Management and Economics, 2001, 19(3): 307-315.
⑧ 李春明, 王景晟, 冯伟. 汽车构造[M]. 北京: 机械工业出版社, 2012.

部分和建筑的外围护结构部分最为相似，都承受工业产品和建筑自身的荷载以及创造供人使用的空间，基于相似的功能，将研究范围界定在"车身"部分能够为工业产品和建筑的类比研究提供可能性；其二，在选取类比研究对象时应持谨慎态度，汽车的其他部分如底盘、发动机、电气设备等涉及机械工程领域太多，与建筑工程领域相差较大，不具备参考性；其三，制造业和建筑业的趋同性在汽车"车身"部分体现最为明显，其设计、制造、装配、测试和上市的流程也最为接近预制装配式建筑的流程。

4.1.4　产品的工业化构成原理的借鉴和建立

基于工业产品和建筑的历史渊源和当代思辨，无论是制造业的工业产品还是建筑业的预制装配式建筑，本质上都属于工业品的范畴。工业产品和工业化建筑一样，也是一个物质性实体的、开放的、动态的专业工程系统，具有系统的整体性、集合性、层次性、目的性、适应性等基本特征。在"建筑的工业化构成"的语境下，如果以构成的视角来看待工业产品，工业产品也可以被看作是"部件集合体"。因此，"产品的工业化构成系统"可以借鉴"建筑的工业化构成系统"，应用"系统论"的科学方法论来建立"产品的工业化构成原理"的原理框架。但是，在借鉴的同时，需要在"建筑的工业化构成原理"的框架基础上根据工业产品的差异性进行调整。

1. 原理内容和释义

"产品的工业化构成系统"基于系统论的观点，结合了工业产品和"建筑的工业化构成系统"的特征。也可以从物质层面、技术层面和秩序层面上将"产品的工业化构成系统"分解为物质分系统、技术分系统和秩序分系统，其具体内容为：

（1）物质分系统指的是构成系统的基本物质要素，主要反映了系统的集合性和整体性。系统的物质构成的基本观念是"产品（汽车车身）是'部件的集合体'"，即产品的基本物质要素是部件，最终落实到具体操作层面的两个子系统："部件分类"，即不同种类部件的分类依据和选择方法；"部件材料"，即不同功能部件的材料分类依据和选择方法。这两个子系统组成了"产品的工业化构成系统"的"物质分系统"。

（2）技术分系统指的是构成系统的特定方式、方法，它是系统的组合手段，主要反映了系统的动态性、适应性。在"产品的工业化构成系统"中，系统的技术构成的基本观念是物质系统需要通过一定的技术手段才能够形成"部件的集合体"，即产品实体（汽车车身）最终落实到具体操作层面的两个子系统："部件设计制造"，即单个部件的设计和制造所采用的技术手段和方法；"部件连接装配"，即各种部件间的连接和装配所采用的技术手段和方法。这两个子系统组成了"产品的工业化构成系统"的"技术分系统"。

（3）秩序分系统指的是构成系统的流程特征，主要反映了系统的动态性、目的性。在"产品的工业化构成系统"中，系统的秩序构成的基本观念是物质系统和技术系统还需要通过一系列有秩序的流程才能达到产品创建的目的和目标，实现供人使用的本质功能，从而真正成为最终产品（汽车），最终落实到具体操作层面的两个子系统："创建总流程"，即由部件到最终工业（形式）产品的整个创建流程之中的固有顺序（秩序）原则；"创建子流程"，即设计、制造、装配、测试和上市等每个子流程之中的固有顺序（秩序）原则。这两个子系统组成了"产品的工业化构成系统"的"秩序分系统"。

2. 原理框架图解

根据上文对"产品的工业化构成原理"内容的描述和释义，基于"建筑的工业化构成原理"的原理框架，"产品的工业化构成原理"的原理框架如图4-1所示，其中与第二章"建筑的工业化构成原理"的原理框架相类似的部分在此不做赘述。以构成产品的基本物质要素——部件为起点，跟踪其从产品部件到最终产品的全过程，可大致分为以下三个阶段：

第一阶段是部件的设计组合阶段，其构成的物质系统是"产品的工业化构成系统"的第一层面，是整个系统的物质基础，体现为产品构成的物质要素。在"产品的工业化构成系统"中，选取制造业中的"部件"一词替代"构件"成为构成产品的基本物质要素，这是因为制造业中的"部件"和建筑业中的"构件"都是基本物质要素组合成产品或建筑前的最终物质要素形态，直接面向总成和装配。产品建筑设计通过"部件分类"和"部件材料"这两个具体操作层面的子系统，形成产品部件。通过整理、归纳和分析探索物质系统中的"部件分类"和"部件材料"这两个子系统的内容，可以总结出物质构成的原理。

第二阶段是产品实体的技术实现阶段，其构成的技术系统是"产品的工业化构成系统"的第二层面，是整个系统的技术支撑，体现为产品实体实现的技术路线。在"产品的工业化构成系统"中，产品部件也是通过"设计制造"和"连接装配"这两个具体操作层面的子系统形成产品实体。通过整理、归纳和分析探索技术系统中的"部件设计制造"和"部件连接装配"这两个子系统的内容，可以总结出技术构成的原理。

第三阶段是最终产品的完成阶段，其构成的秩序系统是"产品的工业化构成系统"的第三层面，是整个系统目的性和产品特征的集中体现，体现为产品创建流程和最终产品创建的目的和目标。在"产品的工业化构成系统"中，产品的制造和装配流程都是在工厂完成的，并且可以进行连续性和批量化的

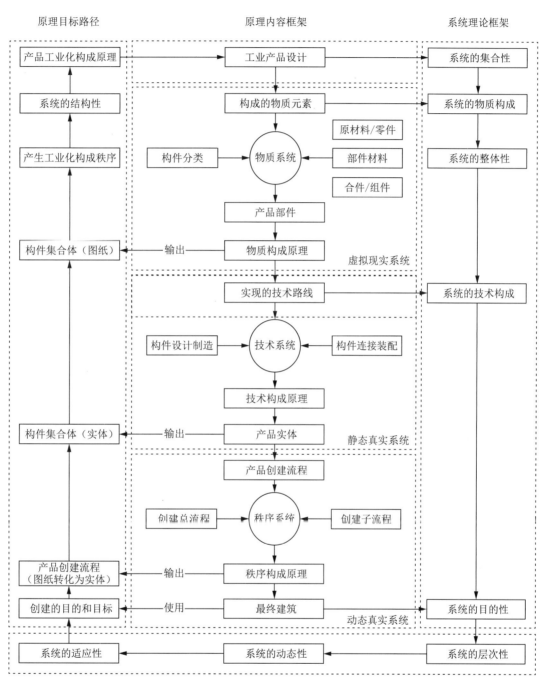

原理目标路径　　　　　　　　　　　原理内容框架　　　　　　　　　系统理论框架

图 4-1　产品的工业化构成原理框架
图片来源：作者自绘

流水作业，形成最终产品。通过整理、归纳和分析探索秩序系统中的"创建总流程"和"创建子流程"这两个子系统的内容，可以总结出秩序构成的原理。

至此，"产品的工业化构成原理"在"建筑的工业化构成原理"的原理框架上进行相应的调整后可以被定义为：基于"产品（汽车车身）是由基本物质要素'部件'构成的"这个视角，以部件到车身的路径为线索（生产），结合工业产品特征，从产品构成的物质层面、技术层面、秩序层面这三个层面，研究工业产品的构成秩序、构成法则和构成方法等建筑构成的原理。需要注意的是，"产品的工业化构成原理"需要始终从建筑的立场和角度出发，在"建筑的工业化构成"的语境下，整理、归纳、分析和提炼汽车车身的工业化构成原理，从而为典型工业产品——汽车和典型工业化建筑——预制装配式建筑的类比研究提供可能性，进而为最后建筑"产品化"策略的提出提供理论依据和物质基础。

4.2 产品物质系统构成原理

产品的物质系统是"产品的工业化构成系统"中的物质分系统，是产品构成物质层面的体现。在"产品物质构成"的语境下，产品（汽车车身）是由部件构成的，而部件是由材料构成的。因此，部件和材料是构成产品（汽车车身）的基本物质要素，也是主要研究对象，具体体现在"部件分类"和"部件材料"这两个层次方面的内容。"部件分类"是通过研究构成产品（汽车车身）的部件种类和选择方法，来确定产品（汽车车身）的物质构成，是"物质系统"的上层次内容；"部件材料"是通过研究构成产品（汽车车身）部件的材料种类和选择方法，来确定产品（汽车车身）部件的物质构成，是"物质系统"的下层次内容。这两个层次方面的内容共同组成了"产品的物质系统"。

4.2.1 部件的基本概念

在机械工程领域，典型工业产品的物质构成层级更加多样和复杂，如构成产品的基本物质要素可分为零件、合件、组件、部件等[①]。其中，零件是最基本的装配单元，大部分零件都是预先组装成合件、组件或部件后再进入最后的总成（总装）环节；合件是比零件大一级的装配单元，通常由两个及两个以上通过不可拆卸的连接方法（铆、焊、热压等）连接在一起的零件组成；组件则是比合件大一级的装配单元，通常由几个合件组成；部件则是直接面向总成（总装）的构件，由多种和多个组件、合件和零件组成。

每个部件、组件、合件和零件都可以作为独立的装配单元，这样就非常便于组织生产、管理，有利于企业之间的协作和产品的配套，有利于组织专业化生产，这种生产方式在汽车的大批量生产中被广泛应用。图4-2为零件、合件、组件、部件和产品之间的装配单元系统图。

因此，"产品的工业化构成系统"中部件的概念最接近于"建筑的工业化构成系统"中构件的概念。在"产品的工业化构成"的语境下，产品（汽车车身）是由具有各种功能、尺寸、层级、属性的标准或非标准的产品部件通过"预制"和"装配"等产品创建过程而构成的。在汽车中，产品部件是构成产品（汽

① 丁柏群，王晓娟. 汽车制造工艺及装备[M].北京：中国林业出版社,2014.

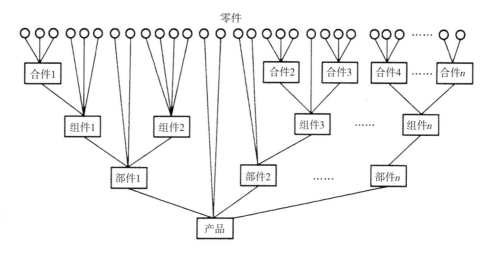

图 4-2　装配单元系统图
图片来源：丁柏群，王晓娟. 汽车制造工艺及装备[M]. 北京：中国林业出版社，2014：11.

车车身）的基本物质要素；在物质系统中，产品部件也是构成物质系统的基本物质要素。

4.2.2　部件的分类

4.2.2.1　汽车车身概述

汽车是指由动力驱动，具有四个或四个以上车轮的非轨道承载车辆，主要用于载运人员或货物，牵引载运人员或货物的车辆以及其他特殊用途。汽车的五大部分发动机、底盘（传动装置、行驶和控制装置）、车身、设备和内饰、车轮一起构成了汽车的"五大总成"。随着汽车工业的不断发展，发动机、底盘和电气设备日渐成熟，汽车车型在更新换代时已没有明显的界限，因此，汽车车型的更新更多地是指车身的更新。在大型汽车企业实行"平台战略"的情况下，在一个平台上开发出不同类型、不同造型的汽车，更主要的是体现在汽车车身的变化上。为了追求市场份额，给人们以新鲜感，在发动机、底盘和电气设备基本不变的情况下频繁地更换车身是大多数汽车企业的战略。

虽然汽车车身属于汽车的五大总成之一，但是除了在整车布置方面受制于汽车的其他总成之外，其在设计方法、制造工艺等方面与其他总成大相径庭，可以说是自成体系。汽车车身是对汽车的形态和功能有关键性影响的重要部件，其主要功能有为使用者提供安全舒适的乘坐环境，提供发动机、底盘和电气设备的载体，提供美观造型的视觉感受。汽车车身涉及多门学科，如车身造型涉及美学、空气动力学、人机工程学、工业设计、心理学等，车身结构涉及结构力学、材料学、计算数学、制造工艺等学科，各学科之间高度交叉与融合。"影响外表形态""决定使用功能""直面客户体验""多学科交叉融合"，这些标签使得汽车车身和建筑在某种程度上具有异曲同工之处，汽车和建筑一样，不仅需要满足人们的使用需求，而且还必须是一件精美的艺术品，而汽车车身作为传递这些信息的第一要素，在汽车中起到和建筑类似的作用。

4.2.2.2 车身体系分类

车身（如有车架则包括车架）与汽车的车轮、悬架系统构成汽车的行驶系统，是汽车行驶时的主要承载部件，承受着全部的荷载，包括发动机、传动系统及悬架系统传来的荷载及各种路面工况下的作用力和力矩。按照承载形式的不同，车身通常可分为非承载式、半承载式和承载式[①]。

1. 非承载式车身

货车（除微型货车外）与在货车的三类或二类底盘基础上改装成的大客车、高级轿车和越野车都装有独立的车架。车架是跨装在汽车前、后轴上的桥梁式结构，其结构形式可分为框式（边梁式和周边式）、脊梁式和综合式三大类。

这种车身通过橡胶软垫或弹簧与车架柔性连接，当汽车行驶时，车架产生的变形被挠性所吸收，汽车的主要荷载由车架来承受。虽然这种车身结构在车架设计时不考虑车身对车架的承载作用，但这种车身仍要承受所装载人员和货物的质量和惯性力以及车架弯曲和扭转变形所引起的荷载（图4-3）。

2. 半承载式车身

半承载式车身的结构与非承载式车身的结构基本相同，都属于有车架式结构，它们之间的区别在于半承载式车身与车架的连接不是柔性连接，而是刚性连接，即车架与车身通过焊接或用螺栓固定，由于是刚性连接，所以车身只是部分参与承载，车架是主要承载体。

3. 承载式车身

承载式车身是将车架的作用融入车身结构，因此又称整体式车身结构，这种车身没有车架，它兼有车架的作用并承担承载系统的全部功能。由于取消了车架，发动机和行驶系统的支点都在车身上，为了防止振动直接传入车身，发动机和行驶系统通常通过副车架（或辅助横梁）与车身底架连接，并在它们之间设置橡胶垫以减弱发动机和行驶系统的振动对车身产生的影响。承载

图4-3 非承载式车身
图片来源：www.wanhuajing.com

① 林程，王文伟，陈潇凯. 汽车车身结构与设计[M].北京：机械工业出版社，2014.

式车身是空间框架结构，可以充分利用车身承担荷载，具有整体刚度大、质量轻和整车高度低的优点，而且生产效率高，是目前汽车种类中最常用的车身结构（图 4-4）。

4.2.2.3　车身部件分类

根据大多数汽车类相关教材的定义和描述，汽车车身部件通常被分类为白车身（车身本体和车身覆盖件）、车身外装件、车身内装件和车身电气附件等[①]。

1. 白车身

白车身是车身本体及覆盖件焊接总成（图 4-5），包括车身本体（车身结构件、车身骨架）、前翼子板、后翼子板、车门、发动机盖、行李箱盖，但不包括附件及装饰件的未涂漆的车身，因此也可将白车身定义为已完成焊接但未涂装之前的车身，但不包括四门两盖等运动件，本书为了论述方便，将四门两盖纳入"闭合件"。

白车身是车身结构件（车身骨架）与车身覆盖件焊接或铆接后不可拆卸的总成（图 4-6）。车身骨架是保证车身强度和刚度的空间框架，主要由梁（杆）和支柱等焊接而成，使车身形成整体结构，起主体承载作用。

车身覆盖件是指覆盖在车身本体上，使车身形成完整的封闭体以满足室内乘员乘坐的要求，它可以体现汽车的外形并增强汽车车身的强度和刚度。白车身按照汽车车身部件位置可细分为前车身、地板、侧围、顶盖、后车身等。

小型汽车（轿车、小型客车）一般很少有单独的骨架，大多由内外板冲压成型后焊接成封闭断面组成骨架，某些支撑类的支撑件也由冲压件构成，与内、外

① 李春明,王景晟,冯伟. 汽车构造[M].北京: 机械出版社,2012.

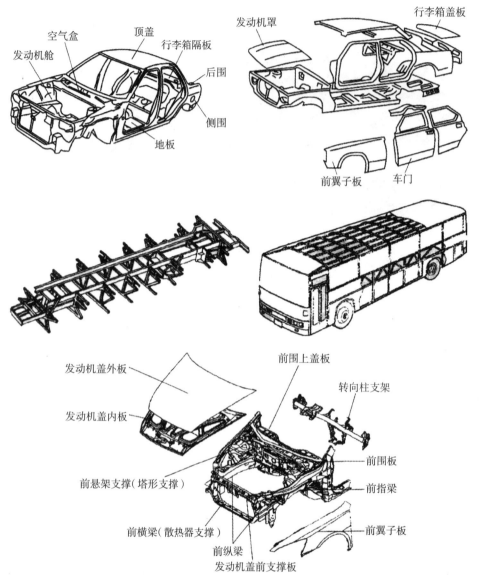

图 4-6　车身骨架和车身覆盖件
图片来源：王振成，狄恩仓. 汽车车身制造成型技术[M]. 重庆：重庆大学出版社，2017：10.

图 4-7　客车车身骨架和底架
图片来源：林程，王文伟，陈潇凯. 汽车车身结构与设计[M]. 北京：机械工业出版社，2014：19.

图 4-8　前车身部件分解
图片来源：林程，王文伟，陈潇凯. 汽车车身结构与设计[M]. 北京：机械工业出版社，2014：11.

覆盖件焊接后共同组成受力系统，这种结构质量小，也较为简单。而大型汽车（大型客车）大多采用骨架式，用型钢、滚压件、冲压件构成纵横梁，形成网状骨架，骨架主要由前围、后围、左右侧围和顶盖等几个单元构成（图 4-7）。

　　（1）前车身

　　前车身由前围上盖板、前围板、前悬架支撑、前纵梁、发动机盖和前翼子板等构成（图 4-8）。前围上盖板是与左右前立柱相连接的构件，对提高车身整体刚度具有重要作用，此外还具有支撑前风窗，将外部空气导入车内和将车内空气排出的通风作用。

　　前围板是隔开发动机舱和客舱的部件，安装有踏板类部件及空调，布置有线束、配管、转向柱等的贯穿孔。前悬架支撑通常带有减振器的安装结构，与前纵梁共同承受来自悬架的作用力及碰撞时的冲击力。

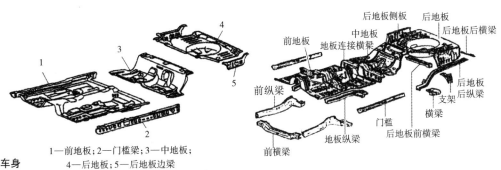

1—前地板；2—门槛梁；3—中地板；
4—后地板；5—后地板边梁

图 4-9　非承载式和承载式车身地板

图片来源：林程，王文伟，陈潇凯. 汽车车身结构与设计[M]. 北京：机械工业出版社，2014：15.

前纵梁是构成前车身最重要的骨架部件，发动机、变速器、悬架装置及辅助部件均安装在前纵梁上，是确保车身刚度的主要骨架部件。

前翼子板是遮盖车轮的车身外板，通常设置在车辆的车轮上方，保证前轮转动及跳动时的最大极限空间。此外，前翼子板还可以使汽车在行驶过程中，防止被车轮卷起的砂石、泥浆溅到车厢的底部。

（2）地板

车身地板是车身的支承部分，其主要功能有：确保承载悬架及驱动系统作用力的强度、刚度及降低 NVH（噪声、振动、声振粗糙度）；防止车辆外部的水、尘土、热、噪声及异味等进入车身，创造舒适的乘坐空间；撞车时保护乘员和燃料系统免受外力冲击，确保乘员生存空间；此外还应确保客舱的居住性、乘降性、易修复、隔绝排气热量，以及具有使用千斤顶、牵引车及车辆运输中的固定作用的方便性（图 4-9）。

车身地板可分为承载式车身地板和非承载式车身地板。承载式车身地板为了满足车身底部结构这一承载特点，通常将地板梁结构与车身前纵梁、前横梁作为一个整体结构进行设计。而非承载式车身地板更为简单，主要由前地板、中地板、后地板、后地板边梁、左右门槛梁等焊接而成。

（3）侧围及顶盖

车身侧围是决定车身整体弯曲刚度的重要部件，主要由侧围整体件、顶盖、顶盖横梁、门槛梁、后翼子板、后轮罩等构成（图 4-10）。

（4）后车身

后车身一般指行李舱部位，主要由行李舱隔板、行李舱盖、后加强板和后围板等构成，其形式根据三厢车或两厢车大致可分为两种结构（图 4-11）。三厢车的客舱和行李舱是分开的，后隔板和行李舱隔板连接左右车身侧围；后围板在车身的最后部，连接左右后翼子板，这种结构的后隔板、行李舱隔板和后围板对增加车身的扭转刚度具有重要作用。两厢车的客舱和行李舱不分开，不设连接左右车身侧围的部件，这种背门结构和行李舱盖一样，由外板和内板构成，具有同行李舱盖相同的功能。

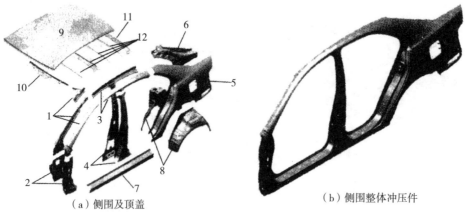

（a）侧围及顶盖　　　　　　　　　　（b）侧围整体冲压件

1—A柱；2—前铰链柱；3—上边梁；4—B柱；5—后翼子板；6—C柱内板；7—门槛梁；
8—后轮罩；9—顶盖；10—前顶盖横梁；11—后顶盖横梁；12—顶盖横梁。

图 4-10　车身侧围和顶盖

图片来源：林程,王文伟,陈潇凯.汽车车身结构与设计[M].北京：机械工业出版社,2014：15.

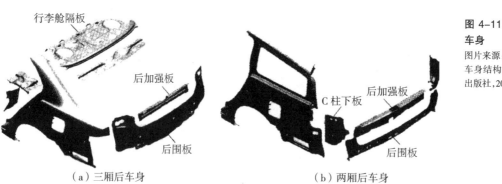

（a）三厢后车身　　　　　　　　　　（b）两厢后车身

图 4-11　三厢后车身和两厢后车身

图片来源：林程,王文伟,陈潇凯.汽车车身结构与设计[M].北京：机械工业出版社,2014：18.

2. 闭合件

闭合件是车身上可启闭的各种舱门的结构件，包括车门、发动机盖、行李舱盖等，闭合件实际上是特殊的车身覆盖件。车门是车身上一个独立的总成，是车身与使用者交互性最强的部件，需要满足安全性、方便性、密封性、隔音性以及美观性等车身覆盖件的基本要求，车门上附件较多，开关频繁，对性能和可靠性要求很高（图4-12）。

1）车门

车门根据开启方式，可分为旋转式车门、旋翼式（剪刀式）车门、推拉式滑动车门、折叠车门和外摆式车门等。车门主要由门体、车门内饰和车门附件构成。

（1）门体

门体即白车门，它支撑车门内所有附件并控制其位置关系，主要由车门内板、外板、门体加强板、抗侧撞梁、窗框等零件焊接构成。门体根据窗框的形式，可分为无窗框结构和有窗框结构。

无窗框式车门没有引导玻璃上下的窗框，腰线上部只有玻璃，一般用于硬顶敞篷车，优点是外形效果好，板材利用率高，但是玻璃运行稳定性差，

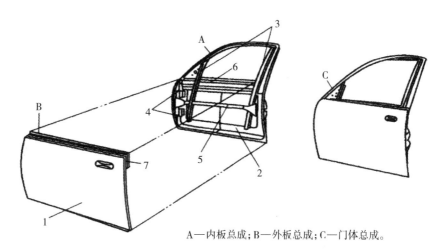

A—内板总成；B—外板总成；C—门体总成。

1—外板；2—内板；3—前、后玻璃导轨；4—上、下铰链加强板；5—抗侧撞梁；6、7—内、外门体加强板。

图 4-12　门体部件分解
图片来源：林程，王文伟，陈潇凯. 汽车车身结构与设计[M]. 北京：机械工业出版社，2014：361.

对车门板玻璃支撑刚度及强度要求较高。

有窗框结构又可分为组装式结构和整体式结构。组装式窗框车门的窗框是用螺钉固定或焊接在门体上的，在设计时要考虑窗框的刚度、玻璃密封条的布置和固定、窗框与门内板的连接和安装等。其优点是板材利用率高，门内、外板冲压方便，但零件即总成的装配水平要求较高，密封条选择也受限制。

整体式窗框车门的窗框的内、外板是分别与车门的内、外板一体冲压的。其优点是窗框部分外表面积大，造型自由度大，车门本体零件数量少，制造方便，车门刚性好，便于设两道密封条，可提高密封性能，但成本较高，且废料较多。

① 车门外板

车门外板一般由厚度为 0.65—0.85 mm 的薄钢板冲压成型，其外形和制造的表面质量必须符合车身造型的要求，车门外板广泛使用高强度钢板以满足汽车整体轻量化和侧模碰撞安全性的要求。

② 车门内板

车门内板是所有车门附件的安装载体，也是车门重要的结构支撑板件，一般采用 0.7—0.85 mm 的薄钢板拉深成型。车门内板需要压出各种形状的凸台、窝穴、手孔和安装孔等，以保证车门附件的安装（图 4-12）。

③ 车门加强板和抗侧撞梁

车门加强板的作用是提高附件安装部位的刚度和连接强度。为使车辆抗侧撞性能达到安全标准的要求，在车门内设置抗侧撞梁。抗侧撞梁可以是圆管，也可以是高强度钢板冲压成型的异形界面梁。

（2）车门内饰

车门内饰除了用以装饰汽车室内部外，还具有隔声、吸声、防止车外灰尘进入和水侵入的作用。车门内饰主要由芯材、衬垫、蒙皮、内饰固定板及附件构成。现在汽车本身大多采用成型内饰，有部分成型和整体成型两种（图4-13）。

（3）车门附件

车门附件主要包括铰链和限位系统、门锁系统、玻璃升降系统、密封系统等。

① 铰链和限位系统

铰链和限位系统是连接车门和车身，且能满足车门启闭性、安全性、方便性以及可靠性等的重要车门附件系统。车门通过上、下铰链悬挂在门柱上，整个车门的重量及任何作用在车门上的力。在车门关闭的状态下，由两个铰链、门锁及固定在车身门柱上的锁闩系统来支承；在车门打开的状态下，则全由铰链来支承。门铰链因使用频率较高，需具有很高的耐久性、强度和可靠性。门铰链通常分为合页式和臂式两种。车门的开度限位器具有门半开时的支承功能和全开时的制止功能，其作用是限制车门的最大开度，防止车门外板与车身相碰，并使车门停留在所需开度，防止车门自动关闭。开度限位器与铰链一样，使用频率较高，也需要很高的耐久性、强度和可靠性。开度限位器与铰链共同作用，实现车门可启闭的基本功能（图4-14）。

② 门锁系统

门锁系统是控制车门可靠锁闭和安全开启的系统的总称，一般分为手动

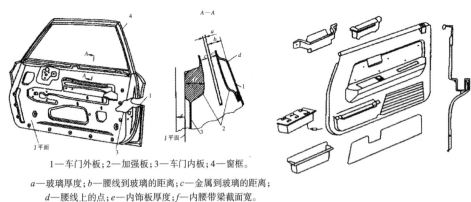

1—车门外板；2—加强板；3—车门内板；4—窗框。
a—玻璃厚度；b—腰线到玻璃的距离；c—金属到玻璃的距离；
d—腰线上的点；e—内饰板厚度；f—内腰带梁截面宽。

图4-13 车门内板和车门内饰
图片来源：林程，王文伟，陈潇凯.汽车车身结构与设计[M].北京：机械工业出版社，2014：362，364.

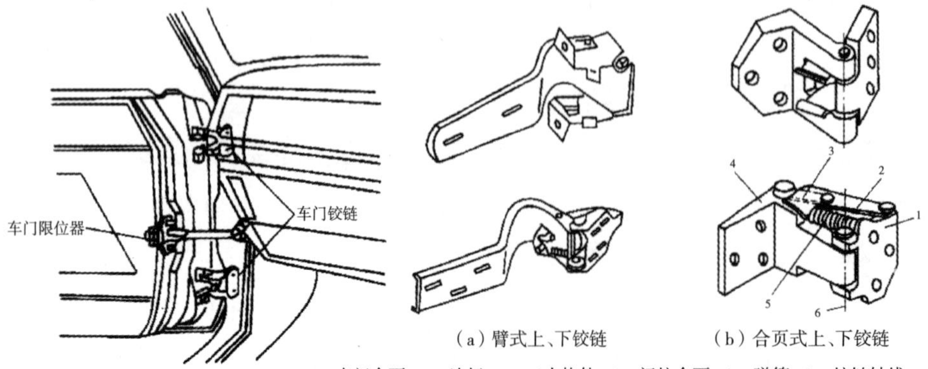

图4-14 车门铰链和限位系统
图片来源：林程，王文伟，陈潇凯.汽车车身结构与设计[M].北京：机械工业出版社，2014：364-365.

车门限位器　车门铰链

（a）臂式上、下铰链　　（b）合页式上、下铰链
1—车门合页；2—连杆；3—二力构件；4—门柱合页；5—弹簧；6—铰链轴线。

式（机械式）门锁和电动门锁。目前，一般汽车都采用电动门锁，其锁体内锁止机构的锁止和开启可由电动机构控制，从而实现门锁的中央控制和遥控等功能。

③ 玻璃升降系统

玻璃升降系统能够帮助汽车的侧窗玻璃实现升降功能，其需要实现两个功能：一是支撑和保护玻璃；二是使玻璃升降能随意停位。玻璃升降系统由支承玻璃的托架、导轨和玻璃升降器等构成。目前常用的玻璃升降器有臂式传动和钢丝绳式传动两种结构类型，驱动方式有手动和电动两种类型（图 4-15）。

④ 密封系统

车门的密封系统需要妥善处理好两个气候界面，分别是车门与车身门框之间的密封、车门与车门玻璃之间的密封。车门与车身门框之间通过安装橡胶密封条来实现车身室内与室外的隔离，以防止雨水、灰尘、风和噪声等侵入车内。密封条还对车门的关闭起缓冲作用，同时防止车辆在行驶过程中发生振响和气流啸声。密封条的布置形式有安装在车门上，或安装在门框上，或两种形式并用；固定方式有黏结、卡扣固定、嵌入式固定或夹持等。

车门与车门玻璃之间的密封主要靠玻璃导槽和车门窗台处横置的密封条。玻璃导槽一般采用黏结或嵌入的方式装配在门窗框的结构凹槽内，密封条采用双面密封的形式，分布在车门玻璃两侧。密封条一般是表面具有合成橡胶护膜的海绵橡胶，也有采用硬质橡胶或 SBR 海绵的。表面护膜通常是采用氯丁二烯或氯磺化聚乙烯类的合成橡胶，护膜厚度为 0.1—0.5 mm，能够改善密封条的耐候性和耐磨性，并且使密封条外形美观。

2）发动机盖和行李舱盖

发动机盖和行李舱盖属于车身的闭合件，与车门相比，启闭不频繁，但同样需要满足安全性、方便性、密封性、隔音性以及美观性等车身覆盖件的基本要求。

图 4-15　车门玻璃升降系统
图片来源：林程，王文伟，陈潇凯. 汽车车身结构与设计[M]. 北京：机械工业出版社，2014：367.

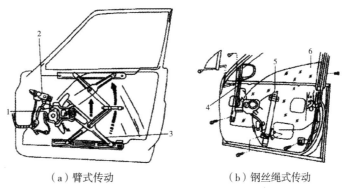

（a）臂式传动　　　　（b）钢丝绳式传动

1—电动机；2—控制按钮；3—升降臂；4—玻璃导轨；5—升降器驱动轨道；6—玻璃

（1）盖体

发动机盖的前部用锁固定，后部通过铰链悬挂于车身前围上盖板上，采用往后开启的方式，而行李舱盖通过铰链悬挂于后围挡板上，后端用锁固定，采用往前开启的方式（图4-16）。两盖体都由内、外板组成。外板是车身上的大型覆盖件，需满足车身造型的要求，内板具有结构加强的作用，沿外板四周设置，通过翻边压合或黏结与外板组合，同时为了避免发动机盖和行李舱盖与周边框架产生振动，通常在接触界面安装橡胶缓冲块和密封条。

（2）铰链和锁止系统

盖体的铰链和锁止系统与车门的铰链和限位系统在功能和作用上十分相似。由于发动机盖和行李舱盖是水平闭启，其铰链机构一般采用平衡弹簧铰链。锁止系统通常用于行李舱盖，由上、下锁体，操纵结构和安全钩等构成。

（3）后背门

背门实际上是车门形式的两厢车行李舱盖，通过两个铰链悬挂在顶盖后横梁上，背门上装有玻璃，并与后保险杠、后部灯具和后翼子板等外装件构成了汽车的尾部。背门由臂式铰链、空气弹簧减振支撑杆、卡板式门锁等构成（图4-17）。

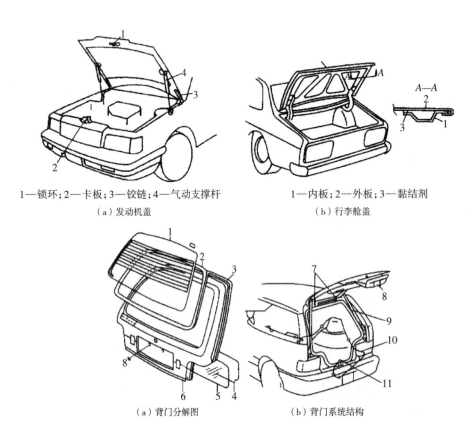

1—锁环；2—卡板；3—铰链；4—气动支撑杆

（a）发动机盖

1—内板；2—外板；3—黏结剂

（b）行李舱盖

图 4-16 车身发动机盖和行李舱盖

图片来源：林程,王文伟,陈潇凯. 汽车车身结构与设计[M]. 北京: 机械工业出版社,2014: 377.

图 4-17 车身后背门

图片来源：林程,王文伟,陈潇凯. 汽车车身结构与设计[M]. 北京: 机械工业出版社,2014: 380.

（a）背门分解图

（b）背门系统结构

1—窗玻璃；2—窗密封条；3—门洞密封条；4—门装饰板；5—密封薄膜；6—门体；
7—铰链；8—卡板锁；9—撑杆；10—拉索；11—锁环

（4）密封系统

发动机盖和行李舱盖需要启闭,因此和车门一样,也需要完整的密封系统。总体上来说,其密封系统与车门和车身门框之间的密封系统大体相同。

3. 风窗

风窗是另一特殊的车身覆盖件,设置在汽车正面,在发动机盖和顶盖之间,风窗能给驾驶者提供良好的视野,对汽车的外形、空气阻力等具有较大影响。风窗玻璃必须具有足够的强度,当玻璃被撞击破碎时,不会形成尖角碎片伤及乘员。风窗玻璃有钢化玻璃、局部钢化玻璃和夹层玻璃三种。

4. 车身外装件

车身外装件是指车身外部起保护或装饰作用的一些部件,以及具有某种功能的车身外附件,主要包括前后保险杠、车外后视镜、散热器罩、进气格栅、天窗及其附件、车身外部装饰条、密封条及空气动力附件等。

5. 车身内装件

车身内装件是指车内对人体起保护作用或起装饰作用的部件,以及具有某种功能的车内附件,主要包括仪表盘、座椅、安全带、安全气囊、遮阳板、车内后视镜和汽车内饰等。

6. 车身电气附件

车身电气附件是指除用于发动机和底盘以外的所有电气及电子装置,如各种仪表及开关、前照灯、尾灯、指示灯、雾灯、照明灯等,以及音响及收视装置、空调装置、刮水器、洗涤器、除霜装置、信息显示及导航装置等。

4.2.3　部件的材料

车身部件的材料大致可分为金属类材料和非金属类材料,其在车身内承担的作用也不同。按照上文对车身部件的分类,车身骨架大多采用金属类材料（也有少数采用复合材料）来承担承载车身、人员和货物荷载的结构性功能;车身覆盖件会根据车身部位选择性地采用金属或非金属材料,如闭合件（四门两盖）相对独立,自成体系,金属材料和非金属材料兼而有之,而前、后翼子板则会根据具体情况选择性地采用金属或非金属材料;风窗、车身外装件、车身内装件和车身电气附件等通常采用非金属类材料,与车身覆盖件共同承担汽车车身交互性、性能性、装饰性等与建筑相似的功能,以及空气动力性等汽车特有的功能。

4.2.3.1　金属类材料

传统的车身骨架（包括四门两盖的骨架部分）承担车身的结构作用,所用的材料主要为普通低碳钢。随着汽车轻量化要求越来越高,高强度钢、镁铝合金、复合材料等新型轻量化材料在车身骨架中的应用越来越多。钢板材料的合理选用对车身的性能设计和产品制造工艺具有重要的作用，除了需要保证适当的强度等汽车使用要求外，还需要满足批量生产以及冷冲压工艺的制造和装配工艺的要求。金属材料的冲压性能、化学成分、金相组织、力学性能、表面质量、板厚公差精度及产品结构的集合形状等，都会影响制造和装配工艺甚至是产品质量。

1. 普通低碳钢

低碳钢为碳含量低于 0.25% 的碳素钢，因其强度低、硬度低而软，故又称软钢。它包括大部分普通碳素结构钢和一部分优质碳素结构钢，其强度和硬度较低，塑性和韧性较好。因此，其冷成形性良好，可采用卷边、折弯、冲压等方法进行冷成形。这种钢还具有良好的焊接性。含碳量为 0.10% 至 0.30% 的低碳钢易于接受各种加工如锻造、焊接和切削等。低碳钢不仅在车身骨架部件中应用广泛，而且在其他汽车零部件中应用同样广泛。

2. 高强度钢

高强度钢是指在普通碳素钢的基础上加入少量合金元素制成的，这种钢的生产成本与普通碳素钢接近，但合金元素的强化作用使得其抗拉强度比普通钢高很多。高强度钢与车身轻量化的关系密切，是车身轻量化以后保证碰撞安全的主要材料。其优点主要体现在：① 加工硬化比普通钢高，可以吸收更多的冲击能量。② 可减轻零件的质量。③ 用于车身外部件时，除了可以减薄零件的厚度外，在经过油漆烘烤后，还可以增强表面硬度，提高抗凹陷性能。现在高强度钢已广泛代替普通钢用以制造车身的结构部件和板件。

3. 铝合金

铝材料和钢材相比，具有更加优异的防腐性能，但力学性能不佳，因此需要加入少量的其他合金元素，如铜、钛、锰、硅、镁和锌等以提高其力学性能。铝合金是轿车上应用最为广泛的轻质金属材料，其密度大约为钢材的 1/3，有良好的吸振性能，在减轻质量的同时，可提高碰撞的安全性。铝在汽车中的用量已经超过铸铁，成为仅次于钢材的第二大汽车材料，目前每辆轿车的铝合金用量约占整车质量的 10%。铝合金虽然具有质量轻的优点，但其也有自身的缺点使其无法取代钢材成为车身的第一大材料，其缺点主要体现在：① 铝材抗拉强度、屈服强度和弹性极限强度不如钢材，难以满足车身的安全性、耐久性和 NVH 性能。② 导电性、导热性较高且伸长率不佳，制造和加工工艺受限。③ 成本较高，影响汽车整体造价。

4. 镁合金

镁是比铝更轻的金属材料，密度是铝的 2/3、铁的 2/9，与钢、铝合金等金属材料相比，镁合金的研究和发展还不充分，应用也有限，但是在轻量化的驱动下，镁合金一样受到了世界各大汽车生产企业的重视。镁合金除具有较小的密度外，还具有较高的比强度、比弹性模量和刚性以及较高的稳定性，铸件和加工件尺寸精度高，阻尼系数高，减振降噪性能好，电磁屏蔽性能好。与塑料相比，可回收性能、切削加工性能、铸造成形性能好。

4.2.3.2　非金属类材料

非金属材料主要用于风窗、车身外装件、车身内装件、车身电气附件和部分车身覆盖件（也有少数将复合材料用于车身骨架），其主要包括复合材料、玻璃、塑料、橡胶、黏合剂、密封胶和垫衬材料等。

1. 复合材料

复合材料是指两种或两种以上物理性质和化学性质不同的物质结合起来而制成的一种多相固体材料。复合材料通常由基体和增强体复合而成。复合材料按性能可分为功能性复合材料和结构性复合材料；按基体可分为高分子基（PMC）复合材料、金属基（MMC）复合材料和陶瓷基（CMC）复合材料；按增强相的种类和形状，可分为颗粒状复合材料、层状复合材料和纤维增强复合材料。纤维增强复合材料应用最多，高分子基的纤维增强复合材料称作纤维增强塑料（FRP），金属基的纤维增强复合材料称作纤维增强金属（FRM），陶瓷基的纤维增强复合材料称作纤维增强陶瓷（FRC）。复合材料一般用于汽车车身的大型覆盖件，如发动机盖、顶盖等。在车身上使用较多的复合材料是玻璃纤维增强材料（GFPR）和碳纤维增强材料（CFRP）。GFRP 主要用于车内板制件、轮罩（挡泥板）、门窗内装饰框等部件。CFRP 则广泛用于汽车的各类板制件、壳体件，各种支架、托架和许多重要的结构件，CFRP 甚至可以用来制造全塑车身，如宝马公司 2011 年发布的纯电动轿车 i3 全车采用 CFRP 材料制成。

2. 玻璃

玻璃是汽车车身非常重要的部分，其作用是在保证驾驶员和乘员具有良好开放视野的同时抵御风寒、雨水、尘土等侵入车内。汽车玻璃应具有良好的耐磨性、耐热性、耐光性，装到车身上时还应有良好的密封性。此外，在遇到撞击破碎时不会伤及车内驾驶人员和乘员。随着汽车工业的发展，汽车玻璃经历了从平板型到曲面型、从普通型到强化型、从全钢化到局部钢化、从钢化玻璃到夹层玻璃、从三层夹层到多层夹层的发展阶段，种类也变得多样，如出现了减速玻璃、吸热玻璃等。总体来说，汽车玻璃的发展趋势是更加安全、美观、轻量化和多功能。常用的汽车玻璃种类有：

（1）普通平板玻璃

普通平板玻璃由石英砂、纯碱、长石和石灰石等原料组成，其最大的特点是易碎，即强度差，一旦发生碰撞，碎玻璃容易造成人员伤亡。因此，机动车窗必须采用安全玻璃，风窗必须采用夹层玻璃或部分区域钢化玻璃，其他车窗可采用钢化玻璃。

（2）钢化玻璃

钢化玻璃是将普通平板玻璃加热到一定温度后急剧冷却而制成的预应力高强度玻璃，其具有良好的力学性能、耐热性能、耐寒性能、安全性能和持久性能，属于安全玻璃的一种。

（3）区域钢化玻璃

区域钢化玻璃是采用特殊的热处理方法控制玻璃碎片的大小、形状和分布的钢化玻璃，一旦损坏，有的部分碎片大，有的部分碎片小，可为驾驶员提供一个不妨碍驾驶的视区，使驾驶员有了"二次可视性"，进一步提高了安全性。

（4）夹层玻璃

夹层玻璃又称高抗穿透性夹层玻璃，通常有三层，两侧的玻璃层厚度各为 2.0—3.0 mm，中间夹有 0.38—0.76 mm 的中间层。夹层玻璃中间膜的材料通常采用性能较好的聚乙烯醇缩丁醛（PVB）。夹层玻璃具有很高的强度、韧性，且抗碰撞能力强、安全性好、透明度高，一旦破碎，内外层玻璃的碎片仍能黏结在 PVB 膜片上。

（5）其他功能玻璃

此外，还有一些类型和结构特点比较特殊，具有特殊应用功能的玻璃，如单面透视玻璃、控制雨刷玻璃、控制阳光玻璃、导电玻璃和显示器系统玻璃等。

3. 塑料

车用塑料的研究始于 20 世纪 50 年代，十年后开始商业化应用。随着汽车轻量化的发展需求和塑料工业的迅速发展，塑料在汽车中的应用越来越多，从最初的内饰件和小机件，发展到可以替代金属制造各种机械配件和车身板件。用塑料代替金属，既可以获得汽车轻量化的效果，又可以改善汽车某些性能，如耐磨、防腐、减振、减小噪声等。塑料在汽车车身上应用非常广泛，主要用于翼子板内板、保险杠、散热器护罩、车灯罩、仪表盘等，基本涵盖了白车身（车身本体和车身覆盖件）、车身外装件、车身内装件和车身电气附件等（图 4-18）。

4. 橡胶

橡胶是一种高分子材料，具有极高的弹性、良好的热可塑性、良好的黏

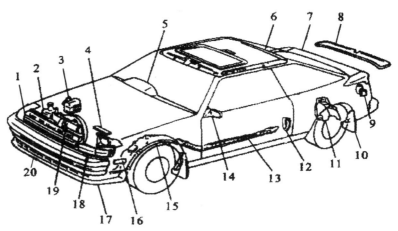

图 4-18　塑料在汽车中的应用
图片来源：吴兴敏，王立刚. 汽车车身结构[M]. 北京：人民邮电出版社，2010：27.

1—散热器格栅；2—风窗玻璃洗涤罐；3—散热器备用冷却液罐；4—伸缩式前照灯装饰；
5—安全缓冲垫；6—驾驶室顶衬；7—后挠流板；8—后车门内饰；9—后翼子板加油口；
10—翼子板；11—进油管保护架；12—驾驶室压力释放阀；13—燃料管护罩；
14—外后视镜；15—翼子板内补；16—示宽灯/侧转向信号灯；17—前导流板；
18—前转向信号灯；19—风扇罩；20—前保险杠面罩

着性、良好的绝缘性等优点，在汽车车身上主要用于制作防水橡胶密封条，以防止风、雨、灰尘等侵入车内。一般在车门和车身之间，车门和玻璃之间，发动机盖、行李舱盖与车身之间，以及风窗与车身之间都会装上橡胶密封条。

5. 黏合剂和密封剂

黏合剂是将两种材料黏结在一起，用以填补零件裂纹、空洞等缺陷的材料。黏合剂一般具有较高的黏接强度和良好的耐水、耐油、耐腐蚀、电绝缘等性能。黏合剂通常分为环氧树脂黏合剂、酚醛树脂黏合剂和氧化铜黏合剂三种。车身连接部位和接缝焊接部位需要特殊的密封保护，此处是金属防腐的敏感区域，外界自然因素容易对此处产生影响。因此，汽车车身上的连接处必须采用密封剂以消除这些缝隙。此外，密封剂还具有碰撞保护及防腐的作用。密封剂一般可分为稀薄密封剂、稠密密封剂、固体密封剂和涂刷密封剂四种。

6. 衬垫材料

汽车中常用的衬垫材料有人造革和泡沫两种，在汽车车身中，可作为汽车的隔音、隔热、防震、密封等材料使用。如聚氨酯泡沫塑料可用来制作汽车的坐垫、靠背、顶盖内饰板、平衡杆球头密封圈和保险杠防撞垫层等。

4.2.4　物质系统构成原理总结

总的来说，部件组合成汽车车身之后，不仅需要满足安全性、NVH（噪声、振动、声振粗糙度）性、密封性、隔热性、舒适性、美观性等车身功能要求，而且还需要满足车身部件制造和装配的生产要求，并且能够在一定的生产条件和生产规模下，使生产的过程简单、高效、经济和准确，因此，汽车车身（部件）的物质系统在部件划分、部件构成以及部件材料方面都遵循这种物质构成原理。

4.2.4.1 部件的划分依据

汽车车身的造型会影响车身的制造和装配的工艺性，如车身外形曲线急剧变化或车身上连续很长的棱线，都会给制造和维修造成不便，甚至造成车身装配困难，在部件划分的时候，需充分考虑其与制造和装配之间的矛盾，并妥善处理。现代汽车车身大多是由冲压钢板焊接而成的，汽车车身的划分依据与制造和装配的工艺性之间有密切的联系。因此，汽车车身部件的划分依据本质上是根据与目前汽车车身的制造和装配工艺的匹配程度，结合设计，在不同的汽车案例中呈现出的不同的特点。但根据目前国内外汽车车身的技术体系、汽车案例以及惯用的制造和装配工艺，其具有以下特点：

1. 整体性

钢结构车身大多是由数百个普通低碳钢板冲压制成的部件经装配连接而成。一般在钢板宽度足够、工艺允许以及设备条件具备的情况下，应尽可能地使部件大型化，以保持其整体性，即力求部件或构成部件的重要零件一次制作装配成型，避免二次拼接组装。这对减少表面可见焊缝和焊接工作量，提高车身安全性、制造精度、美观性等都十分有利。如车身侧围的门框钢板作为侧围整体冲压件由一整块钢板一次冲压成型，强度、刚度能够得到保证，且具有很好的结构性。相对一体成型的部件来说，如果采用拼接组装的方式，在车身侧围遭遇撞击时，焊接处易断裂，其安全性大大不如一体成型的部件。

2. 极少性

设计中汽车车身部件的拆分设计会对车身的总成装配精度产生不利影响，如车身和闭合件之间，车身和玻璃之间等。部件划分越细，组装零件越多，其累积误差就越大，越不利于车身部件的装配，因此，零部件越少越好。以车身侧围门框钢板为例，如果车身侧围门框钢板是拼接组成的，车门内、外洞尺寸是由不同零件的装配位置共同决定的，车门与门框的间隙不易同时保证；如果是一体成型的侧围整体冲压件，车门内、外洞尺寸是由一个零件的装配位置决定的，只要考虑立柱冲压尺寸准确并考虑装配基准要求，间隙就容易得到保证。

3. 易拆性

车身部件划分时还应考虑易损部件。和建筑构件不同，长时间处于运动状态的汽车更容易产生部件损坏。车身易损部件必须单独划分出来，并做成可拆卸的，以便损坏后更换，如前后保险杠、前后翼子板、左右侧围板、车灯罩等。易换部件通常采用螺钉连接在车身上。此外，车身部件划分时还应尽可能地与外部造型相匹配，避免出现在圆弧面、曲面等情况下的划分。

4.2.4.2　部件的构成特征

汽车车身部件具有"复合性""系统性""标准性"和"工艺性"4 种工业化构成特征。

1. 复合性

"复合性"是指汽车车身部件将各种功能的零件、合件和组件集成进一个相对独立的部件之中。如车门部件将门体、内饰、铰链和限位系统、门锁系统、玻璃升降系统、密封系统集成进车门部件之中。复合性可以满足车身的各种功能需要，使得部件一次装配成功，无须二次加工和处理。

2. 系统性

"系统性"是指车身部件中各种功能的零件通过一定秩序的组合方式，形成不同功能的合件或组件，组成各种相对独立的系统。这些系统相对独立但又互为联系，相对封闭但又互为交融，共同作用以实现部件的功能。如车门部件由门体、内饰、铰链和限位系统、门锁系统、玻璃升降系统、密封系统等各种独立的系统构成，每个系统的功能明确，互不交叉，且系统性很强，当出现问题时只要相应地维修或更换不同系统中相应的零件，就可以在不影响整体部件的情况下完成部件的维护工作。

3. 标准性

"标准性"是指车身部件的物质构成具有固有的构成秩序，无论车身多么复杂，类型如何多样，典型工业产品——汽车始终是大工业批量化生产的产物，批量化生产要求汽车部件遵循标准化的物质构成、符合标准化的生产工艺。如车门部件必须由门体、内饰、铰链和限位系统、门锁系统、玻璃升降系统、密封系统等各种零件、合件和组件构成，这是根据市场需求的变化逐步演变成的最优化的、标准化的固有物质构成秩序。

4. 工艺性

"工艺性"是指车身部件的物质构成不仅需要符合标准化、批量化的生产工艺，而且还需要在设计阶段就具备可制造性和可装配性，使部件在后续阶段具有实现的可行性。车身部件需要依托汽车企业自身的技术条件进行设计和研发，需要着重考虑工艺性对车身部件物质构成所产生的影响。

综上所述，车身部件的分类依据和选择方法在满足设计研发、制造装配和使用维护要求的基础上，在车身部件划分的实际操作中，其分类依据和选择方法可进一步优化为遵循整体化、极少化、易拆化等特征，而车身部件单体呈现出"复合性""系统性""标准性"和"工艺性"的物质构成特征。

4.2.4.3　部件的材料选择

1. 轻量化

汽车的轻量化，就是在保证汽车的强度和安全性能的前提下，尽可能地降低汽车的整备质量，从而提高汽车的动力性，减少燃料消耗，降低排气污染。实验证明，汽车质量降低一半，燃料消耗也会降低将近一半。汽车车身材料的轻量化是汽车节能环保的重要内容。因此，在选择汽车车身材料的时候，轻质高强材料备受青睐。除了传统车身钢材（板），铝合金、镁合金等金属材料，以及复合材料、塑料等非金属材料的研发和应用都在汽车车身轻量化的发展目标中扮演了重要的角色。

2. 多样化

汽车车身作为成熟的工业产品，其材料选择灵活多样，如钢材（板）、铝合金、镁合金、复合材料等通常用于车身骨架及部分车身覆盖件，主要承担车身的结构、围护等功能；玻璃通常用于风窗、门窗，主要承担车身的视野、围护等功能；塑料、橡胶通常用于车身外装件、车身内装件、车身电气附件和部分车身覆盖件，主要承担车身的内、外装饰设备等功能；黏合剂和密封胶通常用于车身部件之间，主要承担密封、连接等功能。不同材料根据自身特性，在车身中发挥着相应的作用，各司其职，井然有序。

3. 发展趋势

低碳金属薄钢板作为汽车车身使用最为广泛的主要材料，有关材料性能优化的研发从未间断过，其化学成分、力学性能、表面质量、防腐性能和焊接技术等随着汽车的发展和工艺的进步得到了显著的提高。同时，轻量化材料的使用对减轻汽车自重、节约能源和提高燃油经济性具有重要意义。可以预见，随着制造成本的降低，塑料、铝合金、镁合金、金属泡沫、复合材料等新型材料在汽车车身中的使用比例将逐渐增加。

综上所述，车身材料的选择一般要考虑材料成本、制造成本、生产效率、回收和环保等问题。车身骨架要满足强度、刚度、韧性的要求；车身覆盖件要满足美观、耐腐蚀、抗冲击、易修复、易涂漆、防雷击以及隔声、隔热、密封性好的要求。对于在寒冷或高热地区使用的车辆，还需具备低导热性、低热膨胀系数、抗高温老化和低温脆断等；对于冲击吸能部件，要有很好的吸能特性。在此基础上，还需利用材料的不同特性，使其遵循自身特性，发挥最大效益。

4.3　产品技术系统构成原理

产品的技术系统是"产品的工业化构成系统"中的技术分系统，是产品构成技术层面的体现。在"产品技术构成"的语境下，产品（汽车车身）需要通过一系列的技术手段才能够构成产品。因此，部件构成的技术手段和方法是主要研究对象，具体体现在"部件设计制造"和"部件连接装配"这两个层次方面的内容。"部件连接装配"是通过研究各种部件间的连接和装配所采用的技术手段和方法，来确定产品（汽车车身）的技术构成，是"技术系统"的上层次内容；"部件设计制造"是通过研究部件的设计和制作所采用的技术手段和方法，来确定部件的技术构成，是"技术系统"的下层次内容。这两个层次方面的内容共同组成了"建筑的技术系统"。

4.3.1　部件的设计

4.3.1.1　"三化"设计目标

汽车是大批量生产的典型工业产品，品种型号多种多样，因此，在设计时不仅需要满足多元化的市场需求，而且还需要兼顾生产的要求，即在设计时应尽量实现车身及其车身部件的系列化、通用化和标准化，汽车行业将其简称为"三化"，并以此来简化生产流程、提高产品品质、降低产品成本等。

产品系列化在于将产品进行合理分档、组成系列，并考虑各种变型，以应对多元化的市场需求，如货车可以按照载质量分为微型、轻型、中型、重型、超重型以及变型为环卫车、自卸车等；轿车可以分为两厢、三厢、SUV 等；客车则可以按照长度分为小型、中型、大型以及变型为救护车、工程修理车等。系列化的产品策略可以用尽可能少的基本车型满足市场需要，产品系列化也是产品最重要的设计目标和基本特征之一。

通用化可以在功能相似和载质量接近的同一车型上，尽量采用相同或相似结构和尺寸的零部件，这样可以大大降低生产过程中相关设备的投资费用，提高投资效益，扩大自动化生产的范围，从而缩短新产品的研发周期，减少研发费用和时间。标准化则是对产品进行大批量生产的基础，广泛采用通用件、标准件，将有利于产品大量、高效和经济的生产。实际上，"三化"本身就是相辅相成的，系列化是面对市场需求的战略目标，通用化是实现产品系列化的策略，标准化则是实现零件通用化的手段。

因此，实现产品系列化、零部件通用化、零部件设计标准化是汽车行业乃至制造业较为成熟和有效的途径。

4.3.1.2　"三化"实施战略

1. 平台化

随着汽车行业"三化"理念的普及，汽车企业在追求"三化"的同时，也在逐步提升产品研发效率。20 世纪末期，平台化战略应运而生。平台化的概念实际上是对"三化"理念的延伸。具体对汽车来说，平台是指使用相同的底盘结构生产不同的汽车产品。同平台的汽车往往造型、功能、目标市场不同，但底盘结构和车身结构却几乎是一样的，零部件也具有很大的通用性。市场上的很多不同品牌的车型看上去没有联系，实际上来自同一个汽车集团的同一个平台，虽然挂着各自的车标，但互相之间具有很大的相似性。平台化战略的出现，使得汽车厂商可以通过资源共享提高资源的利用率，同样的平台可以支撑多种产品，丰富了产品系列，满足了市场需求。德国大众是最早采用平台化战略的汽车企业，大众公司整合了产品系列，大大降低了成本，同时提高了产品竞争力，也加快了新产品的推出速度。20 世纪 90 年代，平台战略在汽车企业中兴起，推进了汽车制造领域的技术革命，对研发、产品供应链和服务链都产生了影响，并实现了世界范围内汽车企业的兼并重组。如标致 307 与雪铁龙 C4、别克昂科拉与雪佛兰创酷等都采用了同一个汽车平台。

2. 模块化

平台化的战略也带来了一些问题，人们普遍将平台化的技术理解为"同级别车之间，看得见的地方都不同，而看不见的地方都相同"，如奥迪 TT 和大众 Golf 出自同一个平台但价格差异巨大，让消费者难以接受。随着人们对汽车产品个性化、多样化的差异性需求的日益增加，提高生产敏捷性、缩短产品周期的同时保证产品的差异化成为汽车行业发展的重点。在这种背景下，模块化战略应运而生。模块技术以最显著的敏捷性、灵活性和低成本效应，又一次推进了汽车工业向着智能化、集成化、系统化方向发展的革命。汽车行业的模块化设计技术是指设计过程中，在对一定范围内的不同功能或相同功能但不同性能、不同规格的产品进行功能分析的基础上，把整车按功能划分并设计出一系列独立的模块。每个模块集成多个零件、合件、组件和部件，并且每个模块之间的连接不会因为其部件或总成的变化而改变，在制造和装配时也以模块为基础进行生产，通过模块的选择和组合就可以构成不同的产品，以满足产品变化和市场需求。模块化的设计技术是在系列化设计和平台化设计技术的概念背景下提出的。模块化本质上是对平台化生产的一个正向延伸，它使同一平台的不同车型在共享更多资源的同时满足人们个性化需求，并将产品的细分化提高到一个更高的层面。汽车企业在提供多样化产品和保证产品质量的同时，通过模块化设计技术来降低产品的零部件数量和工艺数目，以此降低成本。

3. 模块化设计方法

车身模块化设计的原则是力求以尽可能少的模块组成尽可能多的产品，并在满足要求的基础上使产品精度高、性能稳定、结构简单和成本低廉，且模块结构应尽量简单、规范，模块间的联系也尽可能简单。模块化设计通常分为两个不同的层次。第一层次为系列模块化的产品研发过程，需要根据市场调研结果对整个系列进行模块化设计；第二个层次是单个产品的模块化设计，需要根据用户的具体要求对模块进行选择与组合，并加以必要的设计计算和校验计算，本质上是选择与组合的过程。目前，大多数汽车企业都开始了汽车模块化设计的实践，如大众、丰田、宝马、福特、奔驰等。车身设计的模块化程度已实现白车身模块化、前端模块化、车顶模块化、后端模块化、车门模块化、驾驶舱模块化、仪表盘模块化、车顶后侧内饰模块化。未来的发展趋势将形成四个主要模块，即白车身模块、前端模块、后端模块和座舱模块，从而实现模块的高度集成和简化。模块化设计对实施整车和零部件企业同步开发具有重要作用，也是精益生产、并行工程等技术应用的前提条件。白车身等关键模块由汽车企业集中研发，其他各独立模块可由制造公司同步或超前完成研发或组装，在最后生产总装阶段，才将这些模块按设定的接口快速地连接在一起。在模块化的设计理念下，产品成本与技术含量、共性与个性都得到了完美的体现。

4.3.2　部件的制造

4.3.2.1　制造工艺

1. 冲压工艺

冲压工艺是汽车车身部件制造的主要工艺，它建立在金属塑性变形的基础上，在常温条件下利用模具和冲压设备对板料施加压力，使板料产生分离或塑性变形，从而获得形状、尺寸和性能均符合要求的车身部件。冲压工艺需要具备三大要素：一定宽度的成卷钢带或成捆的钢板——板料；具有特定形状的传递冲压力的冲压工具——模具；为了使板料塑性变形或冲裁而提供冲压力的设备——冲压设备。冲压是汽车车身部件制造过程中一种优质、高产、低消耗、低成本也是最普遍的制造加工方法，生产效率高，操作简便，便于实现机械化和自动化生产。冲压工艺能制造难以加工、形状复杂的零部件，但是冲压生产的模具制造费较高，不宜用于单件和小批量零件生产。根据板料加工后是否发生了板料分离可以将冲压工艺分为分离和成形两大类。分离工艺是冲压过程中使冲压零件与板料沿一定的轮廓线相互分离，并满足一定断面质量要求的工序。成形工序是在板料不破裂的条件下产生塑性变形，以获得所要求形状和尺寸精度的工序。

2. 分离工序和成形工序

分离工序通常包括落料、冲孔、剪切、切口、切边、剖切等。成形工艺通常包括弯曲、拉深（拉延）、翻边、起伏、胀形、整形等（表4-1）。

表 4-1　车身部件制造过程中的冲压分离工艺和冲压成形工艺

分离工序	图例	工序性质
落料		用落料模沿封闭轮廓曲线冲切，冲下部分是零件
冲孔		用冲孔模沿封闭轮廓曲线冲切，冲下部分是废料
剪切		用剪刀或模具切断板料，切断线不封闭
切口		在坯料上将板材部分切开，切口部分发生弯曲
切边		将拉深或成形后的半成品边缘部分的多余材料切掉
剖切		将半成品切开成两个或几个工件，常用于成双冲压
成形工序	图例	工序性质
弯曲		把板料沿直线弯成各种形状
拉深		将板料毛坯压制成空心件，壁厚基本不变
内孔翻边		将板料上空的边缘翻成竖立边缘
外缘翻出		将工件上的外缘翻成圆弧或曲线形状的竖立边缘
起伏		在板料或工件上压出筋条、花纹或文字
胀形		将空心件（或管料）的一部分沿径向扩张，呈凸肚形
整形		把形状不太准确的工件校正成形

表来源：林程，王文伟，陈潇凯．汽车车身结构与设计 [M]．北京：机械工业出版社，2014：292-293，作者整理

3. 冲压设备和冲压模具

根据分离与成形冲压工艺的不同，冲压设备主要分为压力机与剪切机两类。压力机主要用于冲压成形工序，它主要依靠压力机的压力能量做功于模具中的钢板，使之变形成形。而剪切机主要用于冲压分离工序，和压力机类似，它主要依靠剪切机的压力能量做功于模具中的钢板，使冲压零件与板料

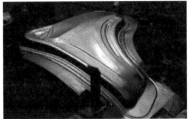

冲压前的板材　　　　　　　冲压模具　　　　　　　冲压后的板材

图 4-19　冲压板材、冲压模具和冲压设备

图片来源：陈新亚. 汽车是怎样设计制造的[M]. 北京：机械工业出版社，2013：87-88.

分离。压力机加工过程板料变形较大，故压力机的吨位一般比剪切机吨位大。压力机按工艺用途分为通用压力机和专用压力机；按操纵与控制方式分为自动压力机和非自动压力机；按驱动滑块的动力形式分为机械压力机、液动压力机、气动压力机和电磁压力机；按机身结构形式分为开式压力机和闭式压力机；按工作台结构分为固定台式压力机、可倾台式压力机和升降台式压力机；按运动滑块的数量分为单动压力机、双动压力机和三动压力机；按与滑块相连的曲柄连杆数分为单点压力机、双点压力机和四点压力机。

　　冲压模具是车身部件制造过程中用于部件定型的重要转换媒介，冲压模具取决于冲压工艺，不同的模具种类对应不同的冲压工艺。车身部件常用的典型模具有冲裁模、拉深模、切边模、翻边模、冲孔模、装配压合模等。冲压模具构造随零部件形状、工艺、模具种类、自动化程度等因素而异。因此，实际上冲压模具本身就是一个和部件制造过程相匹配的模具系统（图 4-19）。

4.3.2.2　制造工序

　　采用冲压工艺的典型车身部件主要由四门两盖（左右前后车门、发动机盖、行李舱盖）、顶盖、两翼（前、后翼子板）以及两侧围（左、右侧围）等构成。其制造方法如表 4-2 所示。

表 4-2　典型车身部件的冲压工艺

零件名称	工序步骤
发动机盖板	下料、拉深、整形、翻边
发动机盖内板	下料、拉深、整形、冲孔、侧冲孔

顶盖	下料、拉深、切边冲孔、整形、翻边、修边、翻边整形
左右侧围板	下料、拉深、切边冲孔、切边、侧切边、整形、翻边、侧整形、侧冲孔、侧翻边

零件名称	工序步骤
翼子板	下料、拉深、切边侧切边、修边翻边整形、侧翻边侧整形、侧整形侧冲孔
车门外板	下料、拉深、切边冲孔、翻边整形、侧整形
车门内板	下料、拉深、切边冲孔、切边冲孔侧冲孔、翻边整形
行李舱盖板	下料、拉深、切边冲孔、切边侧冲孔、翻边侧翻边、侧冲孔侧翻边
行李舱盖内板	下料、拉深、切边冲孔、修边冲孔侧冲孔、整形翻孔
后侧围内板	下料、拉深、切边冲孔、切边冲孔侧冲孔、翻边整形

表来源：丁柏群，王晓娟．汽车制造工艺及装备 [M]．北京：中国林业出版社，2014：260—261，作者编辑

　　发动机盖需要满足质量轻、刚性强、曲面光顺、棱线清晰的要求。车身顶盖冲压面积较大，需在满足顶盖形状要求的前提下保证一定的刚度。车身侧围变形面积较大，冲孔面积大且数量多，几乎所有边缘部位都需要翻边，形状最为复杂，且精度质量要求较高，成形难度较大。翼子板的棱线与其他部件要连续光顺，而且需要和大灯、保险杠等部件装配，对精度质量要求也较高。

4.3.2.3　冲压生产线

　　冲压工艺的生产方式有手工生产线生产方式与自动化生产线生产方式两种（图 4-20）。冲压技术的进步加速了生产的机械化和自动化，从产品质量的稳定性、人员劳动强度、安全生产、生产效率等各方面进行比较，自动化生产线生产方式具有较大优势，自动化生产线生产方式也是车身部件冲压工艺的发展趋势。按机械结构，自动化生产线可分为刚性自动生产线和柔性自动生产线；按上、下料方式，自动化生产线又可分为机械手自动化生产线和机器人自动化生产线等。

　　1. 刚性自动生产线

　　刚性自动生产线是由一个贯通的刚性滑架和介于其间以电力或机械的工件搬运装置相互连接组成的，整个滑架与压力机同步协作，犹如一台大型连续的自动压力机，可制造车身部件中的地板、顶杆、发动机盖、车门等大型板件，自动化程度高，生产效率高，但通用性和灵活性较差，要有很好的定位装置和可靠的保险装置。

　　2. 柔性自动生产线

　　柔性自动生产线与刚性自动生产线相比，调整方便，机动灵活，通用性

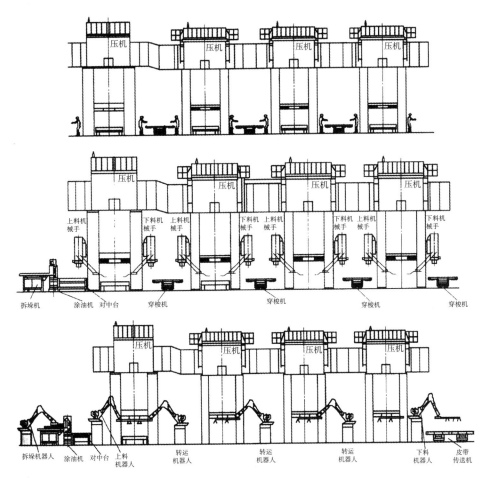

图 4-20　冲压生产线示意图
图片来源：吴礼军. 现代汽车制造技术 [M]. 北京：国防工业出版社,2013：74-75.

较好。这种生产线可分为两种类型：① 人工上料、机械手取料；或部分人工上料、部分机械手上料，机械手取料。压力机之间采用传动带式运输机将各工序连接起来，除卸（取）件用各种机械手外，上料和定位全部或部分靠人工操作。② 上、下料都用机械化装置，但未实现电气互锁和同步系统，靠人工进行信号间歇操作。

4.3.2.4　制造的附属设备

此外，为了配合冲压工艺，除了冲压设备、冲压模具和冲压生产线外，还有一些附属装置。如可动式模座，用于提高压力机的生产效率；废料处理装置，用于处理冲压生产线过程中产生的废料；压力机安全装置，用于保证操作工人的安全和防止机器、模具损坏等。

4.3.3　部件的装配

汽车车身是一个复杂的部件集合体，是由数百种零部件装配而成的，其中涵盖多种材料、多种部位和多种工艺。但谈到汽车车身装配，主要指的是将车身结构件（车身骨架）和车身覆盖件（不包括四门两盖）中经冲压成形的

图 4-21　侧围、发动机盖和座椅的装焊夹具

图片来源：www.blog.163.com；www.fht360.com

部件用焊接的加工方式将其装配成不可拆卸的车身主要部分（白车身），通常称之为装焊工艺。装焊工艺是汽车生产的四大工艺之一，也是车身主要部分（白车身）最主要的装配工艺。

4.3.3.1　装焊夹具

在汽车车身部件的装配和焊接过程中，装焊夹具是非常重要的辅助工具，其通过合理的定位、装夹，将车身部件固定在三维工作空间，从而保证各零部件之间的相对位置准确且实现有效的临时固定（图 4-21）。装焊夹具的主要作用是车身部件的定位和临时固定，是后续部件实现精确焊接并完成装配的前提条件。装焊夹具按用途可分为装配夹具、焊接夹具和装焊夹具。此外，还可按其使用范围分为通用夹具和专用夹具，按动力源分为手动夹具、气动夹具和电动夹具[①]。

1. 装配夹具

装配夹具主要按车身图纸和工艺的要求，把需要装配的车身零部件准确地固定在工位上，工件只在夹具上进行点固（点焊），而不完成整个焊接工作。

2. 焊接夹具

这类夹具专门用来焊接焊件，即将已点固好的车身零部件放在焊接夹具上完成所有焊缝的焊接。夹具的主要任务是防止焊接变形，并使处在各种位置的焊缝都尽可能地调整到最有利于施焊的位置。

3. 装配－焊接夹具

装焊夹具兼备装配夹具和焊接夹具的功能，在装焊夹具上能完成整个车身零部件的装配和焊接工作，汽车车身中的大型部件之间通常采用装焊夹具。装焊夹具是汽车车身部件应用最多的夹具类型。在装配和焊接过程中，装焊夹具应满足以下要求：

（1）保证精度。保证部件焊接后的精度符合设计精度要求，特别是车身的门窗孔洞位置。在装配和焊接时，避免焊接时产生的变形，并确保被装配的零部件处在正确的位置。

（2）稳定可靠。夹具应足够稳定可靠，需足以承受重力和因焊接变形所引起的各个方向的力。

① 赵晓昱，刘学文. 汽车车身制造工艺[M]. 北京：清华大学出版社，2016.

（3）便于操作。夹具应使装配和焊接过程简化，操作程序合理；工件装卸方便，能保证装配焊接工艺的正常进行。

（4）易制造和维修。夹具应尽量标准化、通用化，易于加工制作，易磨损的零件要便于更换。

（5）成本控制。夹具结构应简单高效，制造维修容易，宜采用标准化夹具控制成本。

4.3.3.2　装焊生产线

现代汽车的装焊工艺已经实现自动化、生产线式的大工业生产模式，机械手（焊接机器人）的自动焊接模式已经逐步取代人工焊接模式成为实现自动化生产的重要途径，同时，装焊生产线模式的应用也是保证汽车大批量生产的基础。

1. 焊接机器人

焊接机器人是指具有三个或三个以上可自由编程的轴，并能将焊接工具按要求送到预定空间位置，按照要求的轨迹和速度移动焊接工具的机器，主要包括弧焊机器人、点焊机器人和激光焊接机器人等。

焊接机器人主要包括机器人和焊接设备两个部分。机器人由机器人本体和控制柜组成；而焊接装备，以弧焊和点焊为例，由焊接电源、送丝机（弧焊）、焊枪（钳）等部分组成（图 4-22）。对于智能机器人还应有传感系统，如激光或摄像传感器机器及其控制装置等。

焊接机器人目前已经大量应用于汽车制造业，不仅在汽车车身部分得到了广泛的应用，而且在汽车底盘、发动机、座椅骨架等其他部分也得到了广泛应用。焊接机器人的出现对提高焊接质量、提高生产率、改善生产条件、降低操作技术要求、缩短产品改型换代的周期等具有重要的意义和作用。此外，焊接机器人使柔性化生产成为可能，并为小批量、多品种的自动化生产提供了基础。

图 4-22　点焊机器人和弧焊机器人

图片来源：丁柏群，王晓娟. 汽车制造工艺及装备[M]. 北京：中国林业出版社，2014：312.

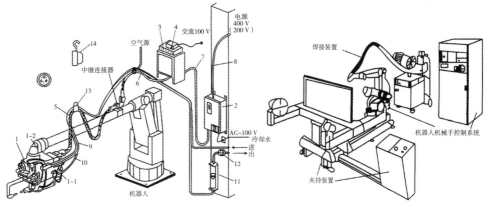

1—焊钳（1-1气管接头；1-2水管接头）；2—主电力开关；3、4—控制箱；5—周轴电缆；
6、7、8—导线套管；9—冷却水管；10—气管；11—流量计；12—水开关；13、14—吊挂件

2. 装焊生产线

汽车车身装焊生产线是汽车生产过程中的重要生产线之一，车身装焊线经历了 20 世纪 50—60 年代的手工装焊线、70 年代的自动化刚性装焊线以及 80 年代至今的机器人柔性装焊线。就每条装焊线而言，装焊线都是由焊接夹具、传输装置、焊接设备构成的。就整个车身装焊线而言，除了包括车身装焊总成主线外，还包括侧围分总成线、底架分总成线、顶盖分总成线、前围分总成线、后围分总成线、车门分总成线等。其中每部分又有相应的主线、子线、左右对称线和独立线，根据生产节拍、自动化程度和生产方式，每条线又可分为若干工位，各工位之间通过传输装置连为一体，每个工位负责完成一部分工作（图 4-23）。典型的装焊生产线可分为贯通式生产线、环形生产线等。

（1）贯通式装焊生产线

贯通式装焊生产线适用于汽车车身地板、车门、行李舱盖、发动机盖等形状简单、刚性较好、结构较完整、组成零件数较少的分总成的装焊。这种装焊生产线占地面积较少，所有装夹、焊接的装备分别固定在各自工位上，运行时仅工件前移传送。整线的传送装置比较简单，工作靠贯通式往复杆来传送。这种装焊线更有利于分总成的机械化上、下料，适合于专用焊机的配置和采用悬挂电焊机进行手工操作，在国内外汽车车身装配中得到了广泛的应用。

（2）环形式装焊生产线

环形式装焊生产线可分为椭圆形地面环形生产线、矩形地面环形生产线、地下环形生产线和"门框"式环形生产线四种（图 4-24）。它们适用于工件刚性较差、组成零件数量较多，特别是尺寸精度要求较严格的部件、分总成、

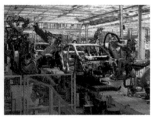

图 4-23　装焊生产线
图片来源：陈新亚. 汽车是怎样设计制造的[M]. 北京：机械工业出版社，2013：89，91；www.auto.sohu.com

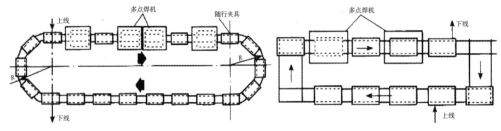

图 4-24　椭圆形地面环形生产线和矩形地面环形生产线
图片来源：丁柏群，王晓娟. 汽车制造工艺及装备[M]. 北京：中国林业出版社，2014：321.

总成等的装焊，如车门尺寸处的部件、前后风挡洞口尺寸等部件的装焊，车身总成、左右侧围分总成的装焊等。为了保证装焊质量，一般都采用随行夹具，所有装焊工作全部在随行夹具上进行。当工位装焊完毕后，工件连同随行夹具一起前移传送到下一个工位，全部装焊工作完成后，工件已有一定的刚性，工件吊离随行夹具，空的随行夹具返回原处继续使用。这种环形线所需随行夹具数量较多，常采用链、自导车、吊架等方式传送。

① 椭圆形地面环形生产线。这种环形线上的随行夹具是连接机外使用的，占地面积较大，但整线的传送装置比其他环形简单。

② 矩形地面环形生产线。这种环形线上的随行夹具通过末端的横移装置返回原始位置，占地面积较小，但整线的传动装置比较复杂。

③ 地下环形生产线。这种环形线上的随行夹具通过两端的升降装置从地坑返回原始位置，占地面积较小，但整线的传动装置比较复杂，且土建工程较大。

④ "门框"式环形生产线。"门框"式环形线主要用于汽车车身的左右侧围生产，这种生产线大大简化了装焊夹具，侧围、车身都调整集中在一起，同步生产，节省面积，从侧围到组装只需一次定位，保证精度，当车身改型时，只需更换侧围"门框"，而不需要更换随行夹具。

4.3.3.3　部件的装配划分

根据装配工艺，汽车车身总成可分为六大分总成，即车门分总成、底架分总成、顶盖分总成、侧围分总成、前围分总成、后围分总成（图 4-25）。一般将底架总成作为装配过程中的核心分总成。底架分总成包括由前围板、左右前纵梁、轮罩（挡泥板）等构成的车身前端骨架，由地板、中间通道、门槛内板和地板横梁构成的中底板，以及由后隔板、后纵梁和后地板构成的车身后部三部分。在装配过程中，这三部分先被焊接在一起，然后在底架总成基础上装焊侧围分总成。侧围是由内、外板焊接组成的侧壁框架，包括 A、B、C 柱，前指梁和后翼子板。在侧围上部先焊接顶盖分总成，再焊接前围和后围分总成，这样就装配成了白车身，随后再将其与闭合件分总成、车身外装件、车身内装件和车身电气附件等进行总成。

4.3.4　部件的连接

汽车车身部件的连接需要把多种金属零部件按照设计的要求和位置连接在一起，金属部件的典型连接方法有很多，笔者将其归纳为永久性连接、临时性连接和功能性连接三种。

永久性连接又可分为可拆卸和不可拆卸两种，不可拆卸的主要连接方式

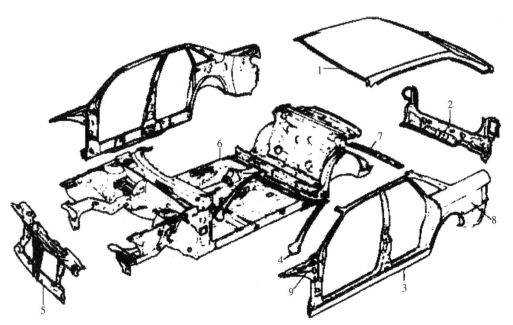

1—顶盖；2—后围板总成；3—侧围总成；4—顶盖支撑总成；5—散架器支架；6—底架总成；
7—顶盖后加强板；8—后翼子板；9—前指梁

图 4-25　部件的装配划分
图片来源：林程、王文伟、陈潇凯. 汽车车身结构与设计[M]. 北京：机械工业出版社,2014：290.

有焊接、铆接和黏结等；可拆卸的主要连接方式有螺纹连接（紧固连接）和卡扣连接等。临时性连接是指起到临时固定、定位和连接作用的连接方式，为永久性连接提供基础，可分为装焊夹具和点焊等。功能性连接是指部件间的连接方式需要满足一定的汽车功能需要，如闭合件和车身之间的连接采用铰链和锁止的连接方式，以满足启闭的功能要求；风窗、门窗和车身、车门之间的连接体现在不同部件间的接缝处理上，采用密封胶条的连接方法，以满足围护的功能要求等。

4.3.4.1　永久性连接

1. 焊接

焊接是用加热或加压，或加热又加压的方法，在使用或不使用填充金属的情况下，使连接处的金属熔化或进入塑性状态，促使被连接处金属的原子相互渗透，完全利用金属原子间的结合力把两个分离的金属部件连接起来。

焊接是汽车钢材车身部件连接采用的最为广泛也是最为关键的工艺，除极少数部件（前、后翼子板，保险杠，内饰件等），90% 以上的车身部件都是采用焊接工艺进行车身的组装[1]。因此，车身的焊接工艺水平直接关系到汽车产品的外观质量和使用性能。在汽车除车身总成外的其他总成中，焊接技术都有广泛的应用，所用焊接技术种类齐全，几乎涵盖全部焊接工艺。根据母材在焊接过程中是否熔化，焊接方法可分为熔焊、压焊和钎焊三大类，每一类中又包含很多方法。对汽车车身来说，涉及的焊接方法有 10 余种，常用的焊

[1] 何耀华. 汽车制造工艺[M]. 北京：机械工业出版社,2012.

接方式为电阻焊，一般占整个焊接工作量的 90% 以上。此外，还有 CO_2 气体保护焊、混合气体保护焊、激光焊等，在此不一一展开赘述。焊接工艺在车身中的典型应用部位如表 4–3 所示。

表 4-3　车身部件的常用焊接工艺

焊接方法				典型应用实例
电阻焊	点焊	单点焊	悬挂式点焊机	车身总成、车身侧围等分总成
			固定式点焊机	小型板类零件
		多点焊	压床式多点焊机	车身底板总成
			C 形多点焊机	车门总成、发动机盖总成
	缝焊		悬挂式缝焊机	车身顶盖流水槽
			固定式缝焊机	油箱总成
	凸焊			螺母、小支架
电弧焊	CO_2 气体保护焊			车身总成
	氩弧焊			车身顶盖后两侧接缝
	手工电弧焊			原料零部件
气焊	氧乙炔焊			车身总成补焊
钎焊	锡钎焊			水箱
特种焊	微弧等离子焊			车身顶盖后角板
	激光焊			车身底板

表来源：吴礼军 . 现代汽车制造技术 [M]. 北京：国防工业出版社，2013：119.

2. 铆接和黏结

铆接即铆钉连接，是利用轴向力将零件铆钉孔内钉杆墩粗并形成钉头，使多个零件相连接的方法。铆接和黏结是铝合金车身的主要连接方式。铝合金具有高导热率，焊接所产生的热量会迅速分散，焊接过程中的退火作用会使焊接处的强度损失较大，因此，铝合金车身部件通常采用黏结，或铆接和黏结共用的连接方法，如铆接铝合金车身的自冲铆接和铆接胶合技术（图 4-26）。

自冲铆接是一种用于连接两种或两种以上金属板材的冷连接技术。特制铆钉穿透顶层板材之后，在铆模的作用下铆钉尾部的中空结构扩张刺入而并不穿刺底层板材，从而形成牢固的铆接点。相较于点焊技术，自冲铆接更加牢固高效，可以在不损伤涂镀层的前提下，一次连接多层板材。铆接胶合技术是通过机械自动涂胶先让两种部件软性接触，然后再进行自冲铆接的技术。实施铝板黏结和铆接作业的专用工具有气动拉铆枪、电动胶枪和黏结剂及黏结工具组件。

黏结连接主要用于车身需要密封的板件，如大面积面板、铝车身板件、塑料车身等，一般不单独使用。

图 4-26　铝合金车身部件铆接
图片来源：www.auto.sohu.com；www.xinjiangnet.com.cn

3. 螺纹连接（紧固连接）

螺纹连接包括螺栓连接和螺钉连接。螺栓是配用螺母的圆柱形带螺纹的紧固件，由头部和螺杆（带有外螺纹的圆柱体）两部分组成，需与螺母配合，用于紧固连接两个带有通孔的零件，这种连接形式称为螺栓连接。如无须螺母配合，通常采用自攻螺钉，称为螺钉连接。螺纹连接属于可拆卸连接，通常用于翼子板、保险杠等车身易损件或车门内饰件等，方便更换和维修。

4. 卡扣连接

卡扣是用于一个零件与另一个零件的嵌入连接或整体闭锁的机构，通常用于塑料件的连接。卡扣连接最大的特点是安装拆卸方便，可以做到免工具拆卸。卡扣由定位件和紧固件组成，定位件的作用是在安装时引导卡扣顺利、正确、快速地到达安装位置；而紧固件的作用是将卡扣锁紧在基体上，并保证使用过程中不脱落。紧固件分为可拆卸和不可拆卸两种，可拆卸紧固件当施加一定的分离力后，卡扣会脱开，两个连接件分离，多用于连接两个需要经常拆开的零件，如安全带与座位等；不可拆卸紧固件需要人为将紧固件偏斜，方能将两零件拆开，多用于使用过程中不拆开零件的连接固定，如车身室内装饰件与车身等。卡扣连接主要用于安装车身室内装饰件、装饰条、外部装饰件等。

4.3.4.2　临时性连接

1. 装焊夹具

装焊夹具在车身部件的焊接过程中具有临时固定、准确定位和辅助连接的作用，能够为接下来部件间的焊接提供基础，有关装焊夹具上文已经论述，在此不再赘述。装焊夹具是最重要的车身部件定位件，也是临时性连接的一种，当焊接完成后，会拆除夹具。

2. 点焊

点焊是指将焊件装配成搭接接头，并压紧在两电极之间，利用电流通过焊件时产生的电阻热熔化母材金属，冷却后形成焊点的电阻焊方法，点焊的类型分为单面点焊和双面点焊两种。在这两种类型中，按同时完成的焊点数又可分为单点焊、双点焊和多点焊。在使用装配夹具进行车身部件的连接过程中，通常使用点焊（即点固）的方式临时连接车身部件，随后再通过完整焊接完成部件的连接工作。

4.3.4.3　功能性连接

1. 铰链和锁止系统

铰链和锁止系统是闭合件（四门两盖）与车身连接的主要连接方式，这种连接方式需满足车身启闭以及锁止的功能。车门是垂直开启，通过上、下铰链悬挂在门柱上，一般采用合页式铰链；发动机盖和行李舱盖是水平开启，通过两个铰链悬挂在顶盖后横梁上，一般采用平衡弹簧铰链。锁止系统则保证关闭状态下闭合件与车身的可靠连接，同时满足启闭的需求。

2. 密封系统

密封系统指的是闭合件与车身之间，车窗和车身之间的连接系统。密封系统具有防止雨水、灰尘、风和噪声等侵入车内的密封作用，同时还具有缓冲作用，以确保闭合件和车窗关闭时与车身之间的缝隙能够得到妥善处理，从而与车身成为整体。密封系统一般同时使用橡胶密封条、黏结剂等来实现密封和缓冲的作用（图 4-27）。

4.3.5　技术系统构成原理总结

综上所述，工业产品（汽车车身）的技术系统是工业产品物质构成的技术手段，也是工业产品物质系统的实现依据，在技术系统中，"冲压制造"和"流水线生产"的技术手段和方法是实现工业产品物质构成的核心制造方法和技术路线。在设计方面，平台化和模块化设计战略为汽车的"三化"设计理念提供了实施路径；在制造方面，冲压工艺是车身部件的主要制造工艺；在生产方面，自动化和机械化的流水线生产模式使得汽车的高效、经济和批量生产成为可能。在工业化构成的视角下，车身部件的技术系统构成原理具体体现为单个部件的"设计制造"和部件间的"连接装配"这两个层次方面的内容。

图 4-27　车门和风窗密封系统
图片来源：林程,王文伟,陈潇凯. 汽车车身结构与设计[M]. 北京：机械工业出版社,2014: 367,370,382.

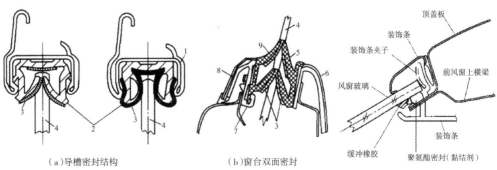

（a）导槽密封结构　　（b）窗台双面密封

1—窗框；2—橡胶导槽；3—植毛；4—玻璃；5—车内侧密封条；
6—车门内饰；7—卡头；8—车外侧嵌条；9—车外侧密封条

因此，"部件构成"的观念贯穿技术系统始终。技术系统的构成原理可以从"部件的设计原则""部件的制造规律""部件的装配秩序"和"部件的连接法则"这4个方面来进行总结。

4.3.5.1　部件的设计原则

汽车的"三化"设计目标以及平台化和模块化的实施战略，本质上是寻找主观车身设计和客观生产工艺之间的最优结合点，使车身部件在满足汽车设计要求的同时具备"冲压制造"和"流水线生产"的可操作性。即车身部件在主观设计时除了需要满足汽车车身的功能要求，还需要在客观生产时符合车身部件制造和装配的规律。汽车车身在产品策划、概念设计完成之后，生产之前的技术设计阶段，需要对车身进行合理的部件划分，以匹配前期的设计要求和后续的生产工艺。目前汽车车身的具体设计操作可以被分解成以下三个层面的设计原则：

1. 基于整体车身功能的"一体化"设计

汽车是高度集成的工业产品，汽车车身也不例外。在设计时，针对车身不同的功能需求，通常会将各种功能的零件、合件和组件集成进一种部件当中,这些零件、合件和组件又会组成相对独立的子系统,它们共同组成部件（系统）。以车身部件中物质构成最为复杂的车门部件为例，看似简单的部件实际上采用了"一体化"设计，同时又具有很强的系统性，包含了门体（系统）、车门附件（系统）和车门内饰（系统），这些系统又可进一步分层为独立的子系统，如车门附件（系统）包括铰链和限位、门锁、玻璃升降和密封等一系列子系统。这些一系列具有层级关系的子系统在设计过程中都高度集成进了车门部件，并与后续的生产过程统一、结合和匹配。

2. 基于部件装配和连接的"拆分和组合"组合设计

对汽车车身进行合理的部件拆分是使后续车身生产具备可操作性的必要前提，在进行"拆分和组合"的组合设计时，需要遵循整体性、极少性和易拆性等拆分设计原则。在具体的部件拆分设计上，汽车车身遵循车身本体（底架、顶盖、前围、后围、左右侧围等）和其余车身覆盖件（前、后翼子板等）组成的白车身、闭合件（四门两盖）、风窗、车身外装件、车身内饰件和车身电气附件等的拆分设计原则。在具体的部件组合设计上，汽车车身遵循以焊接工艺为主，以铆接和黏结、螺纹连接和卡扣连接为辅的组合设计原则。

3. 基于部件制造的"选型和定型"单体设计

"选型和定型"单体设计主要是指在汽车车身被合理地拆分为部件之后，根据部件的具体设计要求，选择合理的部件材料和制造工艺，将部件定型为可供装配的部件。在具体的部件材料选择设计上，汽车车身遵循以钢材（板）

为主要部件材料，辅以铝合金、镁合金、复合材料等承担车身的结构、围护等功能，以玻璃、塑料、橡胶、黏合剂和密封剂、衬垫材料等承担车身的视野，内、外装饰，设备，密封和连接等功能的设计原则。在制造工艺选型设计上，遵循冲压工艺和流水线生产的设计原则。在具体的部件定型设计上，汽车车身遵循部件物质构成的复合性、系统性、标准性和工艺性的设计原则。

上述三个层面的设计原则是汽车"三化"设计目标以及平台化和模块化实施战略在汽车车身生产中的具体设计操作原则。第一层面的"一体化设计"是根据宏观的汽车设计要求对车身部件进行预判性的一体化设计，第二层面的"组合设计"是根据中观的车身部件的装配和连接要求进行技术性的深化设计，第三层面的"单体设计"是根据微观的车身的部件制造要求进行工艺性的制造设计。

4.3.5.2　部件的制造规律

汽车车身的大部分部件都是由冲压件经多层装焊而成，冲压工艺作为车身制造的四大工艺（冲压、装焊、涂装和总装）之一，是汽车车身单体部件制造必须采用的制造工艺。钢板由卷材剪切，通过冲压模具，经冲压设备对钢板施加压力，使钢板产生塑性变形，从而使钢板定型为符合要求的车身部件，然后通过机械化和自动化的流水线生产模式，实现车身部件的高效、经济和批量生产。因此，部件制造的核心是"冲压成形"和"流水线生产"。

白车身在和内饰、四门两盖总成形成完整车身之前，"板料冲压成形"是车身部件制造过程的最主要和最关键的环节。冲压模具是板料定型的转换媒介；冲压设备提供冲压力，是板料定型的操作工具。分离工序和成形工序是冲压过程中的两大类工序，基本可以满足部件的制造要求。分离工序是对板料进行"减法"，挖出洞口，去除废料，剪切不需要的板料；成形工序是对板料进行"加法"，延展板料，增加面积，冲压出所需要的形状。车身部件并非一次冲压成形，而是需要经过几道甚至十几道工序，经多次冲压成形。车身部件在冲压成形的过程中，至少需要经过三道基本工序：落料、拉深和切边。其他的还有翻边和冲孔等工序，也可根据需要将切边和冲孔合并、切边和翻边合并等。

拉深工序是车身部件冲压成形的关键步骤，几乎所有部件的形状都是在拉深工序中形成的。落料工序是指为拉深工序准备板料；冲孔工序是指在部件上加工工艺孔和装配孔，一般位于拉深工序之后，以避免孔洞在拉深后变形；切边工序是指切除拉深件的工艺补充部分；翻边工序位于切边工序之后，它使部件边缘的竖边成形，可作为装配焊接面。因此，冲压工艺的制造工序可以归纳为：下料，以获取部件所需尺寸；拉深，以获取部件所需形状；切边，精确修剪部件以达到要求。车身部件在生产过程中，冲压设备、冲压模具、自动化生产线、机器人上下料等的应用使车身部件的机械化和自动化生产成为可能，并为车身部件的高效、经济和批量制造提供了技术基础。目前汽车车身部件的制造基本已经实现机械化、自动化的流水线生产，这种制造规律具有较高的工业化程度，已经成为汽车行业甚至是制造业的生产标签，并成为建筑业学习的目标。

4.3.5.3　部件的装配秩序

装焊工艺也是车身制造的四大工艺（冲压、装焊、涂装和总装）之一，是汽车车身部件装配必须采用的装配工艺。首先使用装焊夹具将车身部件在工位上进行精确定位并临时固定，然后通过机械化和自动化的流水线生产模式，将车身部件高效、经济和批量地装配在一起。合适的装焊夹具以及机械化和自动化的流水线生产模式是实现部件装配有秩序的两个重要条件。

装焊夹具使车身部件在夹具中得到确定位置，并在装配和后续连接的过程中一直保持在原来的位置上。具体来说，装焊夹具起到两个作用：按图纸要求使部件得到确定位置（精确定位）和使部件在装配作业中一直保持在确定位置（临时固定）。装配 – 焊接夹具是车身部件在装配作业中应用最多的夹具类型。装焊夹具、传输装置、焊接机器人组成了自动化和机械化的车身部件装配（装焊）生产线，和车身部件的制造一样，可以实现车身部件的高效、经济和批量装配。根据对汽车车身部件的划分，装焊总成生产线又可分为相对独立的几条分总成线，如侧围分总成、底架分总成、顶盖分总成、前围分总成、后围分总成、车门分总成等，车身装焊总成主线则汇总上述分总成完成最终的汽车车身装配。

部件在装配过程中，遵循各生产线相对独立，根据生产节拍，同时或不同时地进行车身不同部位分总成装配的秩序。形状简单、刚性较好、结构较完整、组成零件数较少的部件和分总成，如顶盖、闭合件、底架等采用贯通式装焊生产线；而刚性较差、组成零件数量较多，特别是尺寸精度要求较严格的部件、分总成和总成，如侧围、含有风窗的部件和车身总成等采用环形式装焊生产线，这种生产线采用随行夹具，连同部件随着生产线工位的变化而变化。汽车车身在具体装配过程中，遵循从底架分总成开始，然后装配侧围分总成、顶盖分总成、前围分总成、后围分总成和闭合件分总成的装配顺序。

4.3.5.4　部件的连接法则

汽车车身部件的连接方法可分为永久性连接、临时性连接和功能性连接三种，根据车身部件在车身中的部位不同和所发挥作用的不同，其连接方式也不同。

　　永久性连接中的不可拆卸连接主要用于白车身、风窗等，白车身主要承担车身的结构作用，需要良好的整体刚度和密封性能，且无启闭、拆卸需求，因此钢材车身采用焊接，铝合金、镁合金等材料的车身采用铆接和黏结，风窗采用密封黏结。而永久性连接中的可拆卸连接主要用于车身外装件和车身内装件，主要承担保护或装饰作用，且有拆卸、维护需求，因此翼子板、保险杠和内饰件等采用螺纹连接、卡扣连接等可拆卸连接方式。

　　临时性连接主要用于车身部件的装配过程，具有精确定位和临时固定的作用，因此采用装焊夹具和点焊等连接方式。

　　功能性连接主要用于闭合件，闭合件主要承担车身启闭、人员进出的作用，有启闭、拆卸需求，因此采用铰链、锁止系统、螺纹连接等连接方式，同时采用密封胶条，兼顾闭合件和车身之间启闭和密封的需求。

　　焊接，尤其是电阻焊是钢材车身部件连接的主要技术手段和方法。其连接原理是连接处不引入除钢材外的第三方材料或构件，完全依靠材料本身的熔化塑形特性，使不同部件"熔为一体"。这种连接方式最大的特点是可以使车身具有良好的整体结构性和整体围护性（密封性），遵循"材料本性"的连接法则。

　　铆接和黏结是铝合金、镁合金车身部件连接的主要技术手段和方法。其连接原理是在连接处引入第三方材料或构件，如黏合剂、铆钉等，并依靠其紧固作用，将不同部件"串为一体"。这种连接方式是对铝合金、镁合金等不宜采用焊接工艺连接车身部件的补充，遵循"机械紧固"的连接法则。

　　螺纹连接和卡扣连接是车身外装件和车身内装件连接的主要技术手段和方法。螺纹连接原理与铆接类似，也是紧固连接，只不过螺栓或螺钉取代了铆钉，成为可拆卸的连接方式。卡扣的连接原理是连接处不引入第三方材料或构件，利用自身的构造特征，使不同部件"咬为一体"，遵循"卡扣锁止"的连接法则。

　　装焊夹具和点焊是车身部件装配过程中临时连接的主要技术手段和方法。其连接原理是引入第三方构件——夹具，将车身部件精确定位在三维空间，再通过点焊临时固定部件，使不同部件具有连接的接触面，即"触为一体"，遵循"支撑接触"的连接法则。

　　铰链和锁止系统以及密封系统是连接闭合件和车身的主要技术手段和方法。其连接原理是在连接处引入具有功能特征的第三方构件，如铰链、锁止系统和密封条等，在满足车门、发动机盖和行李舱盖启闭和密封需求的同时和车身连接，使闭合件和车身"合为一体"，遵循启闭处"过渡连接"的连接法则。

　　综上所述，目前汽车车身部件的连接法则大致可以分为两类：一类是不引入第三方材料或构件，基于材料本身的特性和特点，将车身部件连接，如焊接、卡扣连接等；另外一类是引入第三方材料或构件，借助其辅助和支撑的作用，将车身部件连接，如铆接和黏结、螺纹连接、装焊夹具、铰链和锁止系统以及密封系统等。

4.4 产品秩序系统构成原理

产品的秩序系统是"产品的工业化构成系统"中的秩序分系统，是产品构成秩序层面的体现。在"产品秩序构成"的语境下，产品（汽车车身）构件除需要通过一系列技术手段构成产品之外，还需要通过一系列有秩序的流程才能够达到产品创建的目的和目标，实现供人使用的本质功能，从而真正成为最终产品（汽车车身）。因此，工业产品汽车（汽车车身）的创建流程是主要研究对象，具体体现在"创建总流程"和"创建子流程"这两个层次方面的内容。"创建总流程"是通过研究由车身部件到最终工业（形式）产品（汽车车身）的整个创建流程之中的固有顺序（秩序）原则，来确定产品总流程的秩序构成，是"秩序系统"的上层次内容；"创建子流程"是通过研究车身部件的设计、制造、装配、测试和上市等每个子流程之中的固有顺序（秩序）原则，来确定建造子流程的秩序构成，是"秩序系统"的下层次内容。这两个层次方面的内容共同组成了"建筑的秩序系统"。

4.4.1 创建总流程

在工业化构成的视角下，产品（汽车车身）的创建流程也可被看作是各种零部件通过"制造"和"装配"的创建过程而实现的。总的来说，汽车车身部件在经过市场需求引导、车身设计开发、室内试制、车身生产后，车身总成作为汽车的五大总成之一，和汽车的其余四大总成（发动机总成、悬架和底盘总成、设备和内饰总成、车轮总成）共同组成最终产品（汽车车身）。汽车产品的创建流程可以大致归纳为（图4-28）：

1. 产品策划环节：汽车企业根据市场需求和市场调研情况，制定完整的开发建议书和产品描述报告，并出具最终的指导性报告。

2. 车身设计环节：汽车企业根据指导性报告，对车身进行概念设计和技术设计，并出具详细的工程技术图纸。

3. 车身测试环节：汽车企业根据详细的工程技术图纸，对汽车车身进行小批量产品试制和样车试验，以确保在大批量生产前达到设计要求和目标。

4. 车身生产环节：经过测试之后，冻结设计。汽车企业根据最终定型的

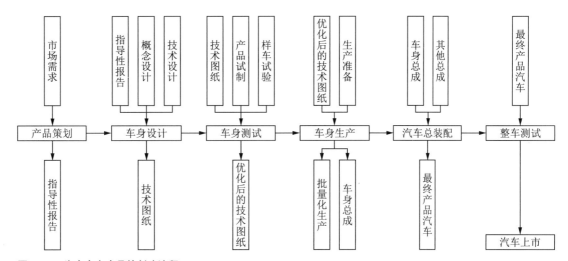

图 4-28　汽车车身产品的创建流程
图片来源：作者自绘

设计，在对汽车车身进行生产准备工作之后，进行大批量生产。

5. 汽车总装配环节：汽车车身生产完成后，和汽车的其余四大总成进行总装配，形成最终产品汽车。

6. 整车测试环节：汽车总装配完成之后，对汽车进行整车测试，以保证其产品质量，确保产品上市之后的良好表现。

4.4.2　创建子流程

产品（汽车车身）创建子流程可大体归纳为产品开发和产品生产两个环节。产品开发环节是指产品在进入生产环节之前的策划、设计和生产准备过程。产品生产环节则是指车身从大批量生产到最终产品（汽车）上市的过程。

4.4.2.1　产品开发环节

产品（汽车车身）开发环节的子流程可以归纳为（图 4-29）[①]：

1. 产品策划环节：产品开发的第一阶段，其主要目的是依据市场需求，规划和定义车身产品的开发指导原则、开发内容、性能指标、实时路线和风险分析等事项。产品策划需要经过领导层评审，通过后形成后续开发活动的指导性报告，作为后续设计、试制、试验等的输入条件。

产品策划主要包括产品质量先期策划（APQP，Advanced Product Quality Planning）工具、质量功能展开（QFD，Quality Function Deployment）思想、优势－劣势－机会－威胁分析（SWOT）和产品对标工作（Benchmarking）。

2. 概念设计环节：以车身产品策划为依据，确定总体方案和关键参数，将造型概念和工程结构有机结合，将创意转换为方案以实现产品的市场化，出具概念设计图纸，属于设计的前期工作。

① 黄金陵. 汽车车身设计[M]. 北京：机械工业出版社，2007.

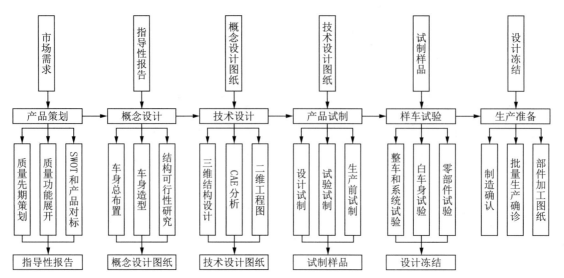

图 4-29　汽车车身产品的开发流程
图片来源：作者自绘

概念设计主要包括车身总布置、车身造型和结构可行性研究三大方面，具体包括车身硬点尺寸参数确定、主要结构断面和分块确定、人机工程布置、造型效果图制造、CAS 数据制作、造型模型制作、测量和线图、前期 CAE 分析及结构和工艺可行性分析等。

3. 技术设计环节：根据定型的汽车概念设计图纸，进行技术方面详细的设计工作，将概念设计图纸转化为技术设计图纸。

技术设计主要包括三维结构设计、CAE 分析和二维工程图三大方面，其中三维结构设计又包括白车身结构设计、内饰结构设计、外饰结构设计和附件类结构设计。

4. 产品试制环节：根据技术设计图纸，对汽车车身进行小批量的试制，其目的是确保产品达到设计要求和目标。

产品试制主要分内外饰件和白车身试制两大类。产品试制分三个阶段，即设计试制、试验试制和生产前试制，分别对应 A、B、C 三类样车（件），分别用于验证车身的功能、性能和技术（满足批量生产）。

5. 样车试验环节：根据试制样品，对产品进行验证。根据试验对象的不同，车身试验可分为整车试验、白车身试验、系统试验和零部件试验；根据试验对象的制造状态不同，车身试验可分为 A 类样车（件）试验、B 类样车（件）试验和 C 类样车（件）试验；根据车身试验目的的不同，车身试验可分为性能试验和可靠性试验。车身试验流程又可分为试验准备、安装调试、试验条件评审、进行试验、数据分析及报告、报告评审和报告入库等环节。

6. 生产准备环节：经过若干轮的产品试制和试验之后，设计最终冻结，

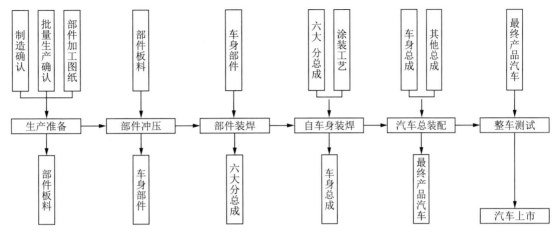

图 4-30　汽车车身产品的生产流程
图片来源：作者自绘

进入生产准备阶段，并出具最终部件加工图纸。

生产准备环节需要完成制造确认和批量生产确认两方面的工作。制造确认，即要求生产部门对所有生产设备完成调试并确认合格；批量生产确认，即要求生产部门确认生产能力可满足生产纲领，并且在生产准备阶段进行试生产，完成所有试生产车辆的生产，解决遗留的生产问题，为全面批量生产做好充分的生产准备。

4.4.2.2　产品生产环节

产品（汽车车身）生产环节的子流程可以归纳为（图 4-30）：

1. 生产准备环节：在完成制造确认和批量生产确认两方面的工作后，汽车车身正式进入生产环节，具体操作为根据车身部件加工图纸，准备部件板料。

2. 部件冲压环节：根据车身部件的分类，借助冲压设备、模具和其他辅助设备，采用冲压工艺和流水线生产模式，对车身单体部件进行冲压制造。

3. 部件装焊环节：依据车身部件的六大分总成（车门分总成、底架分总成、顶盖分总成、侧围分总成、前围分总成、后围分总成），借助焊接机器人和其他辅助设备，采用装焊工艺和流水线生产模式，对车身部件的六大分总成分别进行装焊生产。

4. 白车身装焊环节：同样借助焊接机器人和其他辅助设备，采用装焊工艺和流水线生产模式，对车身部件的六大分总成进行车身总成，即白车身，其具体操作过程如图 4-31 所示。再经涂装工艺，进入下一步车身总装配环节。

5. 后续生产环节：白车身经涂装工艺之后，与汽车的其余四大总成（发动机总成、悬架和底盘总成、设备和内饰总成、车轮总成）共同组成最终产品（汽车），再经整车测试之后，上市销售。

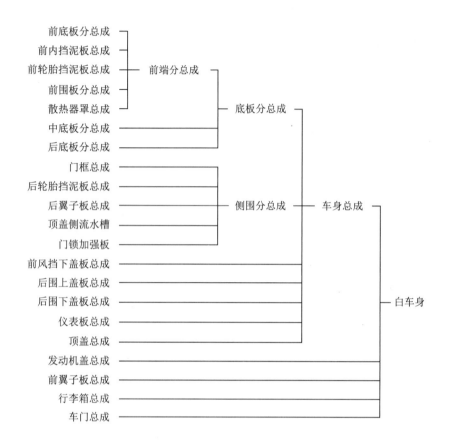

图 4-31　白车身的装焊流程
图片来源：丁柏群，王晓娟. 汽车制造
工艺及装备[M]. 北京：中国林业出版
社，2014：296.

4.4.3　秩序系统构成原理总结

汽车作为高度集成的工业产品，同样需要更加有条理性、有组织性、有纪律性的系统秩序，从而维持"产品的工业化构成系统"，本小节将以时间序列为线索对产品创建总流程和子流程的秩序进行总结。

4.4.3.1　创建总流程秩序

从汽车车身的角度出发，总的来说，产品（汽车车身）的创建总流程包含产品开发和产品生产两个环节。而这两个环节又可细分为产品策划、车身设计、车身测试、车身生产、车身总装配、整车测试和汽车上市 7 个子环节。整个产品的创建流程体现为"以市场需求为导向，以测试论证为支撑"的产品创建总流程秩序，具体体现为策划作为前端，测试穿插在设计、生产和上市之间的"策划—设计—测试—生产—测试—上市"创建总流程秩序。此外，产品创建总流程还是一种并行的、协同的、面向全生命周期的流程秩序，具体体现为产品的并行创建、企业的协同工作和全生命周期的综合考虑。

4.4.3.2　产品开发秩序

产品开发是指从研究选择适应市场需要的产品开始，经产品设计，直到投入正常生产的一系列决策过程。产品（汽车车身）的开发分为产品策划、概念设计、技术设计、产品试制、样车试验、生产准备 6 个子环节，按照从先至后的顺序组成了产品开发环节。产品开发流程是一个循序渐进、步步相关的环节链。车身开发流程是整车开发流程的关键部分，必须与整车开发流程有机结合才能保证整车产品开发顺利进行。

新汽车的开发从项目开始到最终产品批量生产，一般需要 30—50 个月的时间。整车开发流程主要围绕三个方面，即开发一辆什么样的车，与产品策划密切相关；怎样开发设计这样的车，与概念设计、技术设计密切相关；怎样将设计开发好的新车型批量制造出来，与产品试制、样车试验和生产准备密切相关。在整个开发流程中，每一个阶段的开发进程都设有审查和验收的节点。

产品策划环节是在汽车正式开始设计之前，对市场需求进行高效、科学、准确和客观的全面分析和系统分析，以指导后续的产品开发和生产。产品策划涉及很多方面，包括开发调研、立项决策、技术方案、材料应用、工艺分析以及产品的二次开发等内容，具体体现为产品质量先期策划（APQP）工具，即用结构化的方法，确定和制定确保某产品使顾客满意所需的步骤；质量功能展开（QFD）思想，即把用户或市场的要求转化为设计要求、零部件特征、工艺要求和生产要求等多层次演绎的分析方法；优势－劣势－机会－威胁分析（SWOT），即在优势、劣势、机会、威胁四个方面，对产品给予宏观态势概况；产品对标工作（Benchmarking），即根据用户需求和市场调研情况，在新产品开发初步定位的基础上，确定目标车型和竞争对手车型，对产品进行产品行销、技术含量、开发目标及产品模块等方面的评估和定位，在对标分析的基础上，出具完整的开发建议书和产品描述报告。总之，高效的 APQP 工具、科学的 QFD 分析、准确的对标定位和客观的 SWOT 分析是产品策划的关键所在，它们为项目的后期开发提供了参考蓝本和指导纲要，同时也是性能设计的前提条件和基准依据。

概念设计环节和技术设计环节是在产品策划的基础上，对汽车车身进行从理念到实施的设计。概念设计环节是以产品策划为基础，对产品进行理念方面，尤其是总体方案的转化工作。具体体现为车身总布置，即借助人机工程辅助工具确定车身的关键硬点及硬点尺寸，包括车身外部及内部空间尺寸参数，在此基础上进行车身各部位的详细布置；车身造型，即在满足车身总布置给出的硬点条件的基础上，遵循人机工程学进行车身造型创作，同时实现车身的各种功能；结构可行性研究，即利用结构、材料、工艺等方面的信息以及 CAE 分析，验证车身总布置和车身造型在满足车身开发目标的同时，也满足总成零件的设计目标（性能、功能、装配、工艺和使用）。

技术设计环节则是对概念设计进行技术方面，尤其是工程结构的转化工作，具体体现为三维结构设计，即确定系统、部件（总成）和零件的结构，依次确定零件在整个部件中的功能和要求以及实现该功能应设计成什么样的形状或选用什么材料，最后确定零件如何与部件中的其他零件相互配合和安装；CAE分析，即在未建立物理原型前，采用CAE数值评价技术预测汽车结构性能并对设计方案进行优化，以提高汽车结构的性能，缩短产品开发周期，减少试验次数，降低开发成本；二维工程图，即将三维结构通过二维工程图表达出来，使其成为"工程语言"，包含零件图、总成图、装配图和工艺图等，二维工程图是图纸（虚拟）设计阶段的最后一步。

产品试制环节、样车试验环节和生产准备环节是在大批量生产前对车身进行小批量的生产和测试工作，以验证生产出来的产品是否达到预期的设计要求和目标。具体体现为产品试制环节的设计试制、试验试制和生产前试制，用于验证车身的功能、性能和技术（满足批量生产）；样车试验环节的整车试验、白车身试验、系统试验和零部件试验，用于验证整车、白车身、系统和零部件的具体性能和可靠性；生产准备环节的制造确认和批量生产确认，用于冻结设计，确认车身已具备大批量生产的客观条件。

综上所述，产品（汽车车身）的开发流程遵循"引导—转化—准备"的开发秩序，即首先对市场需求进行高效、科学、准确和客观的全面分析和系统分析，其次在此基础上进行设计转化工作，最后进行产品批量生产前的准备工作。其中"引导"基于市场，呈现出由客户需求到产品设计（APQP、QFD）、由宏观态势到中观定位（SWOT、产品对标）的开发秩序；"转化"基于设计，呈现出由理念构想到技术实施的从总体设计到工程技术的开发秩序；"准备"基于生产，呈现出由样品试制到批量生产、从测试论证到成熟产品的开发秩序。

4.4.3.3 产品生产秩序

产品生产是指从车身部件的生产准备开始，经冲压工艺、装焊工艺、涂装工艺和总装工艺，直到完成整车生产，进行整车测试和汽车上市的一系列生产过程。产品（汽车车身）的生产分为生产准备、部件冲压、部件装焊、白车身装焊、车身总装配、整车测试和汽车上市7个子环节，按照从先至后的顺序组成了产品生产环节。在工业化构成的视角下，产品生产秩序是产品部件（汽车车身）制造、装配和连接秩序的集合。

部件冲压环节是采用冲压工艺制造车身部件（单体）的过程，利用冲压设备和模具系统，使板料定型为车身部件。落料、拉深和切边是部件冲压环节中的三道基本工序流程，部件的制造工序基于板料的落料剪切、塑性变形和精确修剪，呈现出由平面到立体、由中心到边缘的制造秩序。

部件装焊环节和白车身装焊环节是采用装焊工艺装配和连接车身部件的

过程，车身部件被划分为六大分总成，通过装焊夹具、装焊分总成生产线和装焊总成生产线，依次将车身部件装焊成六大分总成（底架、侧围、顶盖、前围、后围、车门）和总成（白车身），部件的装配和连接流程呈现出由下到上（从底架向顶盖装配）、由中心到两边（从侧围向前后围装配）的装配和连接秩序。

车身总装配环节是白车身装焊完成之后，经涂装工艺完成车身总成后，与汽车的其余四大总成（发动机总成、悬架和底盘总成、设备和内饰总成、车轮总成）共同组成最终产品（汽车）的过程。在车身总装配环节中，其装配顺序一般是车身总成和设备和内饰总成装配、发动机总成与悬架和底盘总成装配，然后几大总成汇到一条总流水生产线上进行轮胎总成装配。至此，汽车车身完成了从局部产品到最终产品（汽车）的转变，汽车的总装配流程呈现出由单一到复合（从车身到汽车），由零件、合件、组件、部件到各大总成，再到最终产品（汽车）的总装配秩序。之后经整车测试后上市销售。

现代汽车是由以整车生产企业为核心的相互关联的零部件生产厂、主要部件生产厂、整车生产厂、汽车企业集团形成的复杂生产系统制造出来的，涉及钢铁、玻璃、橡胶等工业。冲压工艺、装焊工艺、涂装工艺和总装工艺是汽车生产的四大主要工艺，流水线生产是汽车生产的主要模式。相应的产品（汽车车身）的生产流程遵循"冲压—装焊—涂装—总装—测试—上市"的生产秩序。

4.5　典型工业产品的工业化构成秩序小结

"产品的工业化构成系统"的"结构性"是产品的工业化构成秩序的体现，通过上文对典型工业产品（汽车车身）的物质系统、技术系统、秩序系统工业化构成原理的整理、归纳和分析，其工业化构成秩序可以总结为：

1.物质系统的工业化构成秩序是围绕车身部件的复合性、系统性、标准性和工艺性的特征，在产品物质构成层面根据"制造"和"装配"的生产工艺，对产品（汽车车身）进行有秩序的部件划分和材料选择。

2.技术系统的工业化构成秩序是遵循符合"制造"和"装配"生产工艺的产品（汽车车身）及其部件的设计原则、制造规律、装配秩序和连接法则，对产品（汽车车身）进行有秩序的设计和制造、装配和连接。

3.秩序系统的工业化构成秩序是根据"制造"和"装配"的生产工艺，建立产品开发环节和产品生产环节的流程秩序，从而使产品创建总流程和子流程之间具备高度的操作自律性。

第5章 建筑的工业化构成秩序的产品化研究

5.1 建筑的"产品化"之路

5.1.1 建筑的"产品概念"趋势

正如上文所论述的，一方面，制造业和建筑业作为伴随人类文明进步发展的两大传统产业，随着科学技术的发展，新型工业化时代的到来，制造业和建筑业显现出越来越明显的趋同性；另一方面，工业产品和建筑有着深厚的历史渊源，自工业革命和现代主义建筑兴起以来，建筑师就试图从工业产品中寻找设计的灵感。而当今新型建筑工业化时代下制造业和建筑业的趋同性强化了建筑中"产品"的概念。目前在工业化建筑中最具有"产品概念"趋势的是预制装配式轻型结构建筑。轻型结构建筑一般层数较低、体量较小、功能简单，且主体结构主要以轻钢、木、钢木混合、铝合金等轻质材料为主，外围护结构主要以预制复合构件为主，而构成建筑的设备系统和其他系统大多也是以"产品"的形式与主体结构或外围护结构相连接。如朱竞翔团队设计和建造了一系列慈善学校、保护区建筑以及工业原型产品，典型的有童趣园、新芽小学、保护区工作站和监测站、茶室等，产品类型历经新芽复合系统、箱式系统，到板式系统、框式系统，再到空间板式系统[①]。张宏团队设计和建造了"紧急建造"临时性庇护所、江宁展览馆、微排未来屋、梦想居等轻型房屋建筑系列产品，产品类型历经单体箱体系统、多重箱体系统，到复杂箱体系统，再到群组式箱体系统[②]。此外，相类似的还有葛文俊团队基于"可移动、现代化、工厂预制的变形盒子"的理念设计和建造的"魔墅（Movilla）"箱式系统轻型房屋建筑系列产品。

可以看出，这些预制装配式轻型结构建筑在某种程度上已经被当作"工业产品"，其设计和建造的过程本质上是产品的开发和生产（制造和装配）过程。相比较而言，预制装配式重型结构建筑（预制装配式钢筋混凝土）通常由于层数较高、体量较大、功能复杂，且受限于主体结构材料特性和建造工艺

① 朱竞翔,韩国日,刘清峰,等.从原型设计到规模定制如何在建筑产品开发中应用整体设计及敏捷开发？[J].时代建筑,2017(1)：24-29.
② 张宏,丛勐,张睿哲,等.一种预组装房屋系统的设计研发、改进与应用：建筑产品模式与新型建筑学构建[J].新建筑,2017(2)：19-23.

等，只有其中的一些预制建筑构件或建筑部品在建筑施工阶段以"产品"的形式与主体结构或外围护结构相连接。实际上，无论是轻型结构建筑中的大部分建筑构件，还是重型结构建筑中的部分建筑构件（成品门、窗和装饰构件等）或建筑部品（整体式成品厨房、卫生间和设备等），本质上都是应用到建筑中的成熟产品，其设计过程和生产过程与工业产品具有相似之处。总的来说，在设计层面，其开发过程呈现出产品系列化、构件通用化、设计标准化、实施模块化等产品开发特征；在建造层面，其制造和装配过程又呈现出流水线制造、机械化装配、紧固性连接等产品生产特征。基于这种制造业和建筑业的趋同性特征，无论是传统建筑还是工业化建筑，轻型结构建筑还是重型结构建筑，建筑或建筑的一部分已经开始具有了"产品"特征，制造业和建筑业呈现出越来越强的趋同性，建筑也呈现出"产品概念"的趋势。

5.1.2　工业产品和建筑的类比

5.1.2.1　类比基础分析

在新型工业化背景下，一些建筑师已经开始运用"产品"的概念、视野和方法来进行建筑设计和建造。而汽车（车身）作为典型的工业产品，具有较强的参照和类比作用。因此，基于上文（第三章和第四章）对预制装配式建筑（钢筋混凝土 / 钢或钢木结构建筑的主体结构和外围护结构）和典型工业产品（汽车车身）的"工业化构成原理"的分析、归纳、整理和总结，在"工业化构成原理"的框架下，对工业产品和建筑进行"半定量"的类比研究。一方面，有助于寻找"预制装配式建筑是否真的能像造汽车一样建造？"这个问题的答案，探索将制造业融合进建筑业的技术路线；另一方面，基于类比分析结果，以期为建筑师在运用"产品概念"进行建筑设计和建造的过程中提供全局、系统、综合的"产品概念"指导策略。

5.1.2.2　物质系统构成

1. 构件与部件的划分分类

在结构体系方面，装配式框架结构体系和非承载式车身类似，其类比原理基础是两者都采用"受力分离"的结构体系，装配式框架结构体系由主体结构单独承担结构作用，而外围护结构不参与结构受力，非承载式车身由底架（车架）单独承担结构作用，而车身不参与结构受力。装配式剪力墙结构体系和承载式车身类似，其类比原理基础是两者都采用"一体化受力"的结构体系，装配式剪力墙结构体系由主体结构和外围护结构共同承担结构作用，外围护构件也是结构构件，承载式车身由底架（车架）和车身共同承担结构作用，底架同时也是车身骨架的一部分。装配式框架 – 剪力墙结构体系和半承载式车身类似，其类比原理基础是两者都是"部分受力"的结构体系，装配式框架 – 剪力墙体系主要由主体结构中的剪力墙承担结构作用，梁、柱辅助承担结构作用，外围护参与部分结构受力，半承载式车身主要由底架（车架）承担结构作用，车身参与部分结构受力。

在主体结构方面，预制装配式建筑和车身按照划分部位都可以分为底部、中部和顶部。基础和白车身底架总成类似，其类比原理基础是两者都承担整体结构受力；墙或柱和白车身侧围总成类似，其类比原理基础是两者都是竖向受力构件或部件，承担中部结构竖向受力；屋顶骨架和白车身顶围总成类似，其类比原理基础是两者都是水平受力构件或部件，承担顶部结构水平受力。

在外围护结构方面，预制装配式建筑和车身按照划分部位都可以分为外部（需启闭和无须启闭）、顶部、附属功能性部分和其他装饰性部分。复合外墙（含门窗）与四门两盖总成类似，其类比原理基础是两者都在同一构件或部件中集成了多种功能性的材料或零件、合件和组件，承担启闭和外围护功能；复合外墙（无门窗）和白车身前围 / 侧围 / 后围总成 + 内饰总成、风窗类似，其类比原理基础是两者都是"覆盖件"，承担无启闭和外围护功能；复合屋顶和顶围总成 + 内饰总成类似，其类比原理基础是两者都承担启闭或无启闭和顶部外围护功能；阳台、雨棚和台阶等和车身外装件类似，其类比原理基础是两者都承担附属功能；装饰构件与车身装饰外装件类似，其类比原理基础是两者都承担装饰功能。预制装配式建筑构件和汽车车身部件的划分类比如表 5-1 所示：

表 5-1 构件与部件的划分类比

划分依据	划分部位	建筑构件	产品部件	类比原理基础
结构体系	整体	装配式框架结构体系	非承载式车身	结构和围护受力分离 底架和车身受力分离
		装配式剪力墙结构体系	承载式车身	结构和围护受力一体化 底架和车身受力一体化
		装配式框架 – 剪力墙结构体系	半承载式车身	结构受力，围护参与 底架受力，车身参与
主体结构	底部	基础	白车身底架总成	承担整体结构受力
	中部	墙或柱	白车身侧围总成	承担中部竖向受力
	顶部	屋顶骨架	白车身顶围总成	承担顶部水平受力
外围护结构	外部（需启闭）	有门窗的复合外墙	四门两盖总成	承担启闭、外围护功能
	外部（无须启闭）	无门窗的复合外墙	白车身前围 / 侧围 / 后围总成+内饰总成、风窗	承担无启闭、外围护功能

划分依据	划分部位	建筑构件	产品部件	类比原理基础
外围护结构	顶部	复合屋顶	顶围总成 + 内饰总成	承担启闭或无启闭和顶部外围护功能
	附属功能性	阳台、雨棚和台阶等	车身外装件	承担附属功能
	其他装饰性	装饰构件	车身装饰外装件	承担装饰功能

表来源：作者自绘

2. 构件与部件的功能特征

预制装配式建筑构件和汽车车身部件的功能特征类比可总结为四类。两者相同特征：复合性；两者相似特征：独立性和系统性；产品特有特征：标准性；建筑特有特征：叠合性和联系性（表 5-2）。

表 5-2　构件与部件的功能类比

类比程度	功能特征	典型建筑构件	典型产品部件	类比原理基础
两者相同特征	复合性	复合外墙	车门总成	一体化集成
两者相似特征	独立性	主体结构体系外围护结构体系	无	基于"预制"和"装配"工艺
	系统性	无	车身各大分总成	
产品特有特征	标准性	无		成熟市场化产品
建筑特有特征	叠合性	主体结构体系外围护结构体系	无	工厂和现场差异
	联系性			

表来源：作者自绘

复合性是构件和部件的相同功能特征，其共性是"一体化集成"，典型的有预制装配式建筑的复合外墙和汽车的车门总成，两者都是将各种材料或零件、合件和组件集成，并且以单一构件或部件的状态呈现出来。在设计中表现为"一体化设计"。

独立性和系统性是构件和部件的相似功能特征，其共性是两者都需要与"预制"和"装配"的建造和生产工艺相匹配，具备工业产品或建筑"拆分和组合"的理念。不同的是预制装配式建筑具有更明显的独立性特征，即跟传统建筑相比，预制装配式建筑通过合理的拆分，具备独立性特征，可以独立地完成由设计到最终建筑的整个建造过程；而工业产品（汽车车身）具有更明显的系统性特征，车身及其部件都是系统集成的产物，车身及其部件通过合理的拆分，将其中一个个相对独立但又互相联系的子系统系统地组合起来。这两种功能特征也是实现"物质构成系统"有秩序目标的最核心的理念。

标准性是工业产品（汽车车身）的特有特征，汽车是成熟的工业产品，目前已经实现规模生产和批量定制，且系列化、通用化和标准化程度较高，再加上平台化和模块化的实施战略，使得车身部件及其车身本身通常遵循标准化的物质构成，个性化要求局限在有限的范围内。而预制装配式建筑受传统建筑影响，具有强烈的艺术作品基因，其建筑设计千差万别，这使得预制装配式建筑及其构件的标准性特征较弱。

叠合性和联系性则是预制装配式建筑的特有特征，与工业产品（汽车车身）不同，"预制"和"装配"的建造工艺使得建筑在建造过程中同时存在工厂和现场两个建造地点，这就要求建筑构件不仅需要满足预制和装配的基本要求，而且还需要兼顾构件运输的额外要求。

3. 构件与部件的材料区分

预制装配式建筑构件和汽车车身部件的材料类比如表 5-3 所示。按照材料特征，预制装配式建筑构件和汽车车身部件的材料都可以分为结构性材料、交互性材料、性能性材料、装饰性材料、联系性材料和配件。

结构性材料主要用来承担建筑或产品的结构作用。在预制装配式建筑中，主要用于主体结构构件，其典型材料有钢筋混凝土、钢材、木材、钢木混合、铝合金等。在汽车车身中，主要用于车身骨架部件，其典型材料有钢材、铝合金、镁合金、复合材料等。两者相比，预制装配式建筑构件的结构性材料选择更加多样，且钢筋混凝土、钢材是主要结构材料，而汽车车身部件的结构性材料受限于汽车产品本身"移动"的特性，钢材、铝合金、复合轻质和轻量化材料才是汽车车身骨架材料的首选。

交互性材料主要用来承担建筑或产品的交互作用（启闭、视野等）。在预制装配式建筑中，主要用于含门窗的外墙、阳台构件等，其典型材料有玻璃和结构材料。在汽车车身中，主要用于四门两盖，其典型材料有玻璃、车身骨架材料、附件系统等。两者相比，预制装配式建筑构件和汽车车身部件都选用了玻璃作为视野交互的材料；而对于启闭交互的材料，预制装配式建筑采用门、窗、阳台嵌入结构构件的方式来满足建筑的启闭需求，汽车车身则采用玻璃、附件系统和车身骨架部件系统集成的方式来满足汽车的启闭需求。

性能性材料主要用来承担建筑或产品的性能作用（防水、防潮、隔汽、保温和隔热等）。在预制装配式建筑中，主要用于外墙、屋顶等外围护结构的主要构件，其典型材料有矿（岩）棉、泡沫塑料、挤塑板、珍珠岩、密封胶（条）、复合材料等。在汽车车身中，主要用于车身覆盖件（含四门两盖），其典型材料有塑料、衬垫、橡胶、黏合剂、密封胶（条）、复合材料等。两者相比，预制装配式建筑对于性能的要求更高，因此建筑构件所采用的材料具有更好的物理性能，而汽车车身部件的性能性材料并不需要像建筑构件的性能性材料一样具有优良的物理性能，主要是 NVH（噪声、振动、声振粗糙度）性，且同样受限于汽车产品本身"移动"的特性，需要相对轻质和轻量化材料。因此，塑料、衬垫、橡胶等就可以满足汽车车身的性能需求。

　　装饰性材料主要用来承担建筑或产品的表面装饰作用。在预制装配式建筑中，主要用于外墙、屋顶等外围护结构的主要构件，其典型材料有石材、木材、涂料、油漆、饰面砖、饰面板等。在汽车车身中，主要用于车身覆盖件（含四门两盖），其典型材料有塑料、车用油漆、金属/非金属装饰等。两者相比，预制装配式建筑构件的装饰性材料选择更为复杂多样，这是因为建筑外观通常由建筑师主导，具有更强的个性化艺术特征，而汽车车身的装饰性材料受车门覆盖件的基材限制，较为简单。

表 5-3　构件与部件的材料类比

材料特征	建筑构件		产品部件		类比原理基础
	典型部位	典型材料	典型部位	典型材料	
结构性材料	主体结构	钢筋混凝土	车身骨架	钢材	满足建筑或产品的结构要求
		钢材		铝合金	
		木材		镁合金	
		钢木混合		复合材料	
		钢 - 混凝土混合			
		铝合金			
交互性材料	含门窗的外墙、阳台	玻璃	车门发动机盖行李舱盖	玻璃	满足建筑或产品的交互要求
		结构材料		车身骨架材料	
				附件系统	
性能性材料	外墙、屋顶	矿（岩）棉	车身覆盖件（含四门两盖）	塑料	满足建筑或产品的性能要求如防水、防潮、隔汽、保温、隔热等
		泡沫塑料		衬垫	
		挤塑板		橡胶	
		珍珠岩		黏合剂	
		密封胶（条）		密封胶（条）	
		复合材料		复合材料	
装饰性材料	外墙、屋顶	石材	车身覆盖件（含四门两盖）	塑料	满足建筑或产品的表面装饰要求
		木材		车用油漆	
		涂料、油漆		金属/非金属装饰	
		饰面砖			
		饰面板			
		GRC			
联系性材料和配件	主体结构外围护结构	预埋钢件	无	无	预制装配式建筑特有
		预埋套筒			
		脱模用预埋件			
		斜撑用预埋件			
		运输吊装用预埋件			
		拉结件、FRP 连接件等			

表来源：作者自绘

联系性材料和配件是预制装配式建筑特有的材料，主要用于主体结构和外围护结构的构件，主要用来承担建筑建造过程中的预制、装配和运输作用。

5.1.2.3 技术系统构成

1. 构件与部件的设计原则

预制装配式建筑构件和汽车车身部件的设计原则类比可以进一步细分为设计指导原则、设计最终目标、设计实施战略、典型设计技术和主要参数体现五类（表5-4）。

表 5-4　构件与部件的设计原则类比

	建筑和构件的设计原则	产品和部件的设计原则	类比原理基础
设计指导原则	模数化	标准化	数理原则
	模块化	模块化	操作原则
	协同化	通用化	实施原则
设计最终目标	建筑标准化	产品系列化	理想原则目标
设计实施战略	标准化战略	平台化、模块化战略	发展战略
典型设计技术	BIM 信息模型技术	CAX 数字设计技术	计算机信息 / 虚拟技术
	CAD 计算机辅助技术	CAE 性能驱动技术	
	精益思想	精益思想	指导思想
	并行工程	并行工程	技术途径
		敏捷制造	
		逆行工程	
主要参数体现	预制率 / 装配率	汽车参数配置	设计参数反映

表来源：作者自绘

设计指导原则是在宏观层面上指导预制装配式建筑及其构件和工业产品（汽车）及其部件的设计原则。目前预制装配式建筑及其构件的典型公认设计原则包括模数化、模块化、协同化等，工业产品（汽车）及其部件的典型公认设计原则是"三化"原则，即标准化、模块化和通用化。两者相比，在数理原则方面，构件的模数化和部件的标准化都可以被看作是数理原则，不同的是建筑及其构件通常复杂多样，即使是一类构件，也具有不同的功能、尺寸、层级和属性，因此，模数化包含更多的内容，体现为运用模数协调的方式，使不同构件（或模具）之间"系列化"或"通用化"，从而实现建筑标准化的最终目标，而工业产品及其部件通常是市场认可的批量化成熟产品，在功能、尺寸、层级和属性上相对不会有太大差别，都是标准化的部件；在操作原则方面，模块化是两者共同的操作原则，即通过替换不同相对独立的功能模块，来调和市场需求和研发周期、批量生产、个性定制等之间的矛盾；在实施原则方面，构件的协同化和部件的通用化都可以被看作是实施原则，不同的是建筑所涉及的专业和流程更加复杂，凸显了各专业、各部门、各流程协同的重要性，合理的协同和组织架构是保证设计顺利实施的基础，而工业产品所涉及的生产地点和流程较为简单，且实施起来工业化程度（标准化、机械化、自动化等）较高，不需要花费大量的人工进行协同设计，因此，通用化更加有利于实施平台化、模块化战略。

预制装配式建筑及其构件的设计最终目标是通过设计指导原则达到建筑标准化，工业产品（汽车）及其部件的设计最终目标是通过设计指导原则达到产品系列化。两者相比，现阶段建筑将标准化作为设计最终目标，这是由建筑本身的复杂性特性所决定的，建筑构件为了提高效率，实现"流水线生产"的生产模式，首先需要将不同功能、尺寸、层级和属性的建筑构件进行"模数协调"，使其成为标准化的构件以适应工业化建造的要求，因此，标准化是目前预制装配式建筑在设计阶段追求的最终目标，且目前预制装配式建筑处在将"个性化单体建造"转变为"标准化高效建造"的阶段。而工业产品作为市场认可的批量化成熟产品，天生具有"标准化的基因"，因此，工业产品（汽车）将系列化作为设计最终目标，已经进入了在"标准化批量生产"的基础上寻求"个性化批量定制"的更高阶段。相应地，其设计的实施战略体现为预制装配式建筑着重于标准化实施战略，而工业产品着重于平台化和模块化实施战略。

典型设计技术是支持所有上述设计指导原则、设计最终目标和设计实施战略的辅助技术手段和方法。预制装配式建筑及其构件的典型设计技术包括BIM 信息模型技术、CAD 计算机辅助技术、精益思想、并行工程等，工业产品（汽车）及其部件的典型设计技术包括 CAX 数字设计技术、CAE 性能驱动技术、精益思想、并行工程、敏捷制造、逆行工程等。这些技术又可归纳为三大类：第一类是计算机信息 / 虚拟辅助技术，第二类是指导思想，第三类是技术途径。两者相比，在计算机信息 / 虚拟技术方面，工业产品的应用更加多样和广泛，这是由汽车本身的"移动"特性所决定的，其不仅需要 CAX 数字设计技术，还需要以产品设计和绘图为主的 CAD 技术、以车身性能和结构分析为主的 CAE 技术、以模型及其模具制造为主体的 CAM 技术、计算机辅助造型技术CAS、虚拟现实技术 VR、以计算流体力学（空气动力学）为主的 CFD 技术等。这些技术相互配合，高度集成，传递高效，使得各设计部门之间的信息传递快捷和准确，而建筑的应用则显得发展缓慢，目前仍然停留在以 CAD 进行建筑设计和绘图为主的阶段，BIM 信息模型技术仍在应用研究和实践探索之中，以期达到各设计部门以及各专业之间信息传递的快捷和准确。在指导理念方面，精益思想是两者共同的指导理念，建筑已经开始向工业产品学习，体现为精益思想理念从"精益生产"延伸为精益建造；在技术途径方面，工业产品的技术途径更加成熟和广泛,包括以"集成"和"并行"为特点的并行工程、以对市场需求快速反应为宗旨的敏捷制造、以根据零件(原型)生成图样再制造产品为反向顺序的逆行工程等,而建筑的应用则同样显得发展缓慢,目前并行工程的应用研究和实践探索较多,其他如敏捷制造技术尚在初步研究中。主要参数体现是建筑和工业产品在设计、建造、生产完成之后所体现出来的定量指标。预制装配式建筑通常体现为构件预制率/装配率,而工业产品(汽车)通常体现为详细的汽车参数配置。

2. 构件与部件的制造工艺

预制装配式建筑构件和汽车车身部件的制造工艺类比如表 5-5 所示:

表 5-5　构件与部件的制造工艺类比

制造工艺	建筑构件		产品部件		类比原理基础
	工艺类型(浇筑)	典型构件	工艺类型(冲压)	典型部件	模具系统
流水线工艺	全自动	楼板、叠合楼板、双层墙板、内墙板	刚性	底架、侧围、顶盖、前围、后围、车门	流水线生产模式
	半自动		柔性半机械		
	人工		柔性人工		
适用范围	较窄	出筋较简单	广泛	几乎全部	
固定式工艺	固定模台	几乎所有	无	无	预制装配式建筑特有
	立模	内(外)墙板、柱、楼梯板			
	预应力	预应力叠合板、预应力空心板、预应力实心楼板、预应力梁			
适用范围	固定模台	几乎全部			
	立模	构造较为简单			
	预应力	大跨度楼板			

表来源:作者自绘

总的来说,预制装配式建筑构件的制造工艺为工厂浇筑成型(浇筑工艺),而汽车车身部件的制造工艺主要为工厂冲压成型(冲压工艺)。两者制造工艺的共性是都需要依靠完善的模具系统,利用材料的变形特性使构件的主要材料(混凝土)和部件的主要材料(钢材)成型。不同的是构件的主要材料(混凝土)无须依靠外力,使用振捣浇筑进模具,经过凝结和养护即可成型,其制造过程是由"可变液态"到"最终固态"的过程(凝固成型),而部件的主要材料(钢材)需要依靠外力,使用冲压设备冲击模具上的板料,经其他辅助修剪工艺成型,其制造过程是由"可变固态"到"最终固态"的过程(塑性变形)。

在制造工艺的具体操作方面,两者相比,预制装配式建筑构件和汽车车身部件都在不同程度上应用了流水线生产模式。不同的是建筑构件通常种类较多且标准化程度较低，一般只有平板形状的板类构件，如出筋较为简单的楼板、墙板等才适用于流水线生产模式，其他构件则采用灵活度更高但自动化、工业化程度较低的固定式工艺，包括固定模台、立模和预应力等，这些工艺基本可以涵盖所有建筑构件的制造；而工业产品部件种类固定且标准化程度很高，非常适用于流水线生产模式，几乎汽车车身的全部部件，如组成车身的底架、侧围、顶盖、前围、后围、车门的部件都可以采用流水线生产模式。此外，构件或部件材料本身的特性也是原因之一，部件主要是由单一材质钢材构成的，钢材"可变固态"的材料特性使其更加容易在生产线上"流动"制造；而构件主要是由复合材质钢筋混凝土构成的，"可变液态"的材料特性使其必须依靠模具系统，并且还需考虑和钢筋以及其他预埋件的"复合"，构件的构造越复杂，越难在生产线上"流动"制造。因此，几乎所有的汽车车身部件已经实现标准化、机械化、自动化的工业化程度较高的流水线生产模式，而预制装配式建筑构件只有部分简单的板状构件实现了流水线生产模式，其余的构件还停留在固定式工艺阶段。

3. 构件与部件的装配方式

预制装配式建筑构件和汽车车身部件的装配方式类比可以进一步细分为构件/部件类型、装配工艺、定位方式、具体操作方式和辅助机具五类（表 5-6）。

表 5-6　构件与部件的装配方式类比

	构件/部件类型	装配工艺	定位方式	具体操作方式	辅助机具
建筑构件	竖向构件柱、墙等	组装工艺运输作业吊装作业	工具临时支撑+人工临时固定+人工就位精度调整	运输+横向临时支撑+吊装	横向临时支撑工具、吊装机具
	水平构件梁、楼板、楼梯等			运输+竖向临时支撑+吊装	竖向临时支撑工具、吊装机具
产品部件	几乎所有	装焊工艺生产线流水作业	装焊夹具+装焊生产线工位	装焊夹具+生产线流水作业	装焊夹具、焊接机器人、装焊生产线
类比原理基础	建筑/部件的自身特性	构件/部件的流动路径	临时支撑—临时固定—（二次精确就位调整）—永久连接		第三方辅助机具

表来源：作者自绘

总的来说，预制装配式建筑构件的装配工艺是由构件从工厂到工地现场的运输作业和工地现场构件吊装作业共同组成的一种组装工艺，而汽车车身部件的装配工艺主要为工厂装焊工艺。两者装配方式的共性是都需要通过一定的装配方式，将单体构件或部件组合成预制装配式建筑或工业产品（汽车车身）。不同的是建筑更加复杂，体型庞大、工序复杂，且存在工厂和工地现场两个"建造"地点，构件必须在工厂进行制造，然后通过运输作业，在工地现场进行吊装作业。因此，建筑构件的装配方式是运输作业、吊装作业以及后续的连接作业的总和。其装配特征表现为建筑及其构件的最终位置固定在工地现场,施工人员和辅助机具则流动在工厂和工地现场、工地现场和构件就位位置之间。而工业产品(汽车车身)相对简单,体型较小,工序标准化程度较高,且所有装配过程都可以在工厂完成。因此,部件的装配方式是生产线流水作业,是一种非常成熟的装配工艺,也称装焊工艺。其装配特征表现为工业产品(汽车车身)及其部件的最终位置、随行装焊夹具在生产线上流动,操作人员、辅助机具(焊接机器人、工位装焊夹具)则固定在工厂里或工位上。

在具体操作方式、定位方式和辅助机具方面,两者的共性是都需要借助第三方辅助机具,通过符合预制装配式建筑或工业产品(汽车车身)自身特性的具体操作方式,将构件或部件固定在三维空间内的预制装配式建筑或工业产品(汽车车身)的正确就位位置。

预制装配式建筑构件可分为竖向构件(柱、墙等)和水平构件(梁、楼板、阳台板、楼梯等)。竖向构件装配的具体操作方式需要借助横向临时支撑工具(斜撑等)和吊装机具(起重机械和吊装索具),并且通过运输作业和吊装作业完成,即运输、横向临时支撑和吊装配合;水平构件装配的具体操作方式需要借助竖向临时支撑工具(支撑架等),并且通过运输作业和吊装作业完成,即运输、竖向临时支撑和吊装配合。竖向构件和水平构件定位方式的工序都可以总结为工具临时支撑、人工临时固定和人工就位精度调整配合。

而工业产品(汽车车身)几乎所有部件装配的具体操作方式都可以借助装焊夹具、焊接机器人和装焊生产线来完成,即装焊夹具和生产线流水作业配合。部件定位方式可以总结为装焊夹具和装焊生产线工位配合。

综上所述,在总体装配方式方面,两者都是基于单体构件或部件组合成整体的装配方式。不同的是预制装配式建筑的装配过程是建筑固定,人员和机具流动;而工业产品(汽车车身)的装配过程是人员和机具固定,工业产品(汽车车身)流动。在具体操作方式、定位方式和辅助机具方面,两者的目标都是将构件或部件装配并连接到正确就位位置上。不同的是预制装配式建筑构件的运输作业、吊装作业需要在临时支撑工具和吊装机具的辅助下完成;而汽车车身部件的装焊工艺、生产线流水作业需要在装焊夹具、焊接机器人和装焊生产线的辅助下完成。

两者相比,在总体装配方式方面,建筑构件的装配地点涉及工厂和工地现场,需要运输作业连接两个地点,装配流程更加复杂,且建筑不能"流动",不能像工业产品一样在生产线上进行流水作业;而工业产品的装配地点单一,主要集中在工厂,且工业产品可以"流动",能够在生产线上进行流水作业。在具体操作方式、定位方式和辅助机具方面,建筑构件仍然需要依靠人工主导,通过机具辅助的运输作业和吊装作业才能完成装配；而汽车车身部件则已经可以依靠机器（程序）主导，通过成熟的装焊夹具、焊接机器人和装焊生产线的装焊工艺、生产线流水作业，就可以完成装配，如定位方式就无须人工二次精确就位调整这个环节，整个装配过程标准化、机械化、自动化的工业化程度更高。

4. 构件与部件的连接手段

预制装配式建筑构件和汽车车身部件的连接手段类比可以进一步细分为构件/部件连接部位、连接技术、连接类型、连接性质和原理描述五类（表5-7）。

表 5-7　构件与部件的连接手段类比

	构件/部件连接部位	连接手段	连接类型	连接性质	原理描述
建筑构件	结构构件之间	钢筋套筒灌浆	湿作业刚性连接	永久性连接	不引入第三方材料或构件，依靠本身的"流动黏结"特性
		钢筋浆锚搭接			
		现浇带			
	剪力墙构件之间	预制剪力墙螺栓	干作业柔性连接		引入第三方材料或构件，依靠"紧固"特性
	结构构件与外围护构件之间	外挂式螺栓			
		钢筋	半刚半柔半湿半干作业连接	半永久性连接	综合应用"流动黏结"和"紧固"特性
	外围护构件之间	结构部分同上	同上	同上	同上
		其他部分	密封系统	接缝处理	引入第三方构件或材料，依靠"密封"特性
	竖向构件与水平构件之间	斜撑	装配过程中连接	临时性连接	具有精度调整功能的"点式连接"特性
		无撑架			
		定位、固定件			
产品部件	白车身部件之间	焊接	刚性连接	永久性连接，不可拆卸	不引入第三方材料，依靠本身的"熔化塑形"特性
		铆接和黏结			
	车身易损件与白车身部件之间	螺纹连接（紧固连接）	柔性连接	永久性连接，可拆卸	引入第三方材料或构件，依靠"紧固"特性
	车身内饰件与白车身部件之间	卡扣连接			不引入第三方材料或构件，依靠"紧固"特性
	闭合件与车身之间	铰链和锁止系统	使用过程中连接	功能性连接	引入第三方材料或构件，依靠"功能"特性
		密封系统			引入第三方构件，依靠"挤压"密封特性
	白车身部件之间	装焊夹具	装配过程中连接	临时性连接	引入第三方构件系统，依靠"空间定位"特性
		点焊			不引入第三方材料，依靠"点式连接"特性
类比原理基础	构件/部件部位相似性	刚性、柔性、使用过程中或装配过程中的连接法则			引入或不引入第三方材料或构件以实现连接

表来源：作者自绘

　　总的来说，刚性连接是预制装配式建筑构件和汽车车身部件中应用最广泛和最普遍的连接手段，构件间典型的连接手段有钢筋套筒灌浆连接、钢筋浆锚搭接连接和现浇带连接，部件间典型的连接手段为焊接。

　　两者的共性是都在不引入第三方材料或构件的前提下，基于材料自身特性，将不同构件或部件"黏结"在一起。这种连接手段通常用于结构性构件（部件）之间，如建筑结构构件之间，以及白车身部件之间，具有良好的整体结构性和整体围护性（密封性），循序"材料本性"的连接法则。不同的是预制装配式建筑构件需要在常温下借助人工主导（人工灌浆作业）的模具系统（套筒、节点模板等）利用混凝土的流动性凝固成型；而汽车车身部件则需要在高温下借助程序主导（焊接机器人）的装焊夹具利用钢材的变形性熔化塑形。

　　此外，白车身部件之间还有一种特殊的刚性连接，即铆接和黏结，主要用于不适合焊接的铝合金、镁合金金属部件，其连接原理是引入第三方材料或构件，将不同部件"串联"起来。构件间的连接是湿作业，而部件间的连接是干作业。

　　柔性连接是预制装配式建筑构件和汽车车身部件中应用仅次于刚性连接的连接手段，构件间典型的连接手段有预制剪力墙螺栓连接和外挂式螺栓连接，部件间典型的连接手段有螺纹连接和卡扣连接。

　　两者的共性是都需要引入第三方材料或构件，依靠其"紧固"的特性，将不同构件或部件"串联"在一起。这种连接手段通常用于结构性构件（部件）和外围护性构件（部件）之间，如外挂墙板构件与主体结构构件之间，车身易损件、车身内饰件与白车身部件之间，以及少量结构构件之间，如预制剪力墙之间，通常针对有二次装配或可拆卸需求的构件，遵循"机械紧固"的连接法则。不同的是预制装配式建筑构件对整体结构性和整体围护性（密封性）要求较高，且对目前无太多拆卸需求的预制装配式建筑来说，柔性连接并不是最佳选择，应用范围较窄，只用于部分剪力墙以及部分外挂墙板之间；而汽车车身部件对整体结构性和整体围护性（密封性）要求较低，且有较多有拆卸需求的汽车车身部件，尤其是车身易损件、车身内饰件和汽车车身部件之间，柔性连接反而是最佳选择。

　　此外，还有综合采用刚性连接和柔性连接的"半刚半柔"的连接手段，典型的有结构构件与外围护构件之间的钢筋连接，在此不再赘述。

　　密封系统是一种比较特殊的连接方式，本质上其并不是一种连接方式，而是构件或部件间的一种接缝处理方式。

　　两者的共性是都需要引入第三方构件或材料，如密封胶条、密封剂或密封材料等，依靠其"密封"特性，将不同构件或部件"挤压"或"密封"在一起。不同的是预制装配式建筑构件的密封系统无须同时满足启闭需求，其启闭需求通常依靠门、窗等独立构件系统来满足；而汽车车身部件之间的密封系统，尤其是闭合件和汽车车身部件之间，除需满足部件间的密封需求外，还需同时满足启闭需求。因此，车身闭合件的密封系统通常与铰链与锁止系统配合，在满足启闭需求的同时兼顾密封性。

临时性连接是预制装配式建筑构件和汽车车身部件在装配过程中最常用的连接手段。构件间典型的连接手段有斜撑、支撑架和固定件连接，部件间典型的连接手段有装焊夹具和点焊。两者的共性是都需要引入第三方材料或构件，依靠其"点式连接"和"空间定位"特性，将不同构件或部件临时"接触"在一起，以期为后续的永久性连接做精确定位和"接触连接"的准备。这种连接手段通常用于竖向构件和水平构件之间，如墙、柱构件和楼板构件之间，以及白车身部件之间。不同的是预制装配式建筑构件在装配过程中仍然需要依靠人工主导，且斜撑、支撑架和固定件的连接方式工业化程度低，需要人工二次精确就位调整后，才可进入后续永久性连接阶段；而汽车车身部件在装配过程中已经实现机器（程序）主导，装焊夹具、点焊的连接方式工业化程度较高，通过焊接机器人和装焊生产线流水作业就可实现精确定位和"接触连接"一体化，迅速进入后续永久性连接作业阶段。

5.1.2.4　秩序系统构成

1. 建筑建造总流程与工业产品创建总流程

预制装配式建筑的建造总流程和工业产品（汽车车身）的创建总流程的类比如表5-8所示。总体上来说，按照建筑或工业产品的总流程的阶段划分，两者都可以大致分为前期阶段、方案阶段、深化（设计/测试）阶段、批量生产阶段、总施工/总装配阶段、使用前阶段。最大的不同是工业产品多了测试的环节，而建筑多了构件运输的环节。

在前期阶段，建筑体现为建筑立项环节，本质上是将项目策划转化为项目任务书的过程；工业产品（汽车车身）体现为产品策划环节，本质上是将市场需求转化为指导性报告的过程。两者相比，都是设计开始前的前期准备阶段。不同的是建筑的项目策划主要面向甲方，具有"个性化定制"的特征；而工业产品（汽车车身）的产品策划主要面向市场，具有"批量化定制"的特征。

在方案阶段，建筑体现为方案设计环节，本质上是将项目任务书和技术策划方案转化为技术性方案图纸的过程；工业产品（汽车车身）体现为车身设计环节，本质上是将指导性报告、概念设计和技术设计转化为技术图纸的过程。两者相比，都是将前期的各种要求落实为方案图纸的阶段。不同的是建筑的方案设计根据建筑师的不同，更加多元化；而工业产品（汽车车身）的方案设计需要基于前期市场调研报告，或已经投放市场的上一代系列产品的技术积累，相较于建筑而言，针对性更强但相关约束也更明显。

表 5-8　建筑建造总流程与工业产品创建总流程类比

建筑建造总流程			工业产品创建总流程			类比原理基础
输入（依据）	流程	输出	输入（依据）	流程	输出	
项目策划	建筑立项	项目任务书	市场需求	产品策划	指导性报告	前期阶段
项目任务书	方案设计	技术性方案图纸	指导性报告	车身设计	技术图纸	建筑/工业产品的方案阶段
技术策划方案			概念设计			
技术性方案图纸	深化设计	构件加工图纸	技术设计			建筑/工业产品生产前的深化设计/测试阶段
其他专业要求		构件装配图纸				
		施工图纸				
			技术图纸	车身测试	优化后的技术图纸	
			产品试制			
			样车试验			
构件加工图纸	构件生产	待运输构件	优化后的技术图纸	车身生产	车身总成	建筑/工业产品的批量生产阶段
			生产准备		批量化生产	
待运输构件	构件运输	待装配构件				
待装配构件	建筑施工	建筑物质本体	车身总成	汽车总装配	最终产品汽车	建筑/工业产品的总施工/总装配阶段
构件装配图纸			其他总成			
施工图纸						
最终建筑	建筑验收		最终产品	整车测试		使用前阶段
	交付使用			汽车上市		

表来源：作者自绘

在深化阶段，建筑体现为深化设计环节，本质上是将技术性方案图纸和其他专业要求转化为构件加工图纸、构件装配图纸和施工图纸的过程；工业产品（汽车车身）体现为车身设计环节的技术设计部分和车身测试环节，本质上是根据技术图纸，通过小批量的生产和测试，将技术图纸优化，使其符合大批量生产的要求。两者相比，都是将方案图纸进一步深化成使建筑或工业产品具备可批量生产条件的阶段。不同的是，建筑的深化设计通常并无测试的环节，在出具完整的加工、装配和施工图纸（技术图纸）后就进入后续环节；而工业产品（汽车车身）的深化设计一方面会出具完整的技术图纸，另一方面还会在正式大批量生产之前，进行小批量的生产，进行产品试制、样车试验等一系列车身测试工作，相较于建筑而言，对生产持更加全面、系统和谨慎的态度。

在批量生产阶段，建筑体现为构件生产环节，本质上是将构件加工图纸转化为待运输构件的过程；工业产品（汽车车身）体现为车身生产环节，本质上是将优化后的技术图纸转化为车身总成的过程。两者相比，都是在工厂将技术图纸转化为实体的批量化生产阶段。不同的是，建筑构件在工厂生产完成后还需运输至工地现场装配，因此多了构件运输的环节；而工业产品（汽车车身）的部件在车身总成生产线生产完成之后，直接与工厂里的其他总成生产线汇总，进入下一个汽车总装配环节。

在总施工／总装配阶段，建筑体现为建筑施工环节，本质上是根据构件装配图纸和建筑施工图纸将构件装配成建筑的过程；工业产品（汽车车身）体现为汽车总装配环节，本质上是将车身总成和其他总成汇总，最终装配成汽车的过程。两者相比，都是将单体构件或部件组合成整体，从而形成最终建筑或工业产品的过程。不同的是建筑的总装配是工地现场一系列依靠人工主导的复杂工序施工过程，而工业产品（汽车车身）的总装配是工厂里一系列依靠机器（程序）主导的工业化流水线生产过程。

在使用前阶段，建筑体现为建筑验收和交付使用环节，工业产品（汽车）体现为整车测试和汽车上市环节。两者相比，都是直接面对最终客户的环节。不同的是，在交付客户之前，建筑采用验收的方式，而工业产品（汽车车身）则采用整车测试的方式。

2. 建筑设计子流程与工业产品开发子流程

预制装配式建筑的设计子流程和工业产品（汽车车身）的开发子流程的类比如表 5-9 所示。建筑设计可以大致分为前期阶段（建筑立项）、方案阶段（方案设计）、深化设计阶段（拆分设计、施工设计、构件设计）。工业产品可以大致分为前期阶段（产品策划）、方案阶段（概念设计）、深化设计（技术设计、产品试制、样车试验、生产准备）。因此，总体上来说，两者大致都可以归纳为前期阶段、方案阶段和深化阶段三个阶段。上文已经在总流程的全局层面上对建筑设计与工业产品（汽车车身）开发的相关环节的相似和不同做了阐述，下面将在子流程的具体操作层面上对两者的不同做进一步阐述。

在前期阶段，建筑的技术策划在具体操作上需要根据建筑立项，通盘考虑项目定位、建设规模、装配化目标、成本限额、生产单位技术条件等各种物质环境条件，预先制定合理的技术路线，出具合理的项目任务书和技术策划方案；而工业产品（汽车车身）的产品策划在具体操作上则采用了产品质量先期策划（APQP）工具、质量功能展开（QFD）思想、优势 - 劣势 - 机会 - 威胁分析（SWOT）和产品对标工作（Benchmarking）等方法和工具对市场需求进行分析，出具指导性报告。两者相比，工业产品（汽车车身）在策划环节所运用的方法和工具更加成熟，具有全局化、系统化、系列化的特征，在配套使用的情况下能够实现对市场需求进行高效、科学、准确和客观的全面分析和系统分析；而建筑在策划环节则通常依靠基于"通盘考虑"的项目经验、相关规范以及外部物质环境条件，缺乏全局化、系统化、系列化的方法和工具，因此主观性较大。此外，全局层面上建筑本身的"非标准化"和"个性化定制"特性也给建筑的技术策划环节带来了困难，如产品对标工作需要确定目标车型和竞争对手车型，而建筑并非系列化产品，很难确定"目标"和"对手"。

在方案阶段，建筑的方案设计在具体操作上需要根据项目任务书和技术策划方案，确定预制构件范围，做好平面设计、立面及剖面设计，以实现技术策划的目标；而工业产品（汽车车身）的概念设计在具体操作上包含了车身总布置、车身造型和结构可行性研究三大方面，以产品策划的指导性报告为依据，将造型概念和工程结构有机结合，将创意转换为方案。两者相比，工业产品（汽车车身）在方案设计时的"标准化"程度更高，体现为无论是什么汽车车身，其车身总布置、车身造型和结构可行性研究都是在"标准化产品"框架的有限范围内进行设计；而建筑在方案设计环节首先需要经历主观性较强的"作品创作"（传统建筑设计方法）阶段，才能够进入确定预制构件范围和平面、立面、剖面设计阶段，建筑设计容易在较大的范围内进行，个性化较强，需要在后续的深化阶段针对不同的方案对建筑进行专门的构件拆分设计，"标准化"程度较低，而汽车车身的部件划分是约定俗成的。因此，这也是全局层面上建筑本身的"非标准化"和"个性化定制"特性给建筑的方案设计环节的"标准化"程度带来的困难。

在深化阶段，建筑的深化设计包括拆分设计、施工设计和构件设计。在具体操作上，需要根据方案，对建筑进行合理的构件拆分，将构件拆分为符合工厂制造和现场装配的单体构件，同时需要协同结构、设备、室内装修等专业，优化构件种类，使建筑在经过构件拆分和组合后依然能够符合建筑的设计要求、结构要求、性能要求、防火要求等，最后控制构件的精确尺寸，出具构件加工图；而工业产品的深化设计包括技术设计、产品试制、样车试验和生产准备，在具体操作上，需要根据概念设计图纸，将其转化为技术工程图纸，包含三维结构设计、CAE分析和二维工程图，同时需要根据技术工程图纸，对汽车车身进行小批量的试制和试验，以确保产品达到设计要求和目标，之后优化技术图纸，冻结设计，进入生产准备环节准备生产。两者相比，工业产品的深化阶段不仅停留在图纸设计的层面，而且还已经深入到产品试制、样车试验等汽车车身（实体）的测试层面，根据测试结果可以继续优化图纸，小批量生产已经成为优化设计的一部分，并且有专门的生产准备环节对后续的生产环节进行二次确认；而建筑设计的深化阶段大部分还停留在构件加工图设计的层面，并没有测试和二次确认的环节。此外，建筑本身的复杂性特性导致涉及的专业、部门较多，差异性较大，深化设计时仍缺少高效的协同设计方法和工具。

表 5-9　建筑设计子流程与工业产品开发的子流程类比

建筑设计子流程			工业产品开发子流程			类比原理基础
输入（内容）	流程	输出	输入（内容）	流程	输出	
建筑立项	技术策划	项目任务书	APQP	产品策划	指导性报告	前期阶段
			QFD			
		技术策划方案	SWOT			
			产品对标			
项目任务书	方案设计	技术性方案图纸	车身总布置	概念设计	概念设计图纸，方案图纸	建筑 / 工业产品的方案阶段
技术策划方案			车身造型			
			结构可行性研究			
技术性方案图纸	拆分设计	构件拆分图纸	CAE 分析	技术设计	技术设计图纸	建筑 / 工业产品生产前的深化设计阶段
		构件组合图纸				
构件拆分图纸	施工设计	施工图纸	三维结构设计			
构件组合图纸						
其他专业图纸		构件装配图纸				
施工图纸	构件设计	构件加工图	二维工程图			
构件装配图纸						
进入建筑生产与施工环节			设计试制	产品试制	试制样品	工业产品的测试阶段
			试验试制			
			生产前试制			
			整车试验	样车试验	设计冻结	
			白车身试验			
			系统试验			
			零部件试验			
			制造确认	生产准备	批量生产	工业产品的生产准备阶段
			批量生产确认			
			部件加工图纸			
			进入工业产品生产环节			

表来源：作者自绘

3. 建筑生产及施工子流程与工业产品生产子流程

预制装配式建筑的生产及施工子流程和工业产品（汽车车身）的生产子流程的类比如表 5–10 所示。建筑生产及施工子流程可以大致分为构件制造阶段、构件运输阶段、构件装配阶段、构件连接阶段、其他工程施工阶段、建筑验收阶段和交付使用阶段。工业产品可以大致分为生产准备阶段、部件冲压阶段、部件装焊阶段、白车身装焊阶段、汽车总装配阶段、整车测试阶段和汽车上市阶段。因此，总体上来说，两者大致都可以归纳为制造阶段、装配和连接阶段、其他工程施工 / 汽车总装配阶段、使用前阶段四个阶段。

表 5-10　建筑生产及施工与工业产品生产的子流程类比

建筑生产及施工子流程			工业产品生产子流程			类比原理基础
输入（内容）	流程	输出	输入（内容）	流程	输出	
			制造确认	生产准备	部件板料	工业产品的生产准备阶段
			批量生产确认			
			部件加工图纸			
模具制作	构件制造	待运输建筑构件	部件板料	部件冲压	车身部件	建筑构件 / 工业产品部件的制造阶段
钢筋入模						
预留（埋）处理			冲压设备			
浇筑混凝土			冲压生产线			
养护及成品保护			冲压工艺			
构件装车	构件运输	待装配构件				建筑构件的运输阶段
构件卸车						
构件堆放						
吊装准备	构件装配	待连接构件	车身部件	部件装焊	六大分总成	建筑构件 / 工业产品部件的装配和连接阶段
构件起吊			装焊夹具			
就位准备			装焊机器人			
临时支撑			装焊生产线			
构件就位			装焊工艺			
连接准备	构件连接	构件集合体	六大分总成	白车身装焊	车身总成	
连接方式			装焊工艺			
缝隙处理			涂装工艺			
其他工程	其他工程施工	最终建筑	车身总成	汽车总装配	最终产品汽车	建筑 / 工业产品的最后总施工 / 总装配阶段
			其他总成			
最终建筑	建筑验收		最终产品汽车	整车测试		使用前阶段
	交付使用			汽车上市		

表来源：作者自绘

上文已经在总流程的全局层面上对建筑生产及施工与工业产品（汽车车身）生产的相关环节的相似和不同做了阐述，下面将在子流程的具体操作层面上对两者的不同做进一步阐述。

在制造阶段，建筑的构件制造在具体操作上具有模具制作、钢筋入模、预留（埋）处理、浇筑混凝土、养护及成品保护以及构件运输等环节；而工业产品（汽车车身）的部件制造在具体操作上体现为冲压工艺，需要具备部件板料、冲压设备和冲压生产线等要素。

两者相比，从制造流程上来说，建筑构件的制造工序需要"个性化"模具系统制作、多种材料和构件复合、液态混凝土浇筑、混凝土定型和养护、构件运输和成品保护等因素，其制造流程更加复杂多变，且主要靠人工主导，可控性较弱；而工业产品（汽车车身）部件的制造工序与之相比只需要"批量定制化"模具系统、单一材料和其他部件总成、固态可塑形的钢材、机械化的冲压设备、工业化技术成熟的冲压生产线等因素，其制造流程相对简单，且主要靠机器主导，可控性较强。

在装配和连接阶段，建筑构件的装配和连接在具体操作上具有吊装准备、构件起吊、就位准备、临时支撑、构件就位、连接准备、连接方式和接缝处理等环节；而工业产品（汽车车身）部件的装配和连接在具体操作上体现为部件和白车身的装焊，需要具备装焊夹具、装焊机器人、装焊生产线等要素。

两者相比，从装配和连接流程上来说，建筑构件的制造工序有吊装机具选择、吊点位置确定和处理、起吊方式选择、定位参考线确认、横向或竖向临时支撑、二次精确就位调整、连接前准备、刚性或柔性连接应用以及水平或竖向缝隙处理等，其装配和连接流程依然需要依靠人工主导的辅助机具，使得整个流程和构件制造流程一样复杂多变，可控性较弱；而工业产品（汽车车身）部件的装配和连接工序只需要精确定位和"接触连接"一体化的装焊夹具、自动化的焊接机器人、工业化技术成熟的装焊生产线等因素，制造流程简单，且主要靠机器主导，可控性较强，因此，标准化、机械化、自动化的工业化程度更高。此外，建筑和工业产品的其他工程施工 / 汽车总装配阶段和使用前阶段上文已经在全局层面做了阐述，在此不再赘述。

4. 建筑和工业产品的使用功能

"工业化构成系统"中的"秩序系统"一方面是"有秩序"的建造或创建流程的主要内容，另一方面更是整个"工业化构成系统"的"系统目的性"的集中体现。"系统目的性"具体体现为无论是预制装配式建筑还是工业产品（汽车）都是要达到建造或创建的目的和目标，实现供人使用的本质功能。下面将从使用功能的角度对建筑和工业产品（汽车）进行类比分析。

预制装配式建筑和工业产品（汽车）的使用功能类比可以进一步细分为本质使用功能、基本使用功能，特有使用功能、发展使用功能和衍生使用功能五类（表 5-11）。总的来说，建筑和汽车使用功能的演变过程都呈现出由简单到复杂、由单一到复合、由简洁到多样的发展态势。这是因为人们自身活动的复杂性导致了建筑和汽车本身功能的多样性，建筑和汽车作为人类为了适应和改变自然环境所创造的人工产物，占"衣食住行"中的"住"和"行"两个，在人类生活中扮演着重要角色。从某种程度上来说，其使用功能的演变过程本身也反映了一部人类社会文明、精神文明和物质文明的发展史。

表 5-11　建筑与工业产品（汽车）的使用功能类比

	建筑	表现形式衡量标准	汽车	表现形式衡量标准	类比原理基础
本质使用功能	遮风避雨（住）	气候界面空间营造	移动运输（行）	动力输出车轮实现	初始使用功能
基本使用功能	空间品质	建筑性能	空间品质	NVH 性	必须具备的使用功能
	艺术审美	建筑外观	艺术审美	车身造型	
	安全可靠	建筑结构	安全可靠	车身骨架	
特有使用功能	坚固耐久	材料（钢筋混凝土等）	操控感受	动力、悬架和底盘总成	特有的使用功能
	居住舒适	更高建筑性能要求	维护快捷	易拆件	
	多种类型	类型多样性	空气动力	流线型车身	
发展使用功能	绿色节能	工业化	绿色节能	轻量化	发展中的使用功能
衍生使用功能	移动运输（行）	轻型结构建筑、可移动多功能建筑	居住舒适	房车（住），居住标准要求的汽车	衍生出来的使用功能
	维护快捷	部品化、模块化	多种类型	类型多样化	

表来源：作者自绘

　　起初，建筑的本质功能是简单的"庇护所"，即提供可以遮风避雨的场所，创造可以抵御外界不利条件的气候界面，营造供人休息睡觉的空间。而汽车的本质使用功能是"运输工具"，即通过机器输送动力，在车轮上实现人和货物的移动要求。因此，建筑的本质使用功能是遮风避雨，而汽车的本质使用功能是移动运输。

　　之后随着人类文明的不断发展，建筑的使用功能从最初"庇护所"的简单功能逐渐发展为对建筑性能、建筑外观和建筑结构等使用功能的追求；汽车也不例外，其使用功能从最初"运输工具"的简单功能逐渐发展为对 NVH（噪声、振动、声振粗糙度）性、车身造型、车身骨架等使用功能的追求。至此，两者都把空间品质、艺术审美和安全可靠归纳为建筑和汽车的基本使用功能。而两者在使用功能上的不同可以归纳为特有使用功能。建筑基于其"住"的本质使用功能，需要坚固耐久，体现为钢筋混凝土等重型材料的应用；居住舒适，体现为对建筑性能更高的要求，如对相关建筑材料、建造工艺等更高的要求；多种类型，体现为建筑类型的多样性，即为了满足人们更丰富的活动内容，出现了宫殿、陵墓、寺庙等类型的建筑。而汽车基于其"行"的本质功能，需要操控感受，体现为对动力、悬架和底盘总成的优化和改进；维护便捷，体现为对汽车易损件的可拆卸要求；空气动力，体现为采用流线型车身以改善运动中的阻力作用。因此，建筑的特有使用功能是坚固耐久、居住舒适和类型多样，而工业产品的特有使用功能是操控感受、维护便捷和空气动力。

在当今绿色、环保、低碳、健康等关键词上升为主旋律的今天，建筑和汽车在发展过程中都体现出绿色节能的使用功能要求。建筑典型的表现形式有建筑工业化等，而汽车典型的表现形式有轻量化等。

随着人们对建筑和汽车需求种类的增多、对材料的全面认识、对技术的深入把握以及活动内容的丰富，建筑和汽车都衍生出了更多的使用功能。有趣的是建筑和汽车的延伸功能正向对方的使用功能的方向发展，如在本质功能上，建筑有时也需要"行"的使用功能，体现为轻型结构建筑、可移动多功能建筑的研发等；而汽车有时也需要"住"的使用功能，体现为房车的出现，居住功能要求汽车要有更好的"建筑性能"。在某种程度上，可移动多功能建筑和房车一样，既是"建筑"也是"汽车"。

此外，在衍生使用功能上，建筑向着维护快捷的方向发展，体现为模块化、部品化技术的应用；而汽车向着多种类型的方向发展，体现为商务车、房车以及各种中大型功能用车如同多种类型的"建筑"一样，能够满足人们更丰富的活动内容。因此，建筑的典型衍生使用功能是移动运输和维护快捷，而汽车的典型衍生使用功能是居住舒适和多种类型。

5.1.3　工业产品和建筑的融合

基于上文（第三章和第四章）对预制装配式建筑（钢筋混凝土 / 钢或钢木结构建筑的主体结构和外围护结构）和典型工业产品（汽车车身）的"工业化构成原理"的分析、归纳、整理和总结，本小节将从工业产品和建筑的趋同性与差异性、工业产品和建筑融合的可行性与局限性这两个方面出发，借助雷达图（蜘蛛图）建立两者的"半定量"数学模型，以"工业化构成"的视角对预制装配式建筑和典型工业产品（汽车车身）进行"工业化构成原理"框架下物质层面（物质系统构成）、技术层面（技术系统构成）和秩序层面（秩序系统构成）这三个层面的"半定量"类比分析，并通过类比表格的形式进行总结，揭晓"预制装配式建筑是否真的能实现像造汽车一样建造？"这个问题的答案，同时提出将制造业融合进建筑业的合理可行的中观技术策略和微观技术路线。

5.1.3.1　两者的趋同性与差异性

1. 趋同性与差异性要点汇总

预制装配式建筑和工业产品（汽车车身）物质系统构成、技术系统构成和秩序系统构成的趋同性和差异性要点可以汇总归纳如下（表 5-12、表 5-13、表 5-14），括号内为要点数量。

表 5-12 两者物质系统构成的趋同性和差异性要点汇总

分系统	子系统	层级	趋同性	差异性（建筑上，汽车车身下）
物质系统构成	分类	划分依据	主体结构遵循底部/中部/顶部的划分依据（1）	上方单元格构件拼装模式：拼装成型（1）建筑
				下方单元格部件总成模式：一体成型（1）汽车车身建筑（上方单元格）汽车车身（下方单元格）
			外围护结构遵循外部/顶部/附属/装饰部分的划分依据（1）	构件复合模式：逐层复合（1）
				独立总成模式：独立系统（1）
		功能特征	复合性（1）	独立性、叠合性、联系性（3）
				系统性、标准性（2）
	材料	结构性材料	钢材、铝合金（2）	钢筋混凝土、钢木混合、木材等（3）
				镁合金、复合材料等（2）
		交互性材料	门、窗（2），以玻璃为主（1）	门、窗、阳台、雨棚、台阶（5），嵌入式（1）
				车门、车窗（2），集成式（1）
		性能性材料	以复合材料、密封胶条、黏合剂为主（3）	矿（岩）棉、挤塑板、珍珠岩等（3）
				塑料、衬垫、橡胶等（3）
		装饰性材料	油漆（1）	石材、木材、涂料、饰面砖、饰面板、GRC（6）
				塑料、其他金属/非金属装饰（2）
		联系性材料		建筑特有（0）

表来源：作者自绘

表 5-13 两者技术系统构成的趋同性和差异性要点汇总

分系统	子系统	子系统层级	趋同性	差异性（建筑上，汽车车身下）
技术系统构成	设计	设计指导原则	数理原则、操作原则、实施原则（3）	模数化、模块化、协同化（3）
				标准化、模块化、通用化（3）
		设计最终目标	标准化（1）	系列化（1）
		设计实施战略	标准化（1）	平台化、模块化（2）
		典型设计技术	计算机信息/虚拟技术、精益思想、并行工程（3）	以 BIM、CAD 技术为主（2）
				以 CAX、CAE 技术为主，敏捷制造，逆向工程等（4）
		主要参数体现	无（0）	预制率/装配率（1）
				汽车参数配置（1）
	制造	制造工艺	流水线（1）	以固定式工艺为主（1）
				以流水线式工艺为主（1）
	装配	装配工艺	单体组合理念（1）	组装工艺、运输作业、吊装作业（3）
				装焊工艺、装焊夹具、生产线流水作业（3）
		定位方式	机械化手段（1）	运输、临时支撑、吊装作业配合（3）
				装焊夹具、生产线流水作业配合（2）
		辅助机具	第三方辅助（1）	临时支撑、吊装机具（2）
				装焊夹具、焊接机器人、装焊生产线（3）
	连接	刚性连接	不引入第三方构件或材料（1）	混凝土凝固成型（1）
				钢材熔化塑形（1）
		特殊刚性连接		汽车车身特有（0）
		钢筋连接		建筑特有（0）

续表

分系统	子系统	子系统层级	趋同性	差异性（建筑上，汽车车身下）
技术系统构成	连接	柔性连接	引入第三方构件或材料，依靠"坚固"特性（1）	外挂式螺栓、剪力墙螺栓（2）
				螺纹、卡扣（2）
		密封连接	密封系统（1）	接缝处理（1）
				满足可启闭要求（1）
		装配过程连接	引入机具（1）	斜撑、支撑架、定位、固定件（4）
				装焊夹具、点焊（2）
		使用过程连接	汽车车身特有（0）	铰链和锁止系统、密封性系统（2）

表来源：作者自绘

表 5-14　两者秩序系统构成的趋同性和差异性要点汇总

分系统	子系统	层级	趋同性	差异性（建筑上，汽车车身下）
秩序系统构成	总流程	阶段划分	前期阶段、方案阶段、深化阶段、生产阶段、总施工/总装配阶段、使用前阶段（1）	运输环节（1）
				测试环节（1）
	设计/开发子流程	前期阶段	指导性报告（1）	建筑立项 面向甲方：基于相关项目经验（2）
				APQP、QFD、SWOT、产品对标 面向市场：基于市场需求数据分析（5）
		方案阶段	方案设计（1）	基于建筑师：多元化（2）
				基于技术积累：系列化（2）
		深化阶段	使方案具备生产的可行性（1）	拆分设计、施工设计、构件设计（3）
				技术设计、产品试制、样车试验、生产准备（4）
	生产及施工/生产子流程	制造阶段	将单体图纸转化为单体实体（1）	基于"个性化"模具、混凝土复合材料构件的定形和运输（1）
				基于"批量定制化"模具、钢材部件的塑形和冲压工艺（1）
		装配/连接阶段	将单体实体组合成整体实体（1）	人工主导：灵活多变（2）
				机器（程序）主导：标准程式（2）
		其他工程施工/汽车总装配阶段	完成最终建筑/汽车（1）	主体/外围护结构和其他工程汇总（1）
				车身总成和其他总成汇总（1）
		使用前阶段	使用前检查（1）	建筑验收（1）
				整车测试（1）
	使用、功能	本质使用功能	无（0）	遮风避雨（住）（1）
				移动运输（行）（1）
		特有使用功能	无（0）	坚固耐久、居住舒适、多种类型（3）
				操控感受、维护快捷、空气动力（3）
		衍生使用功能	舒适居住、移动运输、维护快捷、多种类型（4）	
		基本使用功能	空间品质、艺术审美、安全可靠（3）	无（0）
		发展使用功能	绿色节能（1）	工业化（1）
				轻量化（1）

表来源：作者自绘

2. 趋同性和差异性"半定量"分析

基于上述对预制装配式建筑和工业产品（汽车车身）在两者物质系统构成、技术系统构成和秩序系统构成的趋同性和差异性要点汇总，下面将借助雷达图（蜘蛛网图），建立数学模型，利用百分比数值对两者的趋同性和差异性进行"半定量"的分析和计算，从而确定两者的趋同性和差异性数值。

在建立"半定量"的模型时，雷达图的轴标签可以定义为三个分系统中各子系统的不同层级，如物质系统构成的轴标签为分类子系统的划分依据和功能特征，材料子系统的结构性材料、交互性材料、性能性材料、装饰性材料和联系性材料；技术系统构成的轴标签为设计与制造子系统的设计指导原则、设计最终目标、设计实施战略、典型设计技术、主要参数体现、制造工艺，装配与连接子系统的装配工艺、定位方式、辅助机具、刚性连接、柔性连接、钢筋连接、密封连接、使用过程连接和装配过程连接；秩序系统的轴标签为总流程子系统的阶段划分，设计 / 开发子流程子系统的前期阶段、方案阶段和深化阶段，生产及施工 / 生产子流程子系统的制造阶段、装配和连接阶段、其他工程施工 / 汽车总装配阶段、使用前阶段，使用功能子系统（系统目的性）的本质使用功能、特有使用功能、衍生使用功能、基本使用功能和发展使用功能。

雷达图的轴标签数据则以百分比表示，一方面，轴标签（各分系统中子系统的不同层级）之间不具备横向比较参考性，不宜用绝对数值来表示，因此采用百分比数值来纵向比较各轴标签（各分系统中子系统的相同层级）内部的趋同性趋向数值；另一方面，确定数值时，采用计算同一轴标签（层级）内部的趋同性要点数量所占趋同性和差异性要点数量总和的比重的方法，即百分比作为建筑和工业产品（汽车车身）在此轴标签（层级）的趋同性数值，而反之则是两者的差异性数值。最后，通过各个轴标签（层级）的趋同性数值，以及各个分系统的平均趋同性数值，可以得出两者各个分系统（物质、技术、秩序）和整个系统的"半定量"趋同性数值和差异性数值。

需要注意的是，对于可以定量，且可以直接进行数量比较的要点，如典型材料种类数量、策划阶段典型方法数量等，采取计算趋同性要点实际数量和差异性要点实际数量的方法。而对于只能定性，但不能直接进行数量比较的要点，如分类划分依据、方案设计方法等，采取计算宏观上从建筑和工业产品（汽车车身）的类比结果中提炼总结出来的，能够概括和代表其要点内容的"代表"数量的方法，即计算同一趋同性要点（通常数量为 1）的数量。

根据表 5-12 的要点汇总结果，预制装配式建筑和工业产品（汽车车身）物质系统构成的趋同性计算结果如图 5-1 所示。在物质分系统中，两者在分类子系统中的划分依据层级，具有一般的趋同性（33%）；在功能特征层级，

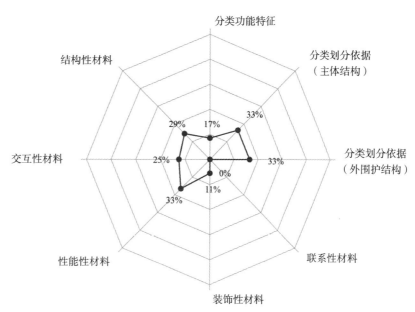

**图 5-1　两者物质系统构成的趋
同性和差异性分析**
图片来源：作者自绘

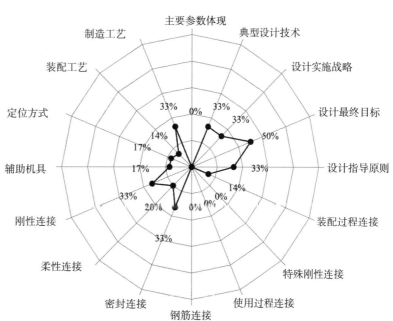

**图 5-2　两者技术系统构成的趋
同性和差异性分析**
图片来源：作者自绘

具有极低的趋同性（17%）。在材料子系统中的结构性材料和性能性材料层级，
具有一般的趋同性，分别为 29% 和 33%；在交互性材料层级，具有较低的趋同
性（25%）；在装饰性材料层级，具有极低的趋同性（11%）；在联系性材料层级，
没有趋同性（0%）。两者物质系统的总体趋同性数值为 22.6%，差异性数值为
77.4%。

　　根据表 5-13 的要点汇总结果，预制装配式建筑和工业产品（汽车车身）
技术系统构成的趋同性计算结果如图 5-2 所示。在技术分系统中，两者在设
计与制造子系统中的设计最终目标层级具有较高的趋同性（50%）；在设计
指导原则、设计实施战略、典型设计技术、制造工艺层级，具有一般的趋同

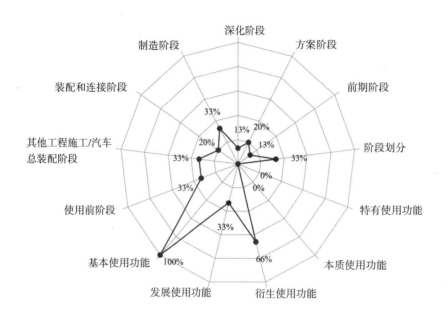

图 5-3　两者秩序系统构成的趋同性和差异性分析
图片来源: 作者自绘

性（33%）；在主要参数体现层级没有趋同性（0%）。在装配与连接子系统中的密封连接和刚性连接层级，具有一般的趋同性（33%）；在柔性连接和辅助机具层级，具有较低的趋同性，分别为 20% 和 16%；在装配工艺和定位方式层级，装配过程连接具有极低的趋同性（14%）；在钢筋连接、使用过程连接层级，没有趋同性（0%）。两者技术系统的总体趋同性数值为 20.6%，差异性数值为 79.4%。

　　根据表 5-14 的要点汇总结果，预制装配式建筑和工业产品（汽车车身）秩序系统构成的趋同性计算结果如图 5-3 所示。在秩序分系统中，两者总流程子系统中的阶段划分层级，具有一般的趋同性（33%）。在设计 / 开发子流程子系统中的方案阶段层级，具有较低的趋同性（20%）；在前期阶段和深化阶段层级，具有极低的趋同性（13%）。在生产及施工 / 生产子流程子系统中的制造阶段、其他工程施工 / 汽车总装配阶段、使用前阶段层级，具有一般的趋同性（33%）；在装配和连接阶段层级，具有较低的趋同性（20%）。在使用功能子系统（系统目的性）中的基本使用功能层级，具有极高的趋同性（100%）；在衍生使用功能层级，具有较高的趋同性（66%）；在发展使用功能层级，具有一般的趋同性（33%）；在本质使用功能和特有使用功能层级，没有趋同性（0%）。两者秩序系统的总体趋同性数值为 30.5%，差异性数值为 69.5%。

　　至此，可以计算出预制装配式建筑和工业产品（汽车车身）在整个"工业化构成系统"中的趋同性数值为 24.6%，差异性数值为 75.4%。

5.1.3.2　融合的可行性与局限性

　　预制装配式建筑和工业产品（汽车车身）的趋同性和差异性数值，一方面反映了两者以及建筑业和制造业的趋同性和差异性现状，另一方面也可以反映出两者融合的可行性和局限性的趋势走向。基于 5.1.3.1 小节对两者趋同性和差异性的"半定量"分析，本小节将继续借助雷达图（蜘蛛图），利用百分比数值对两者融合的可行性和局限性的趋势走向进行"半定量"的分析和计算，从而确定两者融合的可行性数值和局限性数值。

1. 融合的可行性和局限性"半定量"分析

在提炼两者融合的可行性和局限性要点时，重点是从具有趋同性数值的轴标签（层级）入手。一方面，趋同性反映了两者的融合现状，是两者继续融合的可行性基础；另一方面，尽管两者在一些轴标签（层级）中具有趋同性，具有继续融合的可行性基础，但在融合时同样存在难以逾越的局限性。

因此，首先将趋同性为 0% 的数值去除，此类轴标签（层级）通常是建筑或工业产品的特有特征，不具备融合的可能性。在物质系统构成中，去除材料子系统中的联系性材料层级；在技术系统构成中，去除设计与制造子系统中的主要参数体现层级，去除装配与连接子系统中的钢筋连接、使用过程连接和特殊刚性连接层级；在秩序系统构成中，去除使用功能子系统（系统目的性）中的本质使用功能和特有使用功能层级。

其次，在预制装配式建筑和工业产品（汽车车身）的趋同性和差异性的"半定量"分析雷达图的基础上，对每个轴标签（各分系统中子系统的不同层级）所包含的差异性要点进行逐条分析，此时轴标签的数值反映的是此层级制装配式建筑和工业产品（汽车车身）融合的可行性趋势，同样用百分比来表示。确定数值时，计算凡是有可能消除的差异性要点数量，即预制装配式建筑有可能向工业产品（汽车车身）学习的数量所占趋同性和差异性要点数量总和的比重（可行性趋势增量），再加上之前的趋同性数值，即可得出两者融合的可行性趋势数值。而反之则是两者的局限性数值。

最后，通过各个轴标签（层级）的可行性趋势数值，以及各个分系统的平均趋同性数值，可以得出两者各个分系统和整个系统的可行性趋势数值和局限性趋势数值。基于表 5-12、表 5-13、表 5-14 以及图 5-1、图 5-2、图 5-3 的分析结果，可以对两者融合的可行性和局限性趋势走向进行如下的"半定量"分析和计算。

预制装配式建筑和工业产品（汽车车身）物质系统构成的趋同性趋势计算结果如图 5-4 所示。在物质分系统中，两者在分类子系统中的划分依据和功能特征层级，具有一般的可行性趋势增量（33%），可行性趋势百分比分别为 66% 和 50%。在材料子系统中的结构性材料层级，具有较低的可行性趋势增量（14%），可行性趋势百分比为 43%；在交互性材料层级，具有较低的可行性趋势增量（8%），可行性趋势百分比为 33%；性能性材料、装饰性材料和联

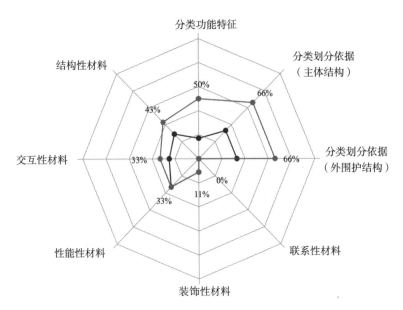

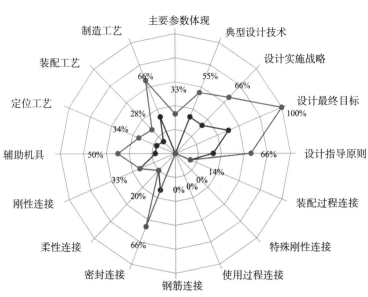

系性材料层级，几乎没有增量，还是保持原来的趋同性，分别为 33%、11% 和 0%。两者物质系统的总体可行性趋势增量数值为 15.2%，可行性趋势数值为 37.8%，局限性趋势数值为 62.2%。

　　预制装配式建筑和工业产品（汽车车身）技术系统构成的趋同性趋势计算结果如图 5-5 所示。在技术分系统中，两者在设计与制造子系统中的设计最终目标层级，具有较高的可行性趋势增量（50%），可行性趋势百分比为100%；在设计指导原则、设计实施战略、制造工艺、主要参数体现层级，具有一般的可行性趋势增量（33%），可行性趋势百分比为 66%；在典型设计技术层级，具有较低的可行性趋势增量（22%），可行性趋势百分比为 55%。在装配与连接子系统中的密封连接、辅助机具层级，具有一般的可行性趋势增量

（33%），可行性趋势百分比分别为 66% 和 49%；在装配工艺、定位方式层级，具有极低的可行性趋势增量（14% 和 17%），可行性趋势百分比为 28%；在刚性连接和柔性连接层级，几乎没有增量，还是保持原来的趋同性，分别为 33% 和 20%。两者技术系统的总体可行性趋势增量数值为 18.8%，可行性趋势数值为 39.4%，局限性趋势数值为 60.6%。

　　预制装配式建筑和工业产品（汽车车身）秩序系统构成的趋同性趋势计算结果如图 5-6 所示。在秩序分系统中，两者在总流程子系统中的阶段划分层级，具有一般的可行性趋势增量（33%），可行性趋势百分比为 66%。在设计 / 开发子流程子系统中的前期阶段层级，具有极高的可行性趋势增量（63%），可行性趋势百分比为 76%；在方案阶段层级，具有较高的可行性趋势增量（40%），可行性趋势百分比为 60%；在深化阶段层级，具有较低的可行性趋势增量（25%），可行性趋势百分比为 38%。在生产及施工 / 生产子流程子系统中的制造阶段层级，具有一般的可行性趋势增量（33%），可行性趋势百分比为 66%；在装配和连接阶段层级，具有较低的可行性趋势增量（20%），可行性趋势百分比为 40%；在其他工程施工 / 汽车总装配阶段、使用前阶段层级，几乎没有增量，还是保持原来的趋同性（33%）。在使用功能子系统（系统目的性）中的基本使用功能、发展使用功能和衍生使用功能层级，几乎没有增量，还是保持原来的趋同性，分别为 100%、33% 和 66%。两者秩序系统的总体可行性趋势增量数值为 16.5%，可行性趋势数值为 47%，局限性趋势数值为 53%。

　　至此，可以计算出预制装配式建筑和工业产品（汽车车身）在整个"工业化构成系统"中的可行性趋势增量数值为 16.8%，可行性趋势数值为 41.4%，局限性趋势数值为 58.6%。

图 5-6　两者秩序系统构成融合的可行性趋势分析
图片来源：作者自绘

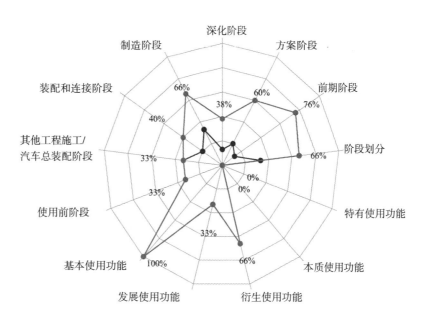

综上所述，预制装配式建筑和工业产品（汽车车身）在整个"工业化构成系统"中的趋同性与差异性、融合的可行性与局限性的相关"半定量"分析数据可以汇总如下（表5-15）：

表 5-15　建筑和工业产品融合的相关数据汇总

分系统	物质系统		技术系统		秩序系统			工业化构成总系统
子系统	分类	材料	设计与制造	装配与连接	总流程	子流程	系统目的性	
两者趋同性	27.6%	19.6%	29.8%	14.8%	33.0%	23.6%	39.8%	24.6%
	22.6%		20.6%		30.5%			
数值变化	33%	4.4%	34.5%	8.9%	33%	25.8%	0%	16.8%
	+15.2%		+18.8%		+16.5%			
融合可行性趋势	60.6%	24.0%	64.3%	23.7%	66%	49.4%	39.8%	41.4%
	37.8%		39.4%		47%			
两者差异性	72.4%	80.4%	70.2%	85.2%	67%	74.6%	60.2%	75.4%
	−77.4%		79.4%		69.5%			
数值变化	−33%	−4.4%	−34.5%	−8.9%	−33%	−25.8%	0%	−16.8%
	−15.2%		−18.8%		−12.8%			
融合局限性趋势	39.4%	76%	35.7%	76.3%	34%	50.6%	60.2%	58.6%
	62.2%		60.6%		53%			

表来源：作者自绘

2. 融合的可行性和局限性要点分析

如表5-15所示，目前建筑业正在向制造业学习。将制造业引入建筑业的理念自从1992年精益建造提出之后就在不断发展，通过上文对预制装配式建筑和工业产品（汽车车身）这两类具有典型趋同性特征的建筑和工业产品类型进行"半定量"的类比、分析和计算，可以发现，时至今日，两者融合的应用现状仍然不容乐观。从两者目前的趋同性数值中可以发现，在物质分系统和技术分系统，其趋同性数值仅为22%左右，而秩序分系统稍高，其趋同性数值达到了30.5%。两者工业化构成总系统的趋同性仅为24.6%，两者之间仍然具有很大的差异性，其差异性数值达到75.1%。

那么，随着人类社会的发展，科学技术的进步，两者是否有进一步融合的可能性呢？两者继续融合的可能性反映为融合可行性趋势数值，从数值中可以发现，物质分系统中的分类子系统、技术系统中的设计与制造子系统继续融合的可行性最大，其数值增量达到了30%左右，尤其是设计与制造子系统，其数值增量达到了最高的34.5%。而秩序分系统中的总流程子系统融合的可行性较大，其数值增量也达到了 25.8%。因此，两者在分类子系统、设计与制造子系统、总流程子系统继续融合的潜力最大，最后的可行性趋势达到了 60% 左右。在秩序分系统中的子流程子系统继续融合的潜力较大，最后的可行性趋势达到了 50% 左右。而物质分系统中的材料子系统、技术分系统中的装配与连接子系统、秩序分系统中的使用功能子系统（系统目的性）继续融合的可行性较小，甚至几乎没有，其数值增量仅为 8.9%、4.4% 和 0%。因此，两者在材料子系统、装配与连接子系统、使用功能子系统（系统目的性）继续融合的潜力较小。具体来说，两者融合的可行性和局限性的要点可以总结为：

在物质分系统的分类子系统中，建筑构件的划分依据可以从"拼装成型""逐层复合"向"一体成型""独立系统"发展；建筑构件的功能特征可以从单一的复合性特征向系统性和标准性发展。在材料子系统中，构件的结构性材料还是以钢筋混凝土或钢材为主，但无法采用镁合金、复合材料等作为结构性材料；构件的交互性材料仍将由门、窗、阳台、雨棚、台阶等建筑构件组成，和车门、车窗差异较大，但构造方式可以向集成式发展；构件的性能性材料、装饰性材料与部件相比种类繁多，要求更高，因此融合起来存在较大局限性；联系性材料为建筑特有，基本没有融合的可能性。

在技术分系统的设计与制造子系统中，建筑设计指导原则可以向标准化、模块化和通用化发展；设计最终目标可以向系列化发展；设计实施战略可以向模块化发展，但不适宜采用平台化战略；典型设计技术可以向敏捷制造、逆向工程发展，但不适宜采用 CAX 以及 CAE 等汽车特有的技术；主要参数体现可以向完善的参数配置发展；制造工艺可以向流水线工艺发展。在装配与连接子系统中，建筑的装配工艺、定位方式可以向生产线流水作业发展，但建筑构件的组装工艺、运输作业、吊装作业等与装焊工艺、装焊夹具差异较大，无法进一步融合；建筑的辅助机具可以向机器人方向发展，但临时支撑、吊装机具与装焊夹具、装焊生产线差异较大，无法进一步融合。建筑构件的密封连接可以借鉴汽车部件的密封系统，但刚性连接、柔性连接、钢筋连接、装配过程连接、使用过程连接等与部件的连接方式相比差异较大，因此，在目前已有相似连接方式（如螺栓连接等）的基础上进一步融合的可能性较小。

在秩序分系统的总流程子系统中，建筑建造流程可以增加测试环节。在设计 / 开发子流程子系统中，建筑在前期阶段的策划方法可以借鉴 APQP、QFD、SWOT、产品对标等面向市场的策划方法；在方案阶段可以借鉴基于技术积累的系列化设计方法；在深化阶段可以增加建筑试制环节和生产准备环节。在生产及施工 / 生产子流程子系统中，建筑在装配和连接阶段可以向标准程式化工法（工序）发展，但还不能做到大部分工序完全由机器（程序）主导；在其他工程施工 / 汽车总装配阶段和使用前阶段，建筑和工业产品（汽车）的差异较大，很难进一步融合。在使用功能子系统（系统目的性）中，建筑和工业产品（汽车）的趋同性主要反映在衍生使用功能上，两者目前已经向对方的使用功能领域衍生，如居住舒适、移动运输、维护快捷、多种类型等，因此，很难进一步融合。而本质使用功能、特有使用功能、基本使用功能和发展使用功能通常为建筑或工业产品（汽车）特有或共有，基本没有融合的可能性。

3. 融合的可行性和局限性要点汇总

预制装配式建筑和工业产品（汽车车身）两者融合的可行性主要集中在建筑及其构件的设计理念、制造方式、设计与制造流程、机具更新和密封处理等方面。其中，设计理念和流程方面的融合可行性潜力最大，制造方式和流程方面的融合可行性潜力次之，辅助机具和密封系统的融合可行性潜力一般。而两者融合的局限性主要集中在建筑及其构件的材料差异、装配方式差异、定位方式差异、连接方式差异、装配与连接流程差异、使用功能差异等方面。其中，材料、连接方式和使用功能的融合局限性最大，装配方式、定位方式的融合局限性次之，装配与连接流程的融合局限性一般。

两者融合的可行性趋势主要得益于目前建筑工业化背景下设计理念的不断更新、制造方法的不断进步、设计与制造流程的不断优化以及各种新兴机具和密封系统的不断研发等。而两者融合的局限性可以归纳为如下几个因素：

（1）设计理念模式

汽车是典型大工业批量化生产的产物，即工业产品，其设计的首要目标是满足重复生产的要求，因此，其设计理念具有明显的批量化和系列化特征。而建筑是从艺术及其美学理论的基础上发展而来的，设计师需要具备良好的绘画和审美能力，其设计的首要目标是在兼顾功能要求的前提下，主要满足人文性，即人文环境（文化、观念、艺术等主观认知）的要求，因此，其设计理念具有明显的个性化和人文化特征。

（2）使用功能定位

汽车和建筑在使用功能的定位上有本质的区别，汽车的本质使用功能是可移动的"运输工具"，而建筑的本质使用功能是提供供人居住的"庇护所"。尽管随着人类文明的发展，两者的衍生功能互有交叉，但汽车的本质使用功能定位依然是"行"，体现为"轻量移动"的特性，而建筑的本质使用功能定位依然是"住"，体现为"坚固耐久"的特性。

（3）材料选用标准

汽车和建筑本质使用功能定位的不同决定了材料选用标准的不同，在目前以及将来很长的一段时间内，钢筋混凝土、钢材和木材等仍将是建筑结构的主要材料，同时其他交互性材料、性能性材料、装饰性材料的选用依然遵循"住"的本质使用功能和"坚固耐久"的特性。而汽车依然以钢材为主要材料，同时其他材料，如镁合金、塑料等仍然遵循"行"的本质使用功能和"轻量移动"的特性。两者的材料选用标准和发展路径截然不同。

（4）生产地点差异

汽车通常外形尺寸较小，且无须固定的场地，因此，汽车的生产过程可以全部在工厂完成。而建筑通常外形尺寸庞大，工序复杂，涉及工厂和现场工地两个建造场地，需要运输环节作为纽带。

（5）最终外形尺寸

汽车和建筑本质使用功能定位的不同同样决定了最终外形尺寸的差异。建筑和汽车虽然都是人类为了适应和改变自然环境所创造的人工产物，但建筑的尺寸更大，这是由人类的活动内容所决定的，建筑可以满足人类更多的活动内容，因此建筑类型纷复繁杂。而汽车尺寸较小，主要是满足人类"行"的活动要求，即使使用功能衍生出了房车、客车等类型，但和建筑相比，其仍然需要循序"行"的本质使用功能和"轻量移动"的特性。

5.2　建筑产品化策略的推导

5.2.1　策略的切入点

从 5.1 节对两者进行的"半定量"类比分析结果的数据与融合的可行性和局限性因素中可以发现，建筑和工业产品（汽车）在使用功能上的差异性是造成两者在材料选用、装配方式、定位方式、连接方式、装配与连接流程等方面难以进一步融合的根本原因。一方面，这种本质使用功能上的差异性是两者进一步融合难以突破的桎梏；另一方面，两者不可能也不必要做到完全的融合，相应地，制造业也无须完全引入建筑业，盲目引入模仿的后果甚至可能起到相反的结果。同时，不可忽视的是建筑和工业产品（汽车）在设计相关领域继续融合的潜力较大，在整个可行性趋势增量中占到很高的比例（68.7%），在制造相关领域继续融合的潜力次之（25.0%），在机具和其他领域继续融合的潜力最低（6.3%）。

因此，在设计理念模式层面寻求继续融合的突破口是将制造业引入建筑业的一种新思路，这也从侧面印证了建筑行业内"发展建筑工业化首先应从设计开始，从结构入手"的基本观点。下面将从建筑师身份和建筑学教育的历史发展脉络出发,分析设计理念模式形成的根本原因,并对"建筑作品观念"进行设计理念模式层面的分析,从而提出"建筑的工业化构成秩序的产品化"的设计理念模式和技术实施路径,进而对建筑"产品化"融合策略的建立进行推导,实现在建筑工业化背景下将制造业全局、系统、合理地融合进建筑业的最终目标。

5.2.2 建筑作品观念

5.2.2.1 历史发展脉络

1. 萌芽阶段

建筑师是三大古老职业之一,其他两个分别是医师和律师。医师恢复人体秩序,律师维持社会秩序,建筑师创造物质秩序。早在公元前25年,古罗马建筑师兼军事工程师维特鲁威在其著作《建筑十书》的第一章就讨论了建筑师和建筑教育。他要求建筑师能写善画,精通几何学与数学,熟悉历史与哲理,懂得音乐乐理、各门自然科学以及各学科间的相互关系,以及天体星球之间的相互关系。所谓"写",是指建筑师要善于观察,总结经验,把它们记录下来;"画"是指把他的设计形体表达出来进行研究,几何学就是为了帮助他达到这一目标的;自然科学指的是视觉学、力学、几何学、乐理等;历史是为了更好地理解建筑装饰在历史上的应用,不要盲目抄袭古人;天体星球之间的相互关系则用来观察气候等自然条件[①]。由此可见,古代建筑师不是纯粹的工程师,他们需要精通各学科,具备横跨人文性(艺术性)和物质性(技术性)的知识和素质。

中世纪的欧洲,建筑师的名称在历史上消失了,代之以"匠师",他们以高超的营造技艺为宗教服务。如果说在中世纪之前,建筑学并没有形成一个系统的教育体系,那么在这样的前提下,中世纪出现的手工艺人行会可以被看作是最早的建筑专业学校[②]。中世纪教堂的建造需要由石工、木工、管子工和其他工匠共同完成,在建造过程中,这些工匠都在一个大石匠的指导下工作,而这个大石匠,便是今天意义上的建筑师。石匠们会到需要建造房屋和教堂的城镇上去,每到一个新的地方便建立一个石匠分会,这既是工人的工作场所,也是管理中心。大石匠大都出身于普通石工,但与普通石工不同,他们负责指导建筑的全部建造过程,他们既是设计师也是承包商,还是技术传授者,为行会人员安排工作,分配住所[③]。在中世纪的行会系统里,作为建筑师身份的大石匠掌控着除了工程投资以外的一切事务。

中国古代建筑也是在没有建筑师的情况下产生的,当时的民间营造基本上都是自发的,根据环境产生的,也正是因为如此,民居成为地域文化研究

① 陈占祥. 建筑师历史地位的演变[J]. 建筑学报,1981(8):28-31,83-84.
② 张早. 建筑学建造教学研究[D]. 天津:天津大学,2013.
③ 安妮·谢弗-克兰德尔. 剑桥艺术史:中世纪艺术[M]. 钱乘旦,译. 南京:译林出版社,2009.

的重要依据。而官式建筑则是在专管营造事物的机构和一系列的制度下产生的，其中现代工程中的策划、规划、设计、预算基本上被阴阳家、风水师以及文人官吏所把持，文人雅士们普遍会构思出一幅幅画面，然后提供给工匠们。因此，建筑师的前身是各种营造活动中技艺超群的工匠。虽然中国古代进行了许多建造活动，但"建筑"这个词汇并不存在，"建筑师"的称谓更是没有。

2. 形成阶段

意大利文艺复兴时期是西方建筑学发展的重要时期，此时哥特式建筑逐渐失去了自身的魅力，石匠行会也逐渐瓦解，而建筑师的身份也发生了转换。在阿尔伯蒂看来建筑师应该是一个学者或绅士，而不仅是一个工匠或手艺人[①]。阿尔伯蒂的《建筑论》成为继维特鲁维的《建筑十书》之后的第二本全面整合学科知识的书籍。在书中，阿尔伯蒂对建筑师提出了新的要求，认为建筑师不应仅仅是一个工匠，还应具有绘图、思考和发明的能力。他所定义的建筑师不仅需要技术知识，而且还需要受过良好的教育，这为建筑师设定了门槛，只具备工程知识和经验的哥特工匠们逐渐在设计的领域中失去了建筑师的身份。在这种背景下，绘画和绘图的要求提高了建筑师的门槛，工匠们不能继续胜任文艺复兴后的设计任务。如何进行建筑设计不再属于工匠的职能范围，他们更多的是作为建造者、承包商和技术顾问而存在，而受到过绘画训练的建筑师更容易得到人们的认可，建筑学徒们开始从行会向画室转移[②]。

欧洲自 17 世纪以来对建筑师的定位及其知识与技能的概括形成了对其 4 种不同的角色的描述，如学术建筑师（the academic architect）、手艺人或工匠（the craftsman-builder）、市政工程师（the civil engineer）以及稍后形成的社会学家（the social scientist）。路易十四时期（1671 年），第一座官方的建筑学学校——皇家建筑学院成立。此时正处于文艺复兴的末期，文艺复兴中如米开朗琪罗、达·芬奇等震古烁今的艺术家对建筑设计有着极大的推动作用，但是也正因如此，这些艺术家把建筑设计的过程更多地看成是艺术创作的过程，所以建筑脱离了遮风挡雨的需求，成为艺术家创作的载体。直到 1819 年，巴黎美术学院（Beaux Arts）的建立才明确了建筑师的身份及其教学系统，其继承了文艺复兴的建筑学传统，选择"学术建筑师"作为建筑学的培养目标。也就是对今天的建筑学教学影响深远的"布扎"体系。托马斯·费舍尔（Thomas Fisher）在回顾整个建筑学学科的发展时认为，正是在 1500 年左右，行会的逐渐没落和文艺复兴所带来的资本力量的崛起，使实践建筑师和从事教授建筑学的教育工作者逐渐分离为两种职业[③]。巴黎美术学院建筑学教育的课程体系秉承了大学的学术传统，建构了完整的课程体系。课程体系给未来的建筑师输送了 5 类知识：分析类、科学类、建造类、艺术

① Hearn F. Ideas that shaped building [M].Massachusetts：The MIT Press,2003：32.
② 张早. 建筑学建造教学研究 [D]. 天津：天津大学,2013.
③ Andrzej P, Julia W R. The discipline of architecture [M]. Minneapolis：University of Minnesota Press,2001：1-9.

类、项目类。分析类主要分析或模仿优秀的建筑实例；科学类（要通过考试）包括数学、解析几何、静力学、材料性能、透视学、物理学、化学以及考古学；建造类包括做模型和结构分析；艺术类包括用炭笔画石膏模型的素描、各种装饰细部和临摹雕像；项目类包括建筑相关的各项指标构成。由此可以看出，进入大学的建筑学延续并完善了维特鲁威时期奠定的建筑学的知识结构，该体系旨在将学术建筑师培养成一个有品位的学者，它奠定了西方建筑学知识体系的基础[①]。

在文艺复兴思想的辐射下，绘画和雕塑已经紧密地和建筑联系在了一起。建筑师的培养也越来越重视绘图能力的训练。中世纪行会中集设计师、匠人、建筑教师、学徒、承包商为一身的建筑师逐渐在历史中消失了[②]。"布扎"体系的出现明确了建筑师的教学系统，但同时也忽视了对技术工艺的关注。对今天产生巨大影响的"布扎"体系可以说是源自文艺复兴。

3. 发展阶段

工业革命所带来的技术进步给各种应用技术产业带来了巨大的冲击，建筑师们的关注点也重新从巴黎美术学院所关注的构图问题回归到技术工艺的问题上，对这些技术工艺保持敏感的工匠型建筑师开始重新领导时代的潮流。无论是钢铁、玻璃还是钢筋混凝土，各种新技术的出现已经开始动摇自文艺复兴以来形成的学科根基。"布扎"这一从构图出发的美学观已经不能再适应工业社会对经济和速度的需求。

当水晶宫出现在伦敦世博会时，来自欧洲的建筑师们就已经深刻地意识到了新技术的力量。各种建筑运动和建筑师意识上的转变最终将矛头指向了建筑教育。工业革命的到来使人们开始重新关注和讨论技术问题，随着工艺美术运动的兴起，各种关注艺术与工艺的院校如雨后春笋般出现。这些学校与传统的"布扎"体系格格不入。因此，从19世纪下半叶到20世纪初，从英国到德国，从工艺美术运动到德意志制造联盟，从拉斯金、莫里斯到格罗皮乌斯，这种对放弃匠人工作范围的不甘以及对艺术家身份和创造力的追求促成了包豪斯的建立。

1919年，继亨利·范·德·菲尔德之后，沃尔特·格罗皮乌斯成为魏玛艺术学院的院长。他被委任重新建立一所新的建筑和应用艺术学校。这所新学校需要将图像艺术学校和刚刚解散的编织艺术学校整合到一起。格罗皮乌斯随后将学校更名为魏玛国立包豪斯。实际上，德语中的"Hausbau"一词，即建造的意思，那么"Bauhaus"一词可以被解释为动词"bauen（建造）"+"Haus（房屋、家）"的组合，因此可以被直译为"建造之家"。此外，"Bauhaus"也可以看作是对"Hausbau"一词的重构，因此也被理解为是对建造传统的

① 丁沃沃. 过渡与转换：对转型期建筑教育知识体系的思考[J]. 建筑学报,2015(5): 1-4.
② 张早. 建筑学建造教学研究[D]. 天津：天津大学,2013.

反思。

　　包豪斯的成立形成了另一种建筑教育模式。1919 年，在包豪斯学院创立之初，即发表了"包豪斯宣言"："让我们建立一个崭新的、工匠和艺术家互不相轻的、无等级隔阂的行会。让我们共同创立新的未来大厦。它将融建筑、雕塑和绘画于一体，有朝一日它会从百万工人手中跃起，犹如某个信仰晶莹的象征物伸向天国。"包豪斯开创了"现代主义建筑运动"的高潮，其广泛采用工作室体制进行教育，让学生参与动手的制作过程，完全改变了以往那种只绘画不动手制作的陈旧教育方式；同时，包豪斯还开始建立与企业界、工业界的联系，使学生能够体验工业生产与设计的关联，开创了现代设计与工业生产密切联系的先河[①]。

　　包豪斯的工作坊教学独特之处在于其所体现出的探索性和实验性，而传统的学徒训练是以模仿前人为主，或只是将实际的技能传授给学徒，这与包豪斯相比，具有很大的不同。这种以工艺技术和艺术创作密切结合为核心的建筑教育模式体系自身的理论也在不断地发展，从早期对手工艺的强调发展至晚期成熟的理论体系，逐渐渗入到建筑学院的教学体系中。建筑教育模式也不再局限于"布扎"体系所推崇的"艺术创作"训练，而是将艺术创作（绘画）和工艺技术（制作）相结合，走入系统化的学院教育体制中。工艺技术（制作）也不再拘泥于手工艺教学，而是变得越来越具有普适性和开放性，其教学也不再局限于专业教学实验的层面，而是逐渐积极地参与到社会的建设中。包豪斯建筑教育模式经过了自文艺复兴以来形成的以绘图传统为教学主体的阶段后，在英德开花，在美国结果。而在今天，这种教育模式理念仍然对世界各地建筑学院的教育模式具有重要影响。

　　4. 多元阶段

　　自法国巴黎美术学院的"布扎"体系奠定了建筑学教育的学院派教育体系以来，建筑教育在大学教育体系里已经经历了 300 多个年头，在经过 1919 年包豪斯体系的冲击、融合调整后，发展至今也已经历了 100 多年。我国在大学里设立建筑学学科时就引进了西方建筑学的知识构成框架。"布扎"式的建筑教育在中国已经实行了近 90 年。1927 年，在南京的中央大学设立的建筑系被公认为是这段历史的起点[②]。很难说现今的建筑教育是继续着"布扎"的传统，还是已经完全脱离了"布扎"的束缚而进入了一个新的历史阶段，但可以确定的是，建筑教育已经步入了一个多元化的时代。

　　新的建筑教育体系在融合了"布扎"体系和包豪斯体系的框架体系后逐渐显现，扮演着拓展和补充建筑教育体系的角色。

　　典型的是始于 20 世纪初的"建构"思潮。建构的概念来自英文单词

---

① 沃尔特·格罗皮乌斯. 新建筑与包豪斯[M]. 王敏，译. 重庆：重庆大学出版社，2016.

② 顾大庆. 中国的"鲍扎"建筑教育之历史沿革：移植、本土化和抵抗[J]. 建筑师，2007（2）：97–107.

"tectonic"，其和 construction 的含义最为接近，都表达一种过程，但"tectonic"表达的是一种特指的过程。把"tectonic"归纳提高到建筑文化层次研究的是美国人肯尼思·弗兰姆普敦，他于 1986 年开始研究，在 1993 年以德文出版了著作 *Study in Tectonic Culture：The Poetics of Construction in Nineteenth and Twentieth Century Architecture*，在这本著作中，弗兰姆普敦系统详细地论述了"tectonic"。

随后，南京大学建筑学院的王骏阳教授在 2007 年出版了此书的中文译本《建构文化研究——论 19 世纪和 20 世纪建造诗学》，并将"tectonic"翻译成"建构"，引发了国内学术界对"建构"概念及其内涵的讨论以及"建构"的思潮。南京大学建筑学院力求建立一种新的教学、研究体系[①]，系统地传授建构理论，材料、构造、结构和形式的关系作为基本问题被探讨，建构设计课程以教授为主，教学方式为理论研究配合模拟建造。历经几年的探索，南京大学建筑学院逐渐在建造课程的开展上有所突破，尤其是在木建构教学上有显著的发展[②]。同时近几年来，对空间和建构教育的重视越来越成为一个明显的趋势，它提出了一种与"布扎"强调外观形象完全不同的造型主张。它在"艺术"的层面上，指出了一条不同于"布扎"的新的道路[③]。

综上所述，当代建筑学的教育体系大致可分为"布扎"、包豪斯和建构三个体系[④]。"布扎"教育体系起源于巴黎美术学院，在建筑学教育上侧重于先将历史上经典的建筑形态转换成艺术要素，再转化为形式组织，进而通过艺术构图进行设计。该体系的教育核心在于建筑艺术形式的创造，形式和风格上的创新能力成为专业教学的培养目标。包豪斯随着现代建筑运动的兴起而诞生，并成为第一所完全为发展现代设计教育而建立的学院，该体系的教育核心在于先将建筑形态转换成几何要素，再转换成几何抽象构成，并且将技术和艺术和谐统一，回归手工艺。包豪斯教育体系的核心在于空间上组织的创造，但在形式上仍然呈现出艺术创作的取向。建构教育体系关注建筑空间的构造逻辑，侧重于空间与材料、构造之间的对应组织，如空间的骨骼和外表皮形态呈现，该教育体系主张回到建筑本身，强调建筑"本质"的审美价值，主张建筑的材料、构造、结构方式和建造的过程都应成为建筑表现的主题和建筑批评的价值取向。建构体系的教育主轴为空间建造语汇的培养和训练。

5.2.2.2　建筑作品模式

1. 形成的根本原因

国内高校的建筑学教育体系由西方引入，早期主要为"布扎"体系，现行的建筑学教育主体为包豪斯体系，由于深受"布扎"体系中艺术精英思想

① 南京大学建筑学院成立十周年纪念册编辑委员会. 南京大学建筑学院成立十周年纪念册[M]. 南京：南京大学出版社, 2011.
② 赵辰. 国际木构工作营[M]. 北京：中国建筑工业出版社, 2008.
③ 顾大庆. 中国的"鲍扎"建筑教育之历史沿革：移植、本土化和抵抗[J]. 建筑师, 2007(2)：97-107.
④ 范霄鹏, 杨慧媛. 建筑学教育体系建构与传统建筑文化发展分析[J]. 中国勘察设计, 2014(10)：67-69.

的影响，在现代建筑学教学中呈现出较为强烈的艺术创作倾向。如在设计课程教学中追求空间造型、形态构图的独特与变化，审美悟性的启发教学多于规则理性和建造逻辑的传授教学，专业人才的培养目标侧重于艺术创作而非工程建造。唯美严谨的学院派建筑教育一度在中国占据主流。该传统始终遵循那些得到学界公认的、相对成熟的理论与时间体系，只讲授那些"只可意会，不可言传"的内容。

从"布扎"体系到包豪斯体系，再到建构体系，建筑学的教育经历了艺术形式创造、几何抽象构成、构造诗意表现等三个阶段，显现出从艺术到技术、从形式到内容、从空间到实体的建筑学教育趋势，但观念上"重道轻器"和专业上"重艺轻技"的倾向将处理建筑的形式、空间和功能与人文和设计之间的关系视为教学重点，忽视建筑的构件、建造和性能控制与人文和设计之间的关系。这就造成了近代中国建筑教育的重形式轻内容、重艺术轻技术、重表现轻设计的倾向。改革开放后，在国际建筑领域发展的影响和国内一系列社会经济变革背景下，国内高校的建筑教育发生了深刻变化，呈现出一些新的发展趋势，但本质上并没有改变这种倾向[1]。

2. 建筑作品模式

这种倾向导致了建筑行业几十年来的一个现象，建筑师一直在建筑工程项目中扮演"龙头"的角色，其他专业的工程师某种意义上来说是为建筑师"服务"的。这种关系可以概括为建筑师主要负责和客户沟通，出具设计图纸，并做好与其他工程师的协调工作，施工者主要负责将图纸付诸实现，其他专业的工程师则负责给建筑配套必需的设备和构件。建筑师理所当然地认为建筑师主要是负责设计，不负责后续的建设，后续的建设活动应由其他专业的工程师负责完成，即使关注，也只是从专业协同的角度来配合各专业完成专项设计。

东南大学建筑学院新型建筑工业化设计与理论团队形象地把这种现象描述为"建筑作品模式"[2]。建筑师在设计阶段，在与客户沟通的过程中为了展现自己的艺术天赋，说服客户接受自己的设计理念，从而使自己的建筑作品更加具有标识性、象征性和创造性。而在接下来的建设过程中，前期过度专注设计而忽略可行性导致建筑在后续的建设过程中需要不断地"边修边改"，建筑师则沉浸在与各个专业工种协调解决问题、展示自己能力的成就感之中，看上去这是团队协作，实际上，这是以建筑师为中心的传统协作模式[3]。

具体来说，建筑作品模式可以定义为：建筑师根据客户的需求，采用传统的建筑设计方法进行建筑设计。这种设计方法一般起源于"布扎"体系。相同的客户需求经过不同的建筑师设计之后，能够产生多种多样的建筑方案。

① 王德伟. 建筑学专业建造课程的比较研究[D]. 重庆：重庆大学，2007.
② Luo J N. Zhang H, Sher W. Insights into architects' future roles in off-site construction [J]. Construction Economics and Building, 2017, 17(1): 107–120.
③ 同②.

大多数建筑师把建筑方案看作是自己的艺术作品，这种艺术作品通常具有很强的标识性，且独一无二，不可复制，即所谓的创意和创造。目前大多数建筑师在这种模式下进行建筑设计，这是他们的信条。他们在艺术和技术，空间性和可建性，设计和建造中挣扎了上百年[①]。

5.2.2.3 与建筑工业化的矛盾

1. 后工业化时代

建筑到今天仍然是各学科的综合产物，建筑师应当对一切技术成果给予正确评价和实际应用。然而，建筑师不是一成不变的职业。各个时代按不同的要求，对建筑师提出不同的任务和责任，这是历史的必然。从18世纪末工业革命背景下的现代主义建筑时代到20世纪初信息化背景下的建筑多元化时代，随着科技的发展，现代建筑越来越复杂，社会分工也越来越细，科学技术的发展也促使建筑师工作更加专业化，此时建筑师的工作内容变成了按业主要求解决建筑的功能与形式的问题，同时配合各个专业工程师完成专项设计。这既需要构思方案的能力，又需要利用专业技术和手段实现自己构思的能力。

建筑设计和纯艺术创造不同，作为建筑师，需要把设计出来的方案图纸最后转变成能够建成交付使用的建筑物。在这个过程中通常会涉及三个角色，一是业主，二是设计方案图纸和解决技术方面问题的人，三是负责施工直到建筑建成的人。建筑师在其中需要做的是跟业主沟通，设计建筑功能，满足业主的使用需求。同时，建筑师也需要解决工程的可行性问题，需要把方案和所有的大样图做出来交付施工。此外，作为一个项目的建筑师，他不仅要处理设计问题，而且还要处理施工监理和施工期间遇到的问题。

在当今新型建筑工业化的背景下，"后工业化时代"已经来临。在绿色、环保、低碳、健康等关键词上升为主旋律的今天，预制装配式技术的盛行、建造流程和后期维护的精细化、智能化管理，也对建筑师和建筑教育提出了更高的要求。与一般建筑项目从设计图纸到施工图纸再到现场施工的传统流程不同，预制装配式建筑项目还增加了构件设计、制造、生产、运输和装配等环节，这就要求建筑师兼具多方面、跨学科（如制造业，物流业等）的知识背景和专业技能。但目前国内外鲜有针对预制装配式建筑的建筑教育，也缺乏具备有关建筑工业化系统知识体系的建筑师。笔者作为联合培养博士生，在澳大利亚留学期间与多家预制装配式企业中的多位建筑师和工程师的访谈也印证了这一点。如多克建筑事务所（Duc Architecture and Urban Design Workshop）的爱德华·多克（Edward Duc）建筑师提道："目前建筑师并没有在建筑院校系统地学习过针对预制装配式建筑的设计方法，建筑院校也很少系统地教授此

① Luo J N. Zhang H, Sher W. Insights into architects' future roles in off-site construction [J]. Construction Economics and Building, 2017, 17(1): 107-120.

类知识，所以当建筑师执业时，我们并不能完全指望在学校学习到的东西……但是，我们非常欢迎和需要既具备设计技能，同时又具备制造和装配相关领域知识的建筑师。"

在这种背景下，建筑师没有能力再扮演"龙头"的角色，制造商或建造者开始负责建筑从设计、制造、运输、装配、维护直到拆除的全生命周期过程。正如亚当·斯特朗（Adam Strong）工程师在访谈中提道："通常斯特朗建筑工程公司负责预制装配式建筑工程项目的全过程，建筑师只是一个提供方案设计概念的合作者。"

2. 思路拓展与思维转变

实际上，建筑是由建筑师主导的人工创造产物。建筑设计理念模式与建筑师的角色及其受到的建筑教育密切相关，建筑设计理念模式的确定很大程度上取决于建筑师的时代角色定位和时代教育背景。

一方面，目前建筑教育体系下培养出来的建筑师缺乏相关的知识体系和专业技能，难以满足工业化建筑对建筑师的要求，建筑学科的知识体系以及教育体系亟待拓展；另一方面，目前的工业化建筑设计尚未脱离传统建筑设计的局限，基本上还是沿用以往传统建筑的设计模式，具体体现为建筑师通常只根据预制装配的技术特征，并结合自身的工程经验，进行"推理演绎式"的建筑设计，实际上，这还是基于传统建筑设计方法的细微调整。同时，建筑师也深受"建筑作品模式"的束缚和影响，很难摆脱将建筑作为作品，即使其更加具有标识性、象征性和创造性的惯性思维定式和思维模式。

建筑师在"建筑作品模式"的定义和教育下工作了上百年，在"布扎"体系、包豪斯体系、建构体系等教育体系的辐射下，"建筑作品模式"的设计理念也已经根深蒂固。然而，要想将制造业引入建筑业，进一步寻求继续融合的突破口，从建筑业自身的角度出发，反思、分析、更新、改进目前建筑业陈旧的思维模式和理论定式非常重要。

上文已经提到，建筑和工业产品（汽车）在设计相关领域继续融合的潜力较大，在整个可行性趋势增量中占到很高的比例，设计理念模式层面的转变将是继续融合的突破口。因此，拓展目前的建筑设计思路，向"工业产品模式"学习，转变"建筑作品模式"的思维模式至关重要。此外，建筑师在新型建筑工业化背景下的"后工业化时代"仍然扮演着不可或缺的角色，从建筑教育、建筑师自身的意识形态和思维模式入手，将有助于在宏观、中观及微观层面上将制造业合理地引入建筑业。

5.2.3　建筑产品化策略的建立

5.2.3.1　"产品概念"下的建筑产品模式

综上所述，在宏观战略发展层面，建筑业和制造业的趋同性特征给两者的融合创造了契机，典型的如 20 世纪 90 年代兴起的精益建造理念。在中观技术策略层面，建筑和工业产品的界限变得模糊，从建筑业和制造业趋同性较大且一直以来类比的热点典型建筑类型——预制装配式建筑和典型工业产品——汽车（车身）两者的"半定量"类比分析结果中可以发现，转变建筑的设计理念模式是寻求两者继续融合，从而将制造业合理引入建筑业的一种可行策略。在微观技术路线层面，预制装配式建筑的设计过程和生产过程与工业产品具有相似之处。如在设计方面，其开发过程呈现出产品系列化、构件通用化、设计标准化、实施模块化等产品开发特征；在建造方面，其制造和装配过程又呈现出流水线制造、机械化装配、紧固性连接等产品生产特征，建筑或建筑的一部分开始具有了"产品"特征，建筑也呈现出"产品化"的趋势。

在这种背景下，建筑业和制造业的趋同性（时代基础）、建筑设计理念模式的转变（理论基础）、建筑的"产品化"趋势（物质基础）促成了将目前建筑"产品概念"的应用趋势进一步升级为"建筑作品模式"的"产品化"策略。建筑的产品模式和产品化策略从建筑业的建造角度出发，是减轻建筑业和制造业之间差异性的一种策略。

"建筑产品模式"或"产品化"可以具体定义为：建筑师把建筑看作产品，把建筑设计过程看作产品研发过程，在设计初期，就综合考虑客户需求，并将后续的生产和施工过程的因素纳入设计，以保证建筑构件在制造、生产、装配等整个建造流程中合理有序地进行。在这种模式下，建筑构件具备了产品属性，继而建筑也具备了产品属性。客户能够像对待典型工业产品一样挑选、使用、保养、维护和回收建筑构件甚至建筑[①]。产品模式和产品化不仅是一种策略，更是一种转变建筑业本身陈旧的思维模式和理论定式的媒介。

5.2.3.2　建筑的工业化构成秩序的产品化

"建筑产品模式"的建立明确了将制造业引入建筑业的建筑"产品化"的中观技术策略，那么在具体操作层面，技术路线又该如何确定呢？回顾预制装配式建筑和典型工业产品（汽车车身）在"建筑的工业化构成原理"的框架内总结出的"工业化构成秩序"（第三章、第四章），以及在框架内进行"半定量"类比分析得到的结果（第五章第一节），可以将"工业化构成系统"中

---

① Luo J N, Zhang H, Sher W. Insights into architects' future roles in off-site construction [J]. Construction Economics and Building, 2017, 17(1): 107-120.

两者融合的可行性趋势增量较高的各个分系统、子系统和层级中的要点汇总为如表 5-16 所示。

在确定建筑"产品化"策略具体操作层面的技术路线时，本小节以建筑业和制造业趋同性较大且一直以来类比的热点典型建筑类型——预制装配式建筑和典型工业产品——汽车（车身）为例，基于上文在"建筑的工业化构成原理"框架内对两者"工业化构成秩序"的"半定量"类比分析结果，可以提炼出如表 5-16 所示的建筑"产品化"策略要点，并将其作为建筑"产品化"技术策略具体实施时的技术路线和"指导性纲领"。

至此，"建筑的工业化构成秩序的产品化"可以被定义为：在"建筑的工业化构成原理"的框架内，以预制装配式建筑和工业产品——汽车（车身）为例，基于两者"工业化构成秩序"的"半定量"类比分析结果，推导出的一种将制造业融合进建筑业的策略，即建筑"产品化"技术策略。在具体实施（微观技术路线）层面，参照具体的技术策略要点（表 5-16）。在建筑工业化的背景下，对建筑进行以转变建筑设计理念为主，以优化整个建造流程，以及其中的制造、生产、运输、装配和维护等环节的技术手段为辅的"产品化"优化，从而将"建筑作品模式"的建筑设计理念转变为"建筑产品模式"的建筑设计理念。因此，"工业化构成秩序"是两者融合的类比分析构成视角；"工业化构成原理"是两者融合的类比分析框架基础；趋同性与差异性、可行性与局限性是两者融合的类比分析结果提炼。而建筑"产品化"策略以典型建筑类型——预制装配式建筑和典型工业产品——汽车（车身）为例，基于两者融合的"半定量"类比分析结果，在充分提炼其"可参照"和"可学习"的技术策略要点之后，将其作为工业化建筑参照和学习的对象（表 5-16），从而使工业化建筑具备工业产品的特征，即建筑的"产品化"。

表 5-16　基于两者"半定量"类比分析的建筑"产品化"技术策略要点

分系统	子系统	层级	建筑"产品化"要点
物质系统	分类	划分依据	一体成型
			独立系统
		功能特征	系统性
			标准性
	不断更新		
技术系统	设计与制造	设计指导原则	标准化
			模块化
			通用化
		设计最终目标	系列化

分系统	子系统	层级	建筑"产品化"要点
技术系统	设计与制造	设计实施战略	模块化
		典型设计技术	精益思想
			并行工程
			敏捷制造
			逆向工程
	装配与连接	装配工艺	生产线流水作业
		定位方式	
		辅助机具	机器人
		密封连接	密封系统
	不断更新		
秩序系统	总流程	阶段划分	测试环节
	设计 / 开发子流程	前期阶段	APQP
			QFD
			SWOT
			产品对标
		方案阶段	基于技术积累：系列化
		深化阶段	建筑试制
			生产准备
	生产 / 施工子流程	制造阶段	批量定制化生产
		装配和连接阶段	标准程式化工法（工序）
	使用功能	衍生使用功能	移动运输
			维护快捷
	不断更新		

表来源：作者自绘

　　建筑的工业化构成秩序的产品化策略有助于实现在宏观战略发展层面、中观技术策略层面以及微观技术路线层面将制造业全局、系统、合理地融合进建筑业的最终目标，推动建筑工业化向前发展。

5.2.3.3　构成秩序产品化策略框架模型

　　无论是"建筑的工业化构成原理""建筑的工业化构成秩序"还是"建筑的工业化构成秩序的产品化"的建筑"产品化"策略，本质上都是"建筑的工业化构成系统"的各种外在表现形式，脱离不开建筑本身就是一个复杂的专业工程系统的这一固有规律。因此，"系统论"的科学方法论作为"建筑的工业化构成系统"的基础理论，其整体性、集合性、层次性、目的性、适应性、动态性和结构性等基本系统特征仍然存在于"建筑的工业化构成系统"的各种外在表现形式之中。

　　正如上文所提到的，适应性表现为系统的自我更新，在"建筑的工业化构成原理"和"建筑的工业化构成秩序"中表现为随着人文社会的发展、科学技术的进步、知识体系的丰富等因素不断进行自我演变和更新，在不同的时代背景下有着不同的释义，受到建筑所处时代的哲学观、审美观、社会环境、人文环境以及经济技术因素的影响，建筑师个人的设计理念也起着重要的作用。

　　结构性在"建筑的工业化构成原理"和"建筑的工业化构成秩序"中表现为建筑在物质层面、技术层面和秩序层面上所呈现出的条理化、逻辑化、理性化的外在反映，尽管建筑风格千差万别，建筑技术纷复繁杂，但当以构成的视角去剖析时，其"结构层次"仍然具有传承性、共性和规律性的秩序特征。

　　而动态性在"建筑的工业化构成原理"和"建筑的工业化构成秩序"中表现为整个建造过程虽然受到人文环境和物质环境的双重影响，保持着对外界环境兼收并蓄的状态，但建筑在物质层面、技术层面和秩序层面上仍然受人文环境和物质环境的双重制约，是一套具有高度自律性的操作体系和秩序系统，具有"开放性"和"封闭性"的双重特征。在"系统论"的科学方法论作为基础理论支撑的"建筑的工业化构成系统"的背景下，建筑"产品化"的技术策略也相应地具有适应性、结构性以及动态性等基本系统特征。建筑"产品化"技术策略具体实施时的技术路线，即"建筑的工业化构成秩序的产品化"，同样伴随着"建筑的工业化构成原理"和"建筑的工业化构成秩序"的自我演变和更新而更新。

　　因此，实际上，本书只是将典型建筑类型——预制装配式建筑和典型工业产品——汽车（车身）两者融合的可行性趋势要点作为建筑"产品化"策略具体实施时的技术路线依据，建立了"建筑的工业化构成秩序的产品化"的策略框架模型（图5-7）。但是随着人文社会的发展、科学技术的进步、知识体系的丰富，此策略框架模型也将不断更新拓展，应根据所处时代的人文环境和物质环境，推导出适合建筑"产品化"策略的技术路线。然而，无论如何发展和变化，其建筑的"工业化构成秩序"是客观存在的，但又需要通过"建筑的工业化构成原理"的框架去主观感受，正如著名的建筑家克里斯托夫·亚历山大对秩序的描述："秩序要用主观感觉去评判，但它又是客观的，不以个人的感受而变化。"秩序作为知觉和理解的框架存在于人脑之中，无处不在但又虚无缥缈，需要具象这个知觉和理解的框架，"建筑的工业化构成原理"则承担了探索"建筑的工业化构成秩序"的作用，这一点至关重要，正如著名的美学家 E. H. 贡布里希在《秩序感——装饰艺术的心理学研究》一书

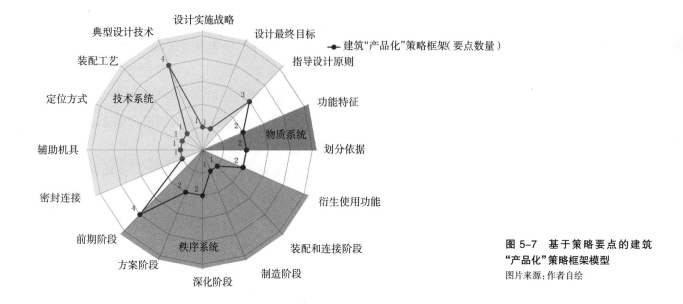

图 5-7 基于策略要点的建筑"产品化"策略框架模型
图片来源：作者自绘

中所提到的："……不仅因为它们的环境在总体上是有序的，而且因为知觉活动需要一个框架，以作为从规则中划分偏差的参照。"①

5.3 建筑产品化应用模式的建立

5.3.1 产品化策略应用与设计方法

无论是传统建筑、工业化建筑，还是其所处时代物质环境和人文环境的变化，建筑本身作为人类为了适应和改变自然环境所创造的人工产物，脱离不开其物质和精神的双重属性，更脱离不开建筑设计行为是主观意识和客观条件相融合的产物这一本质。因此，建筑师、建筑设计和建筑设计阶段仍将是在建筑的整个建造过程中主导最终建筑效果、解决技术问题、应用技术策略、贯彻技术路线等方面的重要组成部分，对其他专业和后续环节的影响巨大。因此，建筑"产品化"的技术策略和路线的应用模式需要遵循"建筑作品模式"的设计理念模式，而且需要适合策略的建筑设计方法。适合的建筑设计方法对建筑"产品化"策略技术路线的应用至关重要。然而，传统"建筑作品模式"下的传统建筑设计方法难以适应新型建筑工业化背景下的"建筑产品模式"和建筑"产品化"策略。

传统建筑设计方法来源于经典建筑学教育，经典建筑学在经历了萌芽阶段的"工匠"体系、形成阶段的"布扎"体系、发展阶段的包豪斯体系、现阶段的"建构"体系以及各个历史时期建筑流派的冲击之后，虽然在当代呈现出多元化的趋势，但还是摆脱不了"布扎"体系精英思想的影响。后来的包

① E. H. 贡布里希. 秩序感：装饰艺术的心理学研究[M]. 杨思梁，徐一维，范景中，译. 南宁：广西美术出版社，2015.

豪斯体系重回对手工艺、技术的关注，并促成了"三大构成"理念的产生，至今仍然在建筑学教育和建筑设计中起到重要作用；"建构"体系更加重视空间与材料、构造之间的"诗意表达"，强调建筑"本身"的审美价值；当今建筑流派和建筑教育也呈现出多元化的趋势，集"百家之长"，融合发展，但建筑设计方法在经历了"布扎"体系中以艺术构图为核心的形式创造、包豪斯体系中以建筑构成为核心的空间创造、"建构"体系中以建筑"本质"为核心的"建构表达"等阶段的洗礼之后仍然具有强烈的艺术创作倾向，导致目前"建筑作品模式"的设计理念根深蒂固，而且，这也是大多数建筑师在艺术和技术，空间性和可建性，设计和建造中挣扎了上百年的原因所在。

当今新型建筑工业化的时代不仅对建筑师和建筑教育提出了更高的要求，而且还对建筑设计理念和方法提出了新的要求。目前针对预制装配式建筑的建筑设计方法主要集中在"标准化设计"范围内诸如"标准体系建立""模数协调研究""模块化设计体系"和"拆分设计"等层面上[①]。实际上，无论采用什么设计方法和技术手段来实现所谓建筑"标准化设计"的目标，实际上都是在兼顾预制装配式技术可行性的前提下为了迎合建筑方案作品所做的"二次配套设计"，本质上并没有改变传统建筑设计方法或者说是基于传统建筑设计方法的细微调整。尽管也有学者或从业者试图说服建筑师从设计初期就遵循"标准体系"，但实施起来却困难重重，收效甚微，暂且不论"建筑作品模式"的历史原因，单是当下学历教育和职业教育在建筑工业化领域的缺失，就导致建筑师和工程师对技术本身了解较少，甚至是空白。大部分项目仍然需要"二次修补设计"，所谓"建筑标准化设计"则更加无从谈起。

此外，在个别地方针对预制装配式建筑的政策中，"预制率"和"装配率"作为建筑设计的重要指标与实际工程项目不相关联，对提高建筑质量、建造效率和企业效益等缺乏科学系统的分析，造成了开发企业习惯于利用政策的边缘地带做项目，设计企业习惯于按照指标做设计，施工企业习惯于在传统方式上寻求解决方法的不利局面[②]。"为了指标而指标"的建筑设计方式也极大地限制了建筑工业化的发展。因此，无论是就当今新型建筑工业化的时代背景和需求而言，还是就本书建筑"产品化"策略具体实施时技术路线的应用而言，目前经典建筑学背景下的传统建筑设计方法亟待拓展与更新。

5.3.2　建筑设计方法的拓展与建立

1. 构件法建筑设计

面对这种现象，东南大学建筑学院新型建筑工业化设计与理论团队创新性地提出了名为"构件法建筑设计"的建筑设计理论和方法。"构件法建筑设

① 住房和城乡建设部住宅产业化促进中心. 大力推广装配式建筑必读：技术·标准·成本与效益[M]. 北京：中国建筑工业出版社，2016.
② 同①.

计"拓展了传统建筑设计方法，为当今新型建筑工业化背景下的建筑设计理念和方法提供了新思路。

"构件法建筑设计"也为本书建筑"产品化"策略具体实施时技术路线的应用提供了针对"建筑产品模式"的建筑设计理念和方法。"构件法建筑设计"首先摈弃建筑多元的困扰，远离理论流派的纷争，摆脱形式空间的争论，从构成建筑的物质性本质角度（房屋）切入，从构成建筑的基本物质元素单元"构件"出发，其次以构件组合的法则、原则和方法作为线索和脉络，基于建造的视角，依次展开对建筑空间、建筑性能、建筑功能和建筑形式等方面的追求，最后形成建筑，进而把握和定义隐藏在纷繁复杂建筑背后的设计本质（图 5-8）[①]。

与传统建筑构成理论将"点、线、面、体"视为构成建筑空间和形态的基本要素不同，"构件法建筑设计"将"建筑构件"视为构成建筑的基本物质要素，"建筑构件"包含功能、尺寸、层级、属性等物理参数的"技术类"信息，认为所有建筑都是可以由标准或非标准的构件通过一定的原理组合而成。建筑本质上是由结构构件、外围护构件、内装修构件、设备管线构件、环境构件等组合形成的"构件集合体"。"构件集合体"又是由"物质构成""空间构成""性能构成""功能构成"和"美学构成"这五个构成要素组成的。可以具体阐释为：

（1）物质构成

物质构成是建筑本体的物质性构成，是"建筑构件"通过一定原理和规则组合所形成的建筑本体。主要体现为建筑构件及其所组成建筑的物质属性，如包含材料、分类等物质参数信息。建筑的物质构成是建筑本体中的物质载体，也是建筑空间、性能、功能、美学的物质载体，是第一性的。

（2）空间构成

空间构成是建筑本体的空间性构成，是"建筑构件"通过一定原理和方法组合所围合限定的建筑空间。主要体现为建筑构件及其所组成建筑的空间属性，如包含大小、尺寸、规整性、体量等尺度和形态参数信息。建筑的空间构成是建筑本体中围合限定、营造建筑使用空间的空间载体。

（3）性能构成

性能构成是建筑本体的性能性构成，是"建筑构件"通过一定原理、规则、标准和方法组合所围合限定形成的建筑物质和空间本体的物理性能。主要体现为建筑构件及其所组成建筑的性能属性，如包含保温、隔热、隔声、防水、采光、通风等物理参数信息。建筑的性能构成是建筑本体中决定建筑性能、营造健康舒适建筑空间的性能载体。

① 张宏，罗佳宁，丛勐，等. 为何要建立新型建筑学？ [C] //全国高等学校建筑学学科专业指导委员会，深圳大学建筑与城市规划学院. 2017全国建筑教育学术研讨会论文集. 北京：中国建筑工业出版社，2017：18-21.

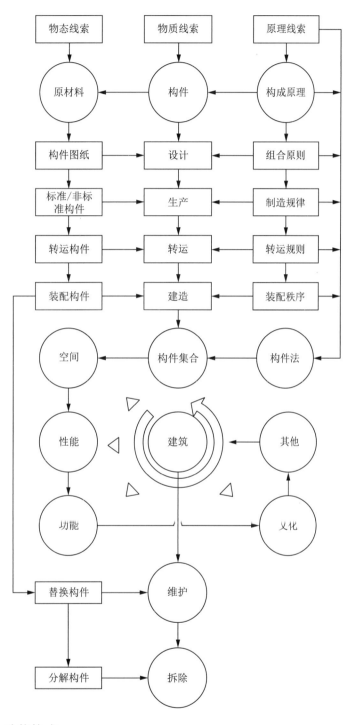

图 5-8　"构件法建筑设计"框架

图片来源: 张宏, 罗佳宁, 丛勐, 等. 为何要建立新型建筑学？[C] //全国高等学校建筑学学科专业指导委员会, 深圳大学建筑与城市规划学院. 2017全国建筑教育学术研讨会论文集. 北京: 中国建筑工业出版社, 2017: 20.

（4）功能构成

　　功能构成是建筑本体的功能性构成，是"建筑构件"通过一定原理组合所围合限定的建筑空间所能满足的人类各种活动的需求。主要体现为建筑构件及其所组成建筑空间的功能属性，如包含类型、用途、活动、尺度等功能参数信息。建筑的功能构成是建筑本体中实现建筑空间使用目的性的功能载体。

（5）美学构成

美学构成是建筑本体的美学性（文化性）构成，是"建筑构件"通过一定原理组合所形成的建筑本体或空间所能满足的人类精神审美和情感需求，包括基本构件的审美、空间的审美和装饰构件的审美。主要体现为建筑构件及其所组成建筑本体的美学属性，如包含风格、样式、形式、颜色、质感等美学参数信息。建筑的美学构成是建筑本体中承载人类情感的美学载体。

因此，"构件构成"的观念除了能够延伸和涵盖建筑的建造、性能等"技术类"信息外，还能够诠释建筑的形式、空间和性能等"艺术类"信息。如建筑形式本质上是多种构件通过不同组合方式所产生的艺术效果，可以被看作是构件本身的形式及其组合之后所产生的形式；建筑空间本质上是多种构件通过不同组合方式限定围合所产生的空间；建筑性能本质上是多种构件通过不同组合方式所产生的性能参数，可以被看作是构件本身的性能及其组合之后所产生的整体性能。

同时，"构件法建筑设计"并不否定建筑的多元性。多样性的建筑空间、建筑性能、建筑功能和建筑风格体现在对建筑构件属性的研发设计和组合方式的逻辑变化上。对建筑设计的把控也可以被转换、分解和量化为对建筑构件研发设计的验算和对建筑构件组合变化的论证。其中"构件"是建筑物质构成的基本元素，是第一性的，也是可见的、可操控的。在此基础上，建筑设计有了根基和依据，设计不再仅仅基于个人或小团体的主观专业技能或工程经验，而是理性的、可预测的甚至是可量化的，设计不再是"只可意会，不可言传"。

此外，这五大属性会随着社会的发展、科学技术的进步、知识体系的丰富等因素不断更新和拓展，因此需用发展的眼光来看待。"构件法建筑设计"以"构件构成"的观念，力求回归建筑的本质，帮助建筑师了解、把握建筑设计的本质和具体的设计操作。无论多么复杂的建筑，都可以通过构件组合建造而成。因此，"构件法建筑设计"并不局限于工业化建筑设计，也同样可以适用于传统建筑设计。

2. "构件法建筑设计"在本书中的释义

"构件法建筑设计"的核心思想是"构件构成"的观念，在建筑设计中，建筑的构件替代了传统建筑设计中几何抽象的"点、线、面、体"成为构成建筑的基本要素。实际上，构成建筑的基本要素从几何抽象的"点、线、面、体"转变为物质实体"构件"的理念本身也更加符合新型建筑工业化时代下对"技术敏感度"的要求。物质实体"构件"相比较"点、线、面、体"能够承载更多的信息，任何人文性和技术性的内容都可以在其中体现，任何建筑设计过程，或者设计过程中的改变，最终都会以构件组合方式的变化、构件相关属性的变化的形式反映出来，相应地，构件作为载体也影响着最终的建筑设计。

从这一点上来说，"构件构成"的观念与建筑信息模型（BIM）的概念有异曲同工之处。应用"构件法建筑设计"能够使建筑师在一开始就需要关注和把控建筑及其构件的"技术类"信息，在真实客观条件的约束下进行建筑设计。正确地输入建筑构件的参数信息，使其能够真正地和 PKPM、Navisworks、EnergyPlus 等结构计算、工程管理和能耗计算软件实现有效的数据互换、协同工作，从而避免建筑信息模型（BIM）仍然停留在功能、空间和形式层面的尴尬境地。

实际上，本书中的"建筑的工业化构成原理"是根植于"构件法建筑设计"的核心思想和基本观念的，即在建筑设计中基于"建筑是由基本物质要素'构件'构成的"这个视角，以建筑（预制）构件到最终建筑的路径为线索（建造），从建筑构成的物质层面、技术层面、秩序层面这三个层面研究建筑的构成秩序、构成法则和构成方法等建筑构成的原理。图 5-8 展示了其在建筑整个建造流程中的流程框架。

在"构件法建筑设计"流程框架中的"原理线索"层面，"工业化构成原理"是"原理线索"的一种具体范例体现，设计阶段的组合原则、生产阶段的制造规律、运输阶段的转运规则以及最终施工阶段的装配秩序等原理线索都与"建筑的工业化构成系统"中的各个分系统、子系统和层级有着一一对应的关系。本书以第三章和第四章对预制装配式建筑和典型工业产品（汽车）的"工业化构成原理"总结为例，对"构件法建筑设计"中的原理线索（工业化构成原理）作了微观技术路线层面的填充和阐述。一方面，给两者类比分析提供了基础，给两者继续融合的建筑"产品化"策略提供了依据；另一方面，"构件法建筑设计"和"工业化构成原理"都是以"构件构成"为核心思想和基本观念。因此，"构件法建筑设计"最适合于建筑"产品化"技术策略具体实施时的技术路线（"建筑的工业化构成秩序的产品化"）在实际建筑工程项目中的应用。

5.3.3　基于房屋构件库的理想流程

建筑师在应用"构件法建筑设计"进行建筑设计时，需要将"构件"作为基本元素进行"组合设计"，而不是将传统建筑设计中的"点、线、面、体"作为基本元素进行"构成设计"。正因为在设计之初"构件"就具有更多人文性和技术性的信息，建筑师设计时应该持更加理性、谨慎的态度，在此过程中，建筑师的设计需要依据理性的"信息库"，它是设计的原料和构件的素材，因此"房屋构件库"的概念应运而生。

1. *"房屋构件库"* [①]

"房屋构件库"是建筑设计过程中的"素材仓库",也是建筑建造过程中满足所需的规范和技术规程的"产品仓库",是"构件法建筑设计"重要的理性依据。构件库里的构件都是成熟的建筑产品,并且配套相应的技术图纸、产品说明书等。建筑师在设计的过程中只需在构件库里选用符合设计、制造、生产、运输、装配等一系列建造流程要求的"成品构件",并对这些"成品构件"进行"组合设计"。构件库的建立是一个不断完善和扩充的过程,当构件库中的构件不能满足相应的设计或建造要求时,不同的机构或企业都可以通过市场调研、合作研究等手段主导或参与新构件的设计和建造研发,新构件通过相关专业规范验证和产品技术论证后,存入构件库中,以备下次使用。同时在新构件研发之初,也会通过实际工程项目来验证其合理性。构件库是一个不断扩充、优化建筑构件的"仓库",构件库的建立和维护是一个动态的过程。同时,构件库是各个专业统一的数据和资源平台,通过构件库可以建立统一的设计和建造标准,专业人员可以在一个统一的构件库中进行工作和数据汇总,从而减少现行各专业之间(以及专业内部)由于沟通不畅或沟通不及时导致的错、漏、碰、缺,提升工作效率和质量,以期实现标准化的建筑设计及其建造的流程,从而最终实现标准化的设计指导原则、模块化的设计实施战略和系列化的设计最终目标。

典型的"房屋构件库"由九个子构件库构成,这九个子构件库涵盖构成房屋的要素,其分别是场地模块构件库、保留模块构件库、拆除模块构件库、基础模块构件库、主体模块构件库、屋顶模块构件库、交通模块构件库、功能模块构件库和环境模块构件库。

"房屋构件库"构建了一个基于真实产品的"素材仓库"和"产品仓库",它们作为建筑设计过程中的素材和依据,规范了建筑设计过程中的建筑师的设计行为,同时也规避了由于建筑本身的个性化特征和建筑师本身知识体系的不完善所导致的后续生产和施工环节与设计环节脱节的问题。换句话说,通过查阅、选用"房屋构件库"中成熟的建筑产品及其所配套的技术图纸、产品说明书等,即使是不熟悉相关技术领域的建筑师,也能够在设计之初就将建筑的各种要求和预制构件的制造与装配工艺结合起来。

因此,"房屋构件库"是"构件法建筑设计"的重要依据,而"构件法建筑设计"是"房屋构件库"的应用方法,两者相辅相成,缺一不可。此外,基于"房屋构件库"的"构件法建筑设计"从"模块化"的设计实施战略的具体实现角度来说,建筑方案在完成之后就包含所有的技术信息,在方案修改过程中只需要替换相应的真实构件,就能实现技术的转换。这种方案修

① 用"房屋"代替"建筑"是由于在"构件法建筑设计"的语境下建筑的技术性与人文性暂时性地被割裂开来,因此此处采用"房屋"指代只具有"技术性"的建筑。

方式,一方面使得构件与构件之间的逻辑关系并不发生根本性的改变,符合"模块化"设计的基本宗旨;另一方面,由于替换的构件都是"房屋构件库"里的真实产品,因此相关的信息和技术也随之替换,从而避免"二次配套设计"和"二次修补设计"。

2. 设计与建造流程演绎

基于"房屋构件库"的"构件法建筑设计"在整个流程的具体应用中,其设计流程演绎和建造流程演绎如图 5-9 和图 5-10 所示。

(1)房屋设计流程

步骤 1 建立"房屋构件库"。

步骤 2 设计开始时,根据构件制造、生产、运输和装配的要求,结合房屋的空间、功能、性能、审美等要求,在构件库中选择适合的房屋构件。若有满足要求的房屋构件则转入步骤 3,若没有满足要求的房屋构件则转入步骤 5。

步骤 3 对选择的构件进行二次验证,并对构件进行组合设计形成完整的房屋设计方案。

步骤 4 对完整的房屋设计方案进行验证,看其是否满足构件要求、房屋设计要求以及相关规范要求。若满足则转入步骤 7,若不满足则转入步骤 5。

步骤 5 根据要求研发新的房屋构件产品。

步骤 6 根据构件库的分类原则对新的房屋构件进行编号和分类,并放入构件库中,再次根据要求进行挑选,转入步骤 2。

步骤 7 根据从构件库中选出的房屋构件或研发的新的房屋构件,形成房屋建造相关技术图纸,将此次房屋设计过程中产生的新的房屋构件更新到构件库中。

步骤 8 将房屋建造相关技术图纸交付给施工单位,准备进行房屋建造。

步骤 9 设计结束,建造开始。

(2)房屋建造流程

步骤 10 建造开始时,根据房屋的施工条件、建造工艺以及相关的规范要求选择相匹配的构件装配与房屋施工方法。若有满足要求的构件装配与房屋施工方法则转入步骤 11,若没有满足要求的构件装配与房屋施工方法则转入步骤 13。

步骤 11 对选择的构件装配与房屋施工方法进行二次验证,并对验证过的构件进行模拟构件装配和建筑施工,从而形成完整的房屋建造流程。

步骤 12 对房屋建造流程进行二次验证,看其是否满足施工条件、建造工艺以及相关规范要求。若满足则转入步骤 15,若不满足则转入步骤 13。

步骤 13 根据要求研发新的构件装配与房屋施工方法。

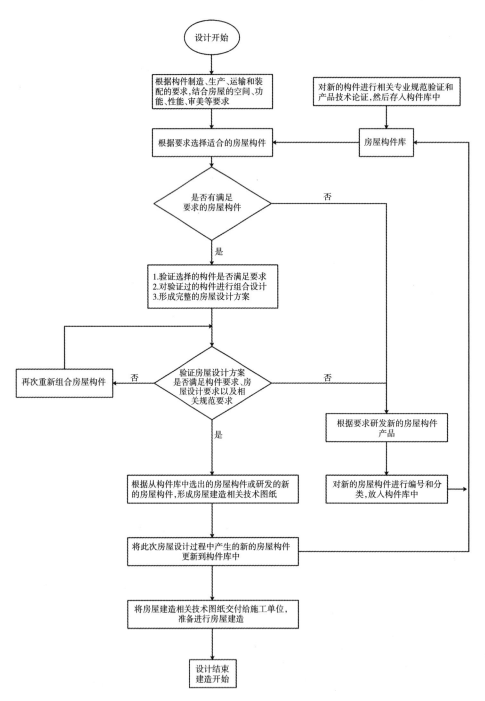

图 5-9　基于"房屋构件库"的"构件法建筑设计"的设计流程演绎

图片来源：基于东南大学建筑学院新型建筑工业化设计与理论团队研究成果，作者自绘

步骤 14　根据构件库的分类原则对新的构件装配与房屋施工方法进行编号和分类，并放入构件库中，再次根据要求进行挑选，转入步骤 10。

步骤 15　根据从构件库中选出的或研发的新的构件装配与房屋施工方法，开始工地现场的房屋建造。

步骤 16　将此次房屋建造过程中产生的新的构件装配与房屋施工方法更新到构件库中。

步骤 17　对建成的房屋进行验收，建造完成。

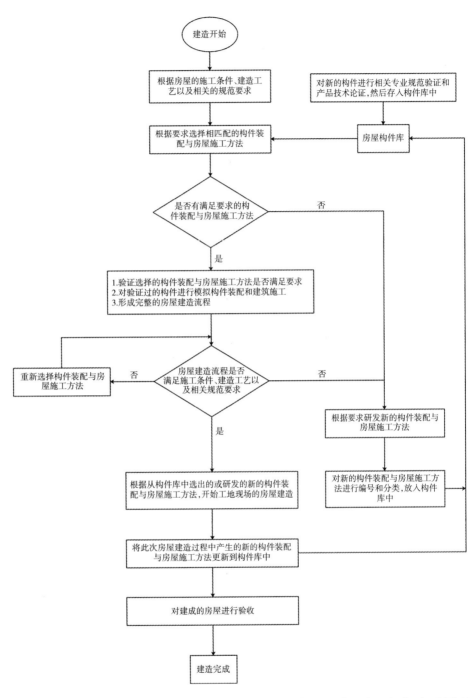

图 5-10 基于"房屋构件库"的
"构件法建筑设计"的建造流程演
绎

图片来源：基于东南大学建筑学院新
型建筑工业化设计与理论团队研究成
果，作者自绘

综上所述，"工业化构成原理"是"构件法建筑设计"流程框架中"原理线索"的一种具体范例体现；"房屋构件库"是"构件法建筑设计"流程框架中"物质线索"的真实构件依据；而"构件法建筑设计"流程框架中的"物态线索"是真实构件在建筑建造过程中各个阶段的表现形式。同时，"房屋构件库"中的构件是成熟的建筑产品，这也系统回应了"建筑或建筑一部分具备产品特征"，以及建筑所呈现的"产品化"趋势，为建筑"产品化"策略的应用提供了物质基础。

第6章 预制装配式建筑的产品化策略应用

新型建筑工业化的时代已经来临,在当今建筑"产品概念"趋势的背景下,众多科研机构和工程企业在进行新型建筑工业化的研究和实践时,建筑或建筑的一部分已经具有了产品特征。因此,本章将根据建筑"产品化"策略框架模型,重点对东南大学建筑技术科学系的预制装配式建筑工程项目"目的性"应用建筑"产品化"策略(要点)和"构件法建筑设计"进行分析,对澳大利亚相关企业的预制装配式建筑工程项目"潜意识"具备的建筑"产品化"策略(要点)的特征进行分析,对两者已经实现的建筑"产品化"策略(要点)应用和未来可能实现应用做进一步的总结和展望。最后,揭示建筑"产品化"策略应用模式的启示。

6.1 背景介绍

6.1.1 东南大学预制装配式建筑工程实践

东南大学建筑技术科学系早在 2010 年成立之初就开始开展有关新型建筑工业化设计与理论的研究和实践,2015 年,经整合发展成立了建筑技术与科学研究所,其中包含工业化住宅与建筑工业研究所、绿色建筑研究所、建筑建造研究所、建筑物理与设备研究所和建筑物理实验室等教学、科研机构。

新型建筑工业化设计与理论团队基于多个建筑工业化方向的国家级和省级科研项目的研究,团队全局、系统和深入地开展了大量有关新型建筑工业化的实际建筑工程项目实践,范围从小型简单功能的轻型结构建筑到大型复杂功能的重型结构建筑;从局部实验性的建筑工程项目到全局推广性的建筑工程项目;从宏观新型建筑工业化发展战略的研究到中观新型建筑设计理论的研究,再到微观新型建造技术细节的研究,充分地将"产学研"的研究方式、教育目标和工程实践有机结合,形成了一系列的成果。

在这近 8 年的时间内,笔者有幸见证了东南大学建筑技术科学系自成立以来的整个发展历程,并在深度参与新型建筑工业化的相关研究和实践中伴

随其一路成长。总的来说，铝合金（钢材）轻型结构建筑和混凝土重型结构
建筑是新型建筑工业化设计与理论团队的两条研究和实践的主线，铝合金（钢
材）轻型结构建筑这条主线始于 2011 年东南大学技术科学系与瑞士苏黎世联
邦理工学院（ETH Zürich）开展的主题为"紧急建造"的联合教学。其教学成
果并非 1 ∶ 1 的足尺模型或构筑物，而是真实的预制装配式建筑，团队展开了
一系列研发工作，并取得了阶段性成果。随后，团队积累了宝贵的教学和实
践经验，并以此为契机，逐渐明确了以铝合金和钢材为结构材料的多功能、可
移动、高性能的建筑产品研究方向。实践经验和建造技术的不断积累，促成了
轻型房屋建筑系列产品的诞生，2011—2016 年，从"紧急建造庇护所""自
保障多功能活动房""台创园多功能办公房""微排未来屋"（图 6-1）到"梦
想居未来屋"（图 6-2），总共经历了一代原型和四代产品。

　　而混凝土重型结构建筑这条主线始于"工业化现浇混凝土结构体系"的
研发和实践，依托国家级和省级的科研项目，开展了基于实际建筑工程项目

图 6-1　铝合金结构轻型房屋建筑系列产品
图片来源：东南大学建筑学院新型建筑工业化设计与理论团队提供，作者自摄

图 6-2　钢结构轻型房屋建筑系列产品"梦想居未来屋"
图片来源：东南大学建筑学院新型建筑工业化设计与理论团队提供

的多项专利技术的应用转化工作,其形式包括会议展览、实验工程和示范工程。典型的如江苏国际绿色建筑展(钢筋混凝土模架装备系统)、国家"十二五"科技创新成就展(刚性钢筋笼结构构件制造与装配技术系统)(图6-3)、南京江北车库、南京燕子矶保障房、江苏省国家绿色建筑大会(绿色建筑产业聚集示范区博览园)的"揽青斋"办公楼和"忆徽堂"住宅(图6-4)等。

6.1.2 澳大利亚预制装配式建筑工程项目

笔者自2015年10月起,通过国家公派联合培养博士生项目赴澳大利亚纽卡斯尔大学建筑与环境工程学院进行了为期18个月的学习和研究,其间依托"从构件到房屋:澳大利亚预制装配式建筑案例研究项目(Case studies of off-site manufacture of buildings:the composition and sequence of assembly of components into buildings)"(批准号:H-2016-0294),采取面对面访谈、企业工厂和项目参观、相关资料获取的研究方法走访调研了多家悉尼、墨尔本、纽卡斯尔地区的预制装配式建筑相关企业。这些企业包括Parkwood(园木公司)、MBS-Modular Building System(模块化房屋系统建筑公司)、Shawood(沙木公司)、Strongbuild(斯特朗公司)、XLAM(CLT木材公司)、TBS-Timber Building Systems(木材房屋公司)、Dynamic Steel Frame(钢框架公司)、MAAP House-Modular Architectural Adaptable Panel House(模块化可变建筑板材房屋公司)、Hickory(希科里公司)等。

图6-3 国家"十二五"科技创新成就展:"刚性钢筋笼结构构件制造与装配技术系统"
图片来源:东南大学建筑学院新型建筑工业化设计与理论团队提供

图6-4 江苏省国家绿色建筑大会:钢筋混凝土重型结构建筑"揽青斋"和"忆徽堂"
图片来源:东南大学建筑学院新型建筑工业化设计与理论团队提供

其中，多数企业负责预制装配式建筑的设计、生产、施工等整个建造流程甚至是全生命周期过程，如 Parkwood（园木公司）、MBS- Modular Building System（模块化房屋系统建筑公司）、Shawood（沙木公司）、Strongbuild（斯特朗公司）、TBS-Timber Building Systems（木材房屋公司）、Hickory（希科里公司）。部分企业只负责提供或生产预制装配式建筑的某些结构材料，如 XLAM（CLT 木材公司）和 Dynamic Steel Frame（钢框架公司），也有企业只专注某一单项技术，但也参与或负责建筑的整个建造流程，如 MAAP House-Modular Architectural Adaptable Panel（模块化可变建筑板材房屋公司）。

澳大利亚的预制装配式建筑以木材、交错层压木材（CLT）、钢材、钢木等轻型结构建筑为主，如 1—2 层的私人住宅（别墅）、中小型公建（学校、医院、商业综合体等），且从事此类建筑的相关企业也较多。而混凝土重型结构建筑相对来说数量较少，一般集中在中大型城市（悉尼、墨尔本、布里斯班等）的业务中心区域或其他标志性区域，且从事此类建筑的相关企业也相对较少。因此，在笔者走访调研的所有预制装配式建筑相关企业中，只有 Hickory（希科里公司）以混凝土重型结构建筑工程项目为主，Shawood（沙木公司）少量涉及，而其余建筑相关企业均以木材、钢材、钢木等轻型结构建筑工程项目为主。

在笔者走访调研的过程中，典型在建的轻型结构建筑工程项目有 Parkwood（园木公司）的 Gosford Hospital（戈斯福德医院）（图 6-5），MBS-Modular Building System（模块化房屋系统建筑公司）的 Marsden Park Anglican School（马斯登公园圣公会学校）（图 6-6），Strongbuild（斯特朗公司）的 New Sydney Office（悉尼工厂办公区扩建），TBS-Timber Building Systems（木

图 6-5　Parkwood（园木公司）的 Gosford Hospital（戈斯福德医院）的工厂预制
图片来源：作者自摄

图 6-6　MBS –Modular Building System（模块化房屋系统建筑公司）的 Marsden Park Anglican School（马斯登公园圣公会学校）的建成效果和工厂预制
图片来源：作者自摄

图 6-7 TBS–Timber Building Systems（木材房屋公司）的The Meyer Timber NSW Office（悉尼迈耶木业办公楼）的建成效果和工厂预制
图片来源：TBS –Timber Building Systems（木材房屋公司）提供，作者自摄

图 6-8 TBS–Timber Building Systems（木材房屋公司）的 Corporate Office Penrith（彭里斯综合办公楼）的建成效果和工地现场装配
图片来源：TBS–Timber Building Systems（木材房屋公司）提供

图 6-9 MAAP House–Modular Architectural Adaptable Panel（模块化可变建筑板材房屋公司）的The Merewether MAAP House（梅里韦瑟平板原型住宅）的建成效果
图片来源：作者自摄

图 6-10 Hickory（希科里公司）的Banksia Residential Tower（班克西亚塔式高层住宅）的建成效果和工地现场装配
图片来源：Hickory（希科里公司）提供，作者自摄

材房屋公司）的 The Meyer Timber NSW Office（悉尼迈耶木业办公楼）（图 6-7）、Corporate Office Penrith（彭里斯综合办公楼）（图 6-8），MAAP House-Modular Architectural Adaptable Panel（模块化可变建筑板材房屋公司）的 The Merewether MAAP House（梅里韦瑟平板原型住宅）（图 6-9）。典型在建的重型结构建筑工程项目有 Hickory（希科里公司）的 Banksia Residential Tower（班克西亚塔式高层住宅）（图 6-10）。

6.1.3 建筑产品化策略应用分析方法

东南大学建筑技术科学系（后文简称东南大学）的新型建筑工业化设计与理论团队在真实预制装配式建筑工程项目的实践中"目的性"应用了建筑"产品化"策略和"构件法建筑设计"，并且初步建立了"房屋构件库"，为后续建筑系列化、产品化的研发和实践提供了基础。澳大利亚相关企业（后文简称澳大利亚）在预制装配式建筑工程项目实践中"潜意识"具备了建筑"产品化"策略（要点）特征。在本书建筑"产品化"策略的语境下，实际上已经是应用建筑"产品化"策略进行工程实践。

接下来，本章在分析的具体操作方法上，将根据上文建筑"产品化"策略框架模型中的策略要点（表5-16，图5-7），并基于真实的东南大学预制装配式建筑工程实践和澳大利亚预制装配式建筑工程项目，以物质层面（系统）、技术层面（系统）和秩序层面（系统）为应用分析的线索，逐层级地对策略要点的应用进行阐述和分析，从而总结物质系统、技术系统、秩序系统构成秩序产品化（"建筑的工业化构成秩序的产品化"）的应用程度和未来展望，进而揭示建筑"产品化"策略应用模式的启示。

6.2 物质构成秩序的产品化

6.2.1 构件的"一体成型"

一体成型是"划分依据"层级中建筑"产品化"策略的要点，且一体成型主要是用于制造业金属或塑料的加工工艺，指的是零部件不作分割，直接冲压或铸造完成。对工业产品（汽车车身）部件来说，"整体性""极少性"和"易拆性"是部件划分的重要依据，也是一体成型的重要动因。

对预制装配式建筑构件来说，虽然受限于建筑构件本身复杂性的限制，如构件复合性、材料多样性、性能严格性等，但在实际建筑工程项目的应用中，仍然采用了类似工业产品（汽车车身）部件高度集成的一体成型理念，"整体性"和"极少性"原则同样适用于预制装配式建筑，具体体现为建筑构件的"复合性"和"一体化"的设计与建造理念。构件的"一体成型"具体表现为构件在设计之初就被当作产品进行深入的设计研发，当生产完成后运输至工地现场装配之前，就已经是完成度非常高的建筑产品，在工地现场只需进行必要连接和二次装饰处理，并不需要在现场进行大量拼装构件的工作，即"拼装成型"。

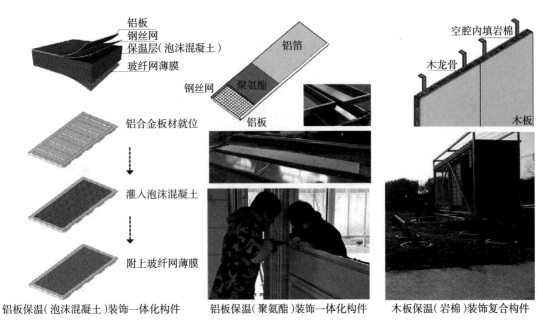

铝板保温(泡沫混凝土)装饰一体化构件　铝板保温(聚氨酯)装饰一体化构件　木板保温(岩棉)装饰复合构件

图6-11　东南大学轻型房屋建筑的预制外墙板构件系列产品
图片来源:东南大学建筑学院新型建筑工业化设计与理论团队提供,作者自绘

　　这种典型的建筑"产品化"策略要点应用于东南大学的轻型房屋建筑系列产品和澳大利亚的 The Meyer Timber NSW Office（悉尼迈耶木业办公楼）、Corporate Office Penrith（彭里斯综合办公楼）项目的外围护构件中。

　　在东南大学的轻型房屋建筑系列产品中,团队设计了两种类型的预制外墙板构件:一类是铝板保温装饰一体化构件（应用于"紧急建造庇护所""自保障多功能活动房""台创园多功能办公房""梦想居未来屋"）,另一类是木板保温装饰复合构件（应用于"微排未来屋"）（图6-1,图6-2）。

　　如图6-11所示,团队研发了一种由铝板、泡沫混凝土集成的装饰保温一体化构件,采用泡沫混凝土作为无机保温材料,具有轻质高强、抗震性强、整体性好、耐久性高、防水效果好的特点,采用铝板作为装饰面板,同时也作为泡沫混凝土定型的"模具",铝板被设计加工成带肋的特殊形式,加强铝板结构强度的同时增加与泡沫混凝土的结合强度,然后覆以玻纤网薄膜,最终形成预制外墙板构件,应用于"紧急建造庇护所"项目。团体在一体化的设计理念下,根据实际工程项目的需要,将泡沫混凝土保温材料替换成聚氨酯,又研发出由铝板、聚氨酯高度集成的装饰保温一体化构件,以适应不同的需要,并应用于"自保障多功能活动房""台创园多功能办公房"和"梦想居未来屋"项目。对建筑热工性能要求更高的居住类建筑,如"微排未来屋"项目,团队采用了一种新的外围护结构系统,即采用热阻性更好的木板作为装饰层,并将保温层与装饰层分开,不再一味地追求"一体化",而采用内保温"复合"的构造方式,在双层木板的空腔内复合了岩棉材料,模板朝外一侧还附加了

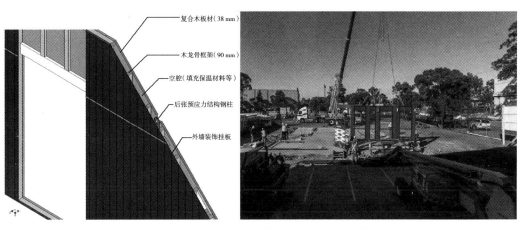

图 6-12　The Meyer Timber NSW Office(悉尼迈耶木业办公楼)的预制外墙板构件
图片来源：TBS-Timber Building Systems(木材房屋公司)提供，作者整理

一层铝箔以增强保温组件的"蓄热"性能，避免了装饰保温一体化构件所带来的较多连接间隙的问题。

　　在澳大利亚的 The Meyer Timber NSW Office（悉尼迈耶木业办公楼）（图 6-7）和 Corporate Office Penrith（彭里斯综合办公楼）（图 6-8）项目中，TBS-Timber Building Systems（木材房屋公司）研发出一种一体化的预制墙板构件，既可以作为房屋的外围护构件，又可以作为房屋的结构构件，大量地减少了建筑的构件数量、构件种类，使整个预制装配式建筑有更好的"整体性"和"极少性"。

　　在澳大利亚 The Meyer Timber NSW Office（悉尼迈耶木业办公楼）项目的设计研发阶段，预制墙板构件被设计为采用断面为 90 mm×35 mm 的木龙骨框架和断面为 65 mm×65 mm 的后张预应力钢柱（post-tensioned）组合形成构件的结构体系，外墙装饰挂板，防火隔层和密封胶条组合形成构件的外围护体系，38 mm 厚的复合木板形成构件的内围护体系，而内、外围护体系之间形成的空腔则填充相应的保温隔热或隔声材料，其能够同时满足建筑的设计要求、结构要求、性能要求、防火要求等，是一个高度集成的一体化预制墙板构件（图 6-12）。之后，这种采用同样技术的预制墙板构件又被应用于 TBS-Timber Building Systems（木材房屋公司）的 Corporate Office Penrith（彭里斯综合办公楼）项目中（图 6-13）。

6.2.2　建筑的"独立系统"

　　独立系统是"划分依据"层级中建筑"产品化"策略的要点，它指的是使相似功能的构件组成的一个相对独立的集合体成为一个相对封闭的系统。对工业产品（汽车）来说，这种独立系统体现为汽车的"五大总成"（发动机

图 6–13　Corporate Office Penrith（彭里斯综合办公楼）的预制外墙板构件
图片来源：TBS–Timber Building Systems（木材房屋公司）提供

总成、底盘总成、车身总成、设备和内饰总成、车轮总成），这五大总成在汽车总装配阶段之前都在各自的部门和生产线上相对独立地研发和生产，每个总成（系统）所承担的功能明确，互不交叉干扰，具有很强的独立性和系统性。

对预制装配式建筑来说，这种"独立系统"的划分原则具有重要的指导意义，将建筑按照功能划分为不同的系统，一方面将有利于形成不同专业、不同工种之间的清晰作业界面，明确职责划分，提高工作效率，提高建筑质量；另一方面也为精益思想、并行工程等技术的实施提供了可能性。

这种典型的建筑"产品化"策略要点应用于东南大学的轻型房屋建筑系列产品和"忆徽堂"住宅项目中。

在东南大学的轻型房屋建筑系列产品中，随着"自保障多功能活动房"第一次将屋顶太阳能系统加入房屋系统，房屋系统变得更加复杂，因此，团队逐渐明确了将房屋分成"结构（体）系统""外围护（体）系统""内装饰（体）系统""设备（体）系统"的设计（研发）和建造思路（图6–14），在"微排未来屋"和"梦想居未来屋"轻型结构建筑项目的设计初期，就将房屋分为结构体、外围护体、内装饰体和设备体（设备、管线）等若干个"构件组"。"微排未来屋"的结构体由 6 m×2.9 m×3 m 和 6 m×2.1 m×3 m 的两个铝合金主体结构框架单元、基座框架和太阳能框架组成；外围护体采用了团体研发的木板保温装饰复合构件；内装饰体由整体厨卫系统、智能家居系统、可变家具系统等组成；设备体主要由太阳能光电光热系统组成。"梦想居未来屋"则采用了同样的设计与建造思路，将结构体的主体结构框架单元替换成钢框架之后，拓展了更多的框架单元，形成了院落式的建筑组群；外围护体采用了团体研发的铝板保温装饰一体化构件；内装饰体和设备体部分则在"微排未来屋"的基础上进一步优化，并衍生出了污水生态处理系统等。

在东南大学的"忆徽堂"重型结构项目中（图6–15），结构体由钢筋混凝土结构和钢材结构共同组成；外围护体种类较多，采用江苏尼高科技有限

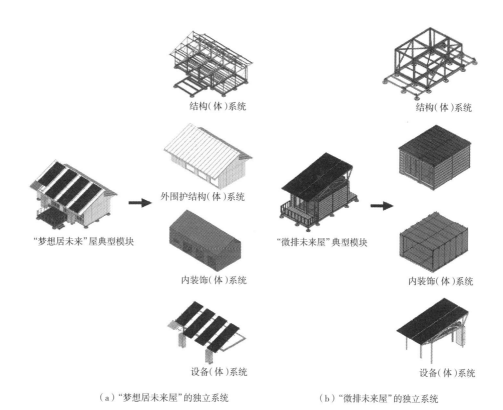

（a）"梦想居未来屋"的独立系统　　　　　　（b）"微排未来屋"的独立系统

图 6-14　"微排未来屋"和"梦想居未来屋"的"独立系统"
图片来源：东南大学建筑学院新型建筑工业化设计与理论团队提供，作者自绘

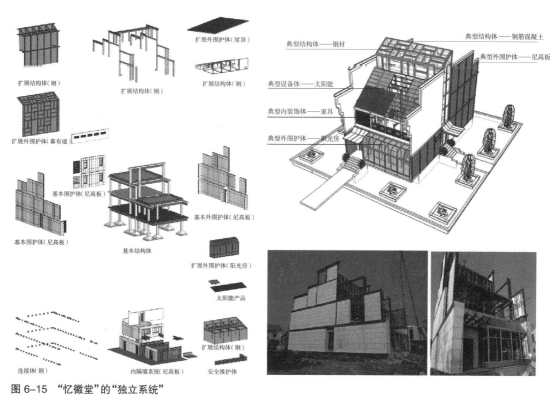

图 6-15　"忆徽堂"的"独立系统"
图片来源：东南大学建筑学院新型建筑工业化设计与理论团队提供，作者自绘

公司的"尼高板"作为基本外围护体构件（外墙板），阳光房、幕布墙等作为扩展外围护体构件（组）；设备体主要由太阳能光电光热系统组成；内装饰体则同样采用整体厨卫系统、智能家居系统、可变家具系统等。

综上所述，无论是东南大学的"微排未来屋""梦想居未来屋"轻型结构建筑项目，还是"忆徽堂"重型结构项目，都采用了"独立系统"的设计（研发）和建造思路，在设计之初就将房屋分成了"四大系统"（结构体、外围护体、内装饰体和设备），不同专业、不同工种之间的作业界面和职责划分清晰可见。建筑的各"独立系统"可以像汽车的"五大总成"一样在各自的企业或部门独立、同步生产，然后一起运输到工地现场进行"总成"（总装配）。

此外，有趣的是学者们在进行建筑和汽车类比时，认为建筑本身的复杂性是阻碍建筑能够"像造汽车一样造房子"的一个重要因素。然而，从设计与生产技术的角度来看，汽车远比建筑要精密和复杂得多，但其设计与生产效率和产品品质却仍然远高于建筑。从某种程度上来说，汽车在物质层面（系统）清晰分明、相对封闭但又相互联系，互为交融的"独立总成"划分依据模式是保证汽车在精密和复杂的产品特质下仍然保持整个研发与生产流程高效、高质、高量的重要原因。因此，所谓建筑的"复杂性"并不是因为其真的"复杂"，而是由于其缺乏相应的"秩序"。

同时，这种建筑"独立系统"的设计（研发）和建造思路更是精益思想、并行工程等技术实施的"物质构成秩序"基础，后文会在技术层面（系统）中的"典型设计技术"层级进行详细分析和阐述。

6.2.3 "系统性"与"标准性"

通过对东南大学的轻型房屋建筑系列产品，尤其是"微排未来屋"和"梦想居未来屋"轻型结构建筑项目以及东南大学的"忆徽堂"重型结构项目，澳大利亚的 The Meyer Timber NSW Office（悉尼迈耶木业办公楼）、Corporate Office Penrith（彭里斯综合办公楼）项目中外围护构件"一体成型"以及建筑"独立系统"的分析，可以得出：

建筑构件呈现出"标准性"的"产品化"策略（要点）特征。典型的如这些项目的外墙板构件，东南大学的铝板保温装饰一体化构件和澳大利亚TBS–Timber Building Systems（木材房屋公司）的预制墙板构件在不同的建筑项目中采用相同或类似的构件，且随着项目的增多、技术的积累，建筑构件也和汽车部件类似，会逐步演变成最优化的、标准化的建筑产品。

建筑则呈现出"系统性"的"产品化"策略（要点）特征。东南大学的"微排未来屋""梦想居未来屋"轻型结构建筑项目以及"忆徽堂"重型结构项目均采用了基于"独立系统"设计（研发）和建造思路的"四大系统"（结构体、外围护体、内装饰体和设备）的划分依据模式，得益于这种模式，建筑可以像汽车一样，当出现问题时只要相应地维修或更换不同系统中相应的构件，就可以在不影响整体建筑的情况下完成建筑的维护工作。

6.3 技术构成秩序的产品化

6.3.1 设计原则和战略

模块化、标准化、通用化和系列化是"设计指导原则"和"设计最终目标"层级中建筑"产品化"策略的要点。汽车行业在发展过程中逐步明确了"三化"的设计指导原则，即产品系列化、零部件通用化和零部件设计标准化，在实施平台化、模块化等战略之后，取得了长足的发展。系列化、通用化、标准化的"三化"原则也已经成为汽车行业内的共识。

建筑业最早引入了模块化概念，在新型建筑工业化背景下，随着预制装配式建筑的大量研究和实践，模块化一方面成为最适合预制装配式建筑的工程技术的战略理念，另一方面也推动了通用化、标准化设计原则在预制装配式建筑中的应用。模块化强调的是建筑"分块组合"理念，通用化、标准化解决的是如何实现"分块组合"理念，而预制装配式技术则解决的是如何将已实现的建筑"分块组合"理念付诸实际工程。三者是宏观战略理念、中观策略原则和微观技术路线的关系。

这种典型的建筑"产品化"策略要点应用于东南大学的轻型房屋建筑系列产品以及澳大利亚 Parkwood（园木公司）、MAAP House – Modular Architectural Adaptable Panel（模块化可变建筑板材房屋公司）的系列化住宅产品中。

在宏观战略理念上，东南大学的轻型结构建筑自"紧急建造庇护所"项目的主体模块（箱体单元）原型研发和建造之后，后续的建筑工程实践都采用了模块化的理念（图 6-16）。第一代产品"自保障多功能活动房"由尺寸为 2.9 m × 2.3 m × 2.8 m 的箱体单元组成的主体模块以及基座模块、太阳能模块构成，相比较原型产品，增加了基座模块和太阳能模块；第二代产品"台创园多功能办公房"的主体模块由 12 个尺寸为 6 m × 2.9 m × 3 m 的箱体单元水平组合而成，实现了产品空间与功能的拓展，基座模块在第一代产品的基础上做了改进，并研发出配套的箱体单元间的柔性连接技术[1]；第三代产品"微排未来屋"的主体模块由 2 个尺寸为 6 m × 2.9 m × 3 m 和 6 m × 2.1 m × 3 m 的

① 丛勐, 张宏. 设计与建造的转变: 可移动铝合金建筑产品研发 [J]. 建筑与文化, 2014 (11): 143–144.

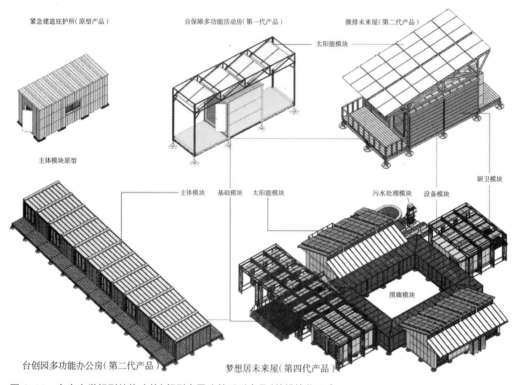

图 6-16　东南大学轻型结构建筑（轻型房屋建筑系列产品）的模块化理念
图片来源：作者自绘

箱体单元组成，基座模块和太阳能模块在第一代、第二代的基础上做了改进，此外，由于"微排未来屋"主要功能是居住功能，功能更加复杂且性能要求更高，因此增加了厨卫模块、智能家居模块、可变家具模块等。

到了第四代产品"梦想居未来屋"，团队在前三代轻型结构建筑的基础上，研发和建造了新一代太阳能可移动轻型结构建筑，建筑空间更大，建筑功能也更加复杂。其主体模块由 12 个尺寸为 6 m × 2.9 m × 3 m 的箱体单元围合成庭院，南面 4 个箱体组成老年居住单元，东西两侧 2 个箱体组成青年居住单元，北面 4 个箱体组成公共活动单元，它们用围廊模块相连。建筑形制也拓展成了院落式的建筑组群（图 6-17）。

基座模块、太阳能模块、厨卫模块、智能家居模块、可变家具模块等都在前三代的基础上做了改进，并根据功能需要应用于东西南北的各个单元。此外，此次还拓展了污水生态处理系统模块、景观小品模块等（图 6-18）。

在东南大学轻型结构建筑（轻型房屋建筑系列产品）的项目中，模块化的战略不仅确保了通用化、标准化原则在设计阶段的有效应用，更保证了预制装配式技术在后续生产阶段和施工阶段的顺利实施。此外，在中观策略原则和微观技术路线上，东南大学建筑学院新型建筑工业化设计与理论团队有效应用了"构件法建筑设计"，在设计和建造过程中团队只需挑选"房屋构件

图 6-17　"梦想居未来屋"的建筑功能分布和内部庭院

图片来源：东南大学建筑学院新型建筑工业化设计与理论团队提供

图 6-18　"梦想居未来屋"的老年居住单元、公共活动单元以及污水生态处理系统模块

图片来源：东南大学建筑学院新型建筑工业化设计与理论团队提供

库"中积累研发的成熟建筑构件（产品），针对不同建筑的要求进行不同的组合设计，就可以实现不同功能、不同形式、不同体量等轻型结构建筑模块化、标准化、通用化和系列化的设计目标。比如结构（体）系统中主体模块（箱体单元）的结构框架，虽然在"紧急建造庇护所""自保障多功能活动房""台创园多功能办公房""微排未来屋"中的尺寸有所不同，但其都采用 80 mm × 80 mm、80 mm × 120 mm 等截面的工业铝型材作为结构构件，具有相同技术特点（如构件间的连接构造、连接方式等）。结构（体）系统中的基座模块也都一样，都是由撑脚基础、平台框架、平台板以及与主体模块连接的构件组成的

图 6-19 "台创园多功能办公房"和"微排未来屋"具有相同技术特点的基座模块

图片来源：东南大学建筑学院新型建筑工业化设计与理论团队提供

（图 6-19）。围护（体）系统中主体模块（箱体单元）的外围护墙板都采用保温装饰一体化的复合墙板构件。因此，这些轻型结构建筑都可以采用标准化、通用化的设计原则、生产方法和施工手段来进行房屋的建造。

综上所述，东南大学的轻型结构建筑（轻型房屋建筑系列产品）基于模块化的宏观战略理念，通用化、标准化的中观策略原则，预制装配式技术的微观技术路线，最终实现了"系列化"的产品设计目标，促成了轻型房屋建筑系列产品的诞生。同时，其系列产品中所用的大部分零部件已经实现系列化、通用化和标准化，符合汽车行业的"三化"设计指导原则。

6.3.2 系列化设计目标

系列化是"设计最终目标"层级中建筑"产品化"策略的要点。"系列化"是工业产品设计中的概念。系列化设计是产品设计中运用简化原理的一种结果，它是标准化的一种重要形式[①]。

具体地说，系列化设计是在设计某一类产品时，根据生产和使用的技术要求，经过技术经济分析适当地加以归纳和简化，将产品的主要参数和性能指标按一定的规律进行分类，选择在功能、结构和尺寸等方面较典型的产品作为基型，合理地安排产品的品种、规格以形成系列。

汽车作为典型的工业产品，其最终的设计目标为生产出极为丰富的产品系列。因此，系列化作为宏观战略理念，从一开始就和通用化、标准化一起被列为汽车的"三化"原则，而平台化、模块化是实现系列化的中观策略，通用化、标准化的零部件是实现系列化的微观技术路线。汽车和其他典型工业产品一样，系列化是其最终的目标。反观预制装配式建筑，其最终设计目标还停留在"标准化设计"阶段。但是可以预见，在建筑"产品化"策略的应用模式下，预制装配式建筑的系列化将和典型工业产品汽车一样，成为设计的最终目标。

模块化、标准化、通用化和系列化的"设计指导原则"和"设计最终目标"

① 张峻霞. 产品设计：系统与规划[M]. 北京：国防工业出版社，2015.

最终可以实现"系列化"的设计目标。东南大学的轻型结构建筑项目（系列化轻型房屋建筑产品）以及澳大利亚的 Parkwood（园木公司）、MAAP House–Modular Architectural Adaptable Panel（模块化可变建筑板材房屋公司）的住宅项目（系列化住宅产品）已经被当作系列化的产品来设计和建造。

在东南大学的轻型房屋建筑系列产品中，从原型产品"紧急建造庇护所"的主体模块（箱体单元）研发，到第一代产品"自保障多功能活动房"基座模块和太阳能模块的增加，到第二代产品"台创园多功能办公房"的大空间探索——主体模块（箱体单元）的组合，到第三代产品"微排未来屋"的居住功能完善，增加了厨卫模块、智能家居模块、可变家具模块等，再到第四代产品"梦想居未来屋"在前三代产品的基础上综合应用和拓展相关模块，最终形成了院落式的建筑组群产品；建筑功能也从原型研发的试验箱体，到具备简单功能的办公单元，到具备居住功能的住宅，再到具备居住、活动、休憩等多功能的建筑组群，最终初步实现了较为完整的产品系列。此外，系列化产品的实现也代表了模块化、标准化、通用化技术的成熟应用。

在澳大利亚的 Parkwood（园木公司）、MAAP House–Modular Architectural Adaptable Panel（模块化可变建筑板材房屋公司）的系列化住宅产品中，其住宅产品系列则是根据卧室的数量作为划分标准。如 Parkwood（园木公司）的系列化住宅产品可分为 1 居室产品系列（1 Bedroom Granny Flats）、2 居室产品系列（2 Bedroom Granny Flats）、3 居室产品系列（3 Bedroom Granny Flats）和 4—6 居室产品系列（4–6 Bedroom Granny Flats）以及由此衍生出来的"小屋"（Cabins）产品系列（图 6–20）。

MAAP House–Modular Architectural Adaptable Panel（模块化可变建筑板材房屋公司）的系列化住宅产品则分为 1 居室产品系列（1 Bedroom Granny Flats）、1.5 居室产品系列（1.5 Bedroom Granny Flats）、2 居室产品系列（2 Granny Flats）和 3 居室产品系列（3 Bedroom Granny Flats）（图 6–21）。

如图 6-20、图 6-21 所示，两家公司的系列化住宅产品中同样卧室数量的产品又进一步提供了多种平面布置、建筑外观、室内装饰、设备选择的不同产品选择。这种"产品化"的理念使其能够研发符合市场和客户需求的定型化住宅产品，住宅也定型为产品，不同的客户需求转化为不同设计中功能模块的变化，体现为户型变化、建筑外观和室内装修与设备等方面的不同。从上述两家公司的预制装配式住宅案例可以看出，各种类型的预制装配式住宅建筑最终转化为系列化的住宅产品。一方面模块化、标准化、通用化的原则实现了系列化产品的目标，另一方面系列化的产品诞生又反过来推动了模块化、标准化、通用化原则的发展。

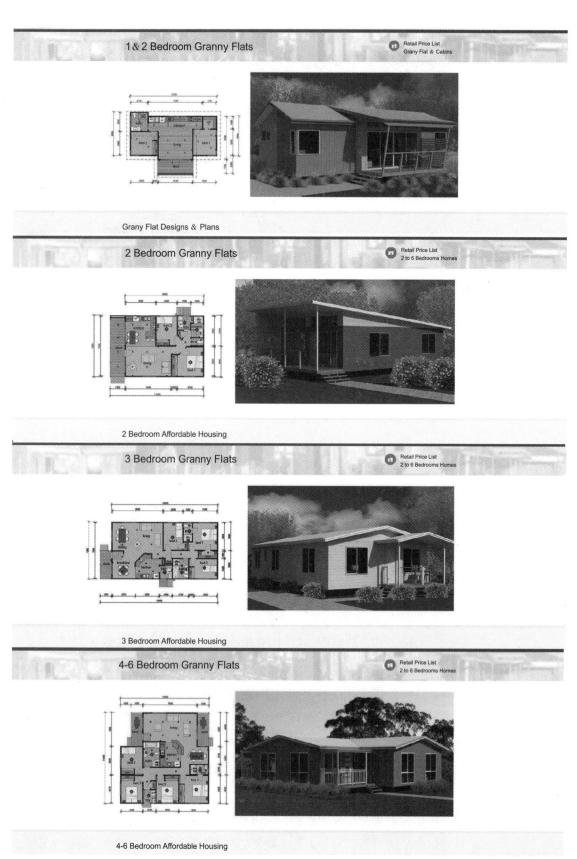

图 6-20　Parkwood（园木公司）的系列化住宅产品；图片来源：http://www.parkwoodhomes.com.au，作者整理

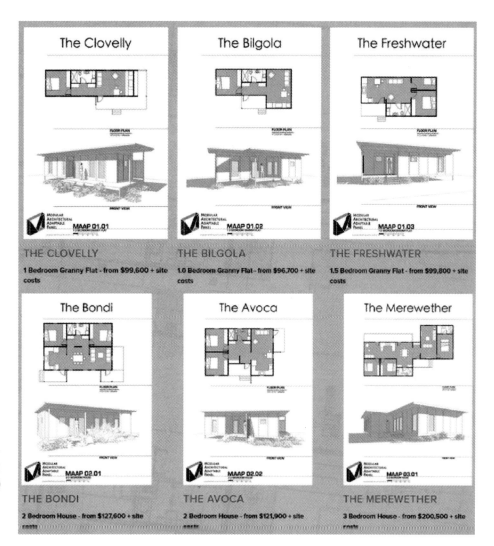

图 6–21　MAAP House–Modular Architectural Adaptable Panel（模块化可变建筑板材房屋公司）的系列化住宅产品

图片来源：https://www.maaphouse.com，作者整理

6.3.3　商品化客户体验

当建筑变成了系列化的产品，那么下一步就是推向市场，变成商品。澳大利亚的 Parkwood（园木公司）、MAAP House–Modular Architectural Adaptable Panel（模块化可变建筑板材房屋公司）根据当地的文化环境给不同的产品命名，并将系列化住宅产品转化为商品供客户直接挑选。如 Parkwood（园木公司）在其公司的网站上展示不同的住宅商品，每个住宅商品系列还配套详细的商品说明书，包括住宅尺寸、住宅外观、住宅简介等信息。

因此，客户可以根据自身需求，点击 Parkwood（园木公司）网站上关于住宅商品介绍的相关链接，就可以获取该住宅商品的关键信息。

这些系列化的住宅产品有着严格的质量和安全标准，在产品上市转变为商品，客户购买了相应的住宅商品之后，Parkwood（园木公司）还会根据商品的质量和安全标准（图 6–22），提供完整的"售后保障"服务。此外，除

Quality Policy

Parkwood Modular Buildings is dedicated to quality and continuous process improvement for both customers and its own people. We shall achieve the highest level of customer satisfaction possible and consistently exceed expectations of the company.

Parkwood Modular Building top management has an ongoing commitment towards customers. A customer centered approach has been adopted, ensuring the enhancement of customer satisfaction. Customers' requirements drive the business and are a major focus of the quality policy.

Parkwood Modular Buildings recognises that quality is a companywide responsibility. We achieve organizational excellence and quality awareness through innovative process improvements, training our people, offering competitive rates, true value for money to our clients and developing customer satisfaction programs. Our organisation strives for continual improvement to ensure that its operations and clients are continuously receiving a high level of service.

Materials and services used by Parkwood Modular Buildings are to be purchased from high quality suppliers to ensure that the end product satisfies the client's requirements.

We also aim to ensure that our business continues to be a valued service for our customers, resulting in quality products. To this end, we look to improve the products we use in cooperation with our suppliers and subcontractors.

Parkwood Modular Buildings ensures that it complies with legislation, regulations and codes of practice

Safety Policy

Commitment

Parkwood Modular Buildings recognises its moral and legal responsibility to provide a safe and healthy work environment for employees, contractors, customers and visitors. This commitment extends to ensuring that the organisation's operations do not place the local community at risk of injury, illness or property damage. Parkwood Modular Buildings commits to continuous improvement in Workers Health and Safety management. The Health and Safety System is to comply with AS4801.

Communication of the Policy

This policy is communicated to all staff through an electronic controlled copy placed on the company network with other relevant management system manuals, and placed on common area noticeboard/s. This policy is made available to the public via the company website.

Objectives

Parkwood Modular Buildings will:

- Provide safe equipment and systems of work
- Provide written procedures and instructions to ensure safe systems of work
- Ensure compliance with legislative requirements and current industry standards
- Provide information, instruction, training and supervision to employees, contractors, visitors and customers to ensure their safety
- Provide support and assistance to employees
- Continually improve its Workers Health and Safety system materials and performance through

Parkwood Price List for Homes (over 60m2 living area) for Residential & Rural Sites					
September, 2017	Model	Living Area	Dimension as shown on Brochure	Number of Modules	Starting price**
2 Bedroom	Glover	67.6	9.4x7.2	2	$134,214
	Nolan	67.6	9.4x7.2	2	$137,058
	Lambert	69.1	9.6x7.2	2	$141,228
	Passmore	70.9	11.0x7.2	2	$142,642
	Lindsay	72.4	10.6x7.2	2	$145,558
	Ashton	74.9	10.9x7.2	2	$147,396
	Rees	76.3	10.6x7.2	2	$136,017
	Streeton	78.1	11.6x7.2	2	$149,598
	Wakelin	82.8	11.5x7.2	2	$158,129
	Bock	82.8	14.5x7.2	2	$181,595
	Fairweather	90.0	12.5x7.2	2	$163,996
	Crosslands	90.0	12.5x7.2	2	$170,027
	Drysdale	91.5	12.9x7.2	2	$165,337
3 Bedroom	Ramsay	77.7	10.8x7.2	2	$143,170
	Davies	83.5	11.6x7.2	2	$150,134
	McCubbin	90.0	12.5x7.2	2	$155,228
	Boyd	91.4	12.9x7.2	2	$157,463
	Preston	92.8	12.9x7.2	2	$163,484
	Patterson	100.0	15.4x7.2	2	$180,688
	Martens	103.6	14.4x7.2	2	$180,296
	Lewin	113.8	11.6x11.4	3	$223,499
	Whiteley	131.0	14.0x11.4	3	$236,612
	Milson	130.2	10.5x15.6	4	$250,394
	Coburn 3	158.4	12.0x13.2	3	$243,179
4 to 6 Bedroom	Withers	114.0	11.6x11.4	3	$222,754
	Crowley	115.2	16.0x7.2	2	$193,186
	Balson	115.2	16.0x7.2	2	$198,323
	Dobell	127.0	12.5x10.8	3	$219,841
	Roberts	140.4	14.0x10.8	3	$237,148
	Cossington	160.4	17.4x11.8	4	$259,433
	Coburn 4 (+Media)	173.2	16.4x13.1	4	$297,734
	Coburn 5 (+Media)	232.4	24.0x12.0	6	$300,238
	Russell 5-2	232.4	24.0x12.0	6	$377,062
	Russell 5-3	232.4	24.0x12.0	6	$390,257

图 6-22 Parkwood（园木公司）住宅商品的质量和安全条例以及报价单

图片来源：Parkwood（园木公司）提供

了系列化的住宅商品，对于对住宅有更高或特殊要求的客户，Parkwood（园木公司）还提供定制化住宅产品服务，但价格更高，周期更长。

MAAP House-Modular Architectural Adaptable Panel（模块化可变建筑板材房屋公司）的系列化住宅产品和 Strongbuild（斯特朗公司）的系列化住宅产品也基本也采取相同的模式。

此外，值得一提的是，澳大利亚的 Parkwood（园木公司）和 Strongbuild（斯特朗公司）不仅提供系列化的住宅商品，而且还提供与房屋商品内部相配套的内装饰（修）商品，并将其系统整理出来供客户直接挑选。Parkwood（园木公司）将其整理成"标准商品手册"（Standard Items），而 Strongbuild（斯特朗公司）则将其直接跟网站集成，客户不仅可以在网站上查阅和挑选住宅商品，而且还可以直接在网站上查阅和挑选与房屋内部相配套的内装饰（修）商品（图 6-23）。

当上述澳大利亚公司的系列化住宅产品转变为商品之后，其住宅产品直接面向客户，给客户带来了"商品化"的体验，客户不仅可以像挑选商品一

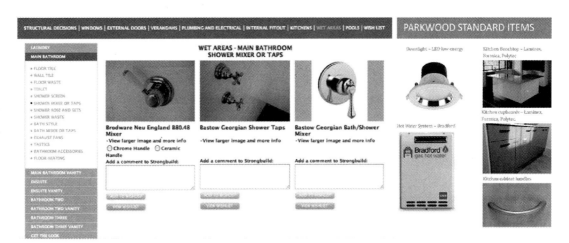

图6-23 Strongbuild(斯特朗公司)和Parkwood(园木公司)住宅的内装饰(修)商品

图片来源：Strongbuild(斯特朗公司)、Parkwood(园木公司)提供

样挑选、使用、保养、维护自己所购买的住宅商品，而且还可以在同一家公司"一站式"地挑选房屋的内装饰（修）商品，购买到手的是直接可以"使用"的商品。而作为产品，客户还可以享有"售后服务"的保养、维护等服务。实际上，这已经和典型工业产品汽车的理念十分接近。

这几家公司的住宅产品案例已经实现了在小住宅领域将建筑设计模式从"个性化特殊定制"转变为"标准化批量定制"。这在某种程度上也示范了一种将"建筑作品模式"转变为"建筑产品模式"的实现路径和形式。而国内无论是预制装配式建筑项目还是传统建筑项目，其"产品化"理念还停留在研究和小范围实践阶段，尚未形成系列化的商品。以住宅类建筑项目为例，项目推进流程仍然以开发商"贷款拍地—设计单位—施工单位—项目验收—售楼推销"的传统"建筑作品"设计模式和商业运作模式为主。在项目策划阶段，无法做到对市场需求的准确判断和对客户需求的精准把握；在设计和施工阶段，很难贯彻模块化、标准化和通用化的原则和理念；在销售阶段，做不到直面市场和客户需求，通常采用"建筑作品模式"下将固有户型通过广告语进行包装的商品推销模式；在维护阶段，更加缺乏售后保障。因此，目前的住宅类建筑项目缺乏"商品化的客户体验"。当然，一方面，这种建筑设计模式和商业运作模式跟所处时代的基本国情、政策导向、工程技术等息息相关；另一方面，澳大利亚的私有化土地、小型化住宅和高昂的现场人工费用也促成了商品化模式的广泛应用。

综上所述，东南大学的轻型结构建筑工程实践初步形成了系列化轻型房屋建筑产品，部分实现了"设计指导原则"层级中模块化、标准化、通用化以及"设计最终目标"层级中系列化的建筑"产品化"策略要点的应用。而澳大利亚的 Parkwood（园木公司）、Strongbuild（斯特朗公司）和 MAAP House-Modular Architectural Adaptable Panel（模块化可变建筑板材房屋公司）不仅在私人小住宅领域大部分实现了"设计指导原则"层级和"设计最终目标"层级中的建筑"产品化"策略要点的应用，而且还将系列化住宅产品转变为住宅商品，给客户带来了"商品化"的体验。

6.3.4 精益思想与并行工程

精益思想和并行工程都是从制造业引入建筑业的典型技术。随着新型建筑工业化时代建造技术的改变，预制装配式技术的兴起，以及建筑业对改变落后传统"手工模式"现状的迫切需要，精益思想和并行工程已经深入、系统地应用于预制装配式建筑的设计、生产、施工等整个建造流程，甚至是全生命周期过程。基于本书将设计理念模式的更新作为建筑"产品化"的重要策略背景，以及上文"建筑业和制造业在设计相关领域继续融合的潜力"的类比分析结论，本小节将精益思想和并行工程放在"典型设计技术"层级，从设计的角度出发，分析其建筑"产品化"策略要点的应用。

精益思想在设计的具体操作上，典型的有并行工程技术下的建筑协同设计技术、面向制造与装配的设计（DFMA, Design for Manufacturing and Assembly）等。这种典型的建筑"产品化"策略要点已应用于东南大学的轻型房屋建筑系列产品、"忆徽堂"住宅项目和澳大利亚的 The Meyer Timber NSW Office（悉尼迈耶木业办公楼）项目。

在东南大学的轻型房屋建筑系列产品中，团队应用了并行工程和建筑协同设计技术（图6-24）。以建筑功能最为复杂的第四代产品"梦想居未来屋"为例，基于房屋被分成结构（体）系统、外围护（体）系统、内装饰（体）系统和设备系统"四大系统"的独立系统的划分依据，针对每个相对独立的系统，整个

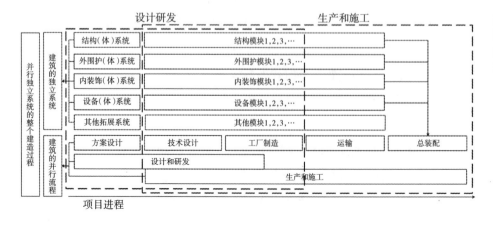

图 6-24　东南大学轻型结构建筑（轻型房屋建筑系列产品）的并行工程

图片来源：作者自绘

团队在领衔团队东南大学建筑学院建筑技术科学系的组织带领下，各自同时进行设计（研发）、生产和建造，最后运输到现场工地进行统一装配。在设计初期，团队就应用建筑协同设计技术，在协同构架下（图6-25），与协同单位和企业一起组织"梦想居未来屋"的设计、生产、施工等整个建造流程。由于系统独立，不同专业、不同工种之间的作业界面和职责划分清晰可见。因此，不同协同单位和企业之间目标明确、配合顺畅，这也有利于实现"协同管理"。

以结构体为例，完成主体模块（箱体单元）的结构设计后，设计师将设计图纸传递给负责模块（箱体单元）制造和装配的企业；企业设计师再完成结构构件的生产加工节点图，同时将生产加工中会遇到的问题反馈给设计研发方，设计研发方及时对结构体的设计进行修改。经过多次完善、试做之后，设计团队与协同企业共同完成符合生产装配条件的结构体设计，然后企业开始生产组装结构构件（图6-26）。由于协同设计建立在详细的构件明细表和构件加工装配图上，所以每一阶段参与团队的分工都明确有序。各协同单位可以根据构件建造图和安装流程表，及时安排生产制造和装配任务，从而实现并行工程下的协同模式。

此外，团队基于前三代产品的研发，已经初步建立了"房屋构件产品库"。因此，在设计"梦想居未来屋"过程中，团队通过挑选"房屋构件产品库"中前三代产品积累下来的成品构件，并对其加以改进，就可以直接运用到"梦想居未来屋"的项目中（图6-27）。如基座模块、主体模块（箱体单元）和太阳能模块均与前三代产品相同或类似，因此无须再进行传统预制装配式建

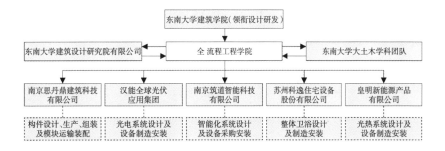

图 6-25　"梦想居未来屋"的建筑协同设计构架
图片来源：东南大学建筑学院新型建筑工业化设计与理论团队提供

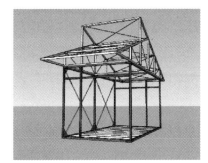

图 6-26　南京思丹鼎建筑科技有限公司负责的主体结构模块（箱体单元）的生产与施工
图片来源：作者自绘，作者自摄

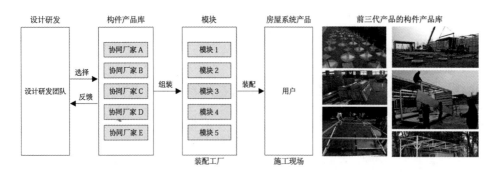

图 6-27 "构件法建筑设计"在
"梦想居未来屋"中的应用
图片来源: 东南大学建筑学院新型建
筑工业化设计与理论团队提供, 作者
整理

筑设计中经常遇到的"二次配套设计"和"二次修补设计"。虽然这跟"构件法建筑设计"中"房屋构件库"的理想目标(构件库里都是成熟的建筑产品,并且配套相应的技术图纸、产品说明书等)还有一段距离,但东南大学的轻型房屋建筑系列产品经过四代产品的发展,已经初步建立了"轻型房屋构件库",并应用"构件法建筑设计"的建筑设计方法来实现并行工程和协同设计技术。

东南大学的"忆徽堂"住宅项目也采用了相同的并行工程和建筑协同设计技术,在东南大学建筑学院建筑技术科学系的领衔下,应用协同构架,组织带领不同的协同单位和企业一起完成项目的设计研发和生产施工工作。在并行工程和建筑协同设计技术的支持下,建筑的施工效率得到极大提高。工程自 2015 年 7 月 5 日开工,7 月 15 日完成基础施工,7 月 30 日完成一层地坪浇筑,8 月 15 日混凝土主结构封顶,8 月 26 日次结构钢结构部分安装完工,9 月 1 日内墙板开始安装,9 月 16 日室内开始装修,9 月 22 日外墙尼采板开始施工,9 月 28 日阳光房等成品构件开始施工,10 月 11 日露台花架安装,10 月 20 日科逸卫浴进场安装,10 月 29 日门窗入场施工,11 月 10 日遮阳设施入场施工,11 月 22 日竣工交付使用[1]。

澳大利亚的 The Meyer Timber NSW Office(悉尼迈耶木业办公楼)项目也采用了并行工程和建筑协同设计技术,但在项目的设计过程中,更加强调"面向制造与装配的设计(DFMA, Design for Manufacturing and Assembly)"。项目由木材房屋公司(TBS-Timber Building Systems)领衔,在项目初期就采用建筑协同设计技术、并行工程技术以及面向制造与装配的设计技术(DFMA),协同建筑设计、房屋设计、结构工程、声学工程、防火工程等多家单位和企业进行一体化、系统化的建筑协同设计,使其能够满足后续预制构件的制造、生产和装配等房屋的建造要求,同时又能够满足建筑的设计、结构、性能和防火等要求(图 6-28)。

以房屋外围护体中的预制墙板为例,在项目初期,木材房屋公司(TBS-Timber Building Systems)就协同房屋设计企业、结构工程企业、声学工程企业

① 张宏,朱宏宇,吴京,等. 构件成型·定位·连接与空间和形式生成: 新型建筑工业化设计与建造示例[M].南京: 东南大学出版社,2016.

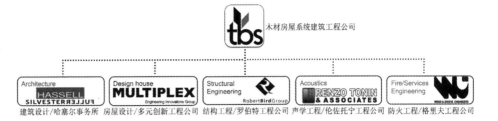

和防火工程企业对建筑方案进行深入设计和转化，对预制墙板构件进行产品化的深入设计与研发，将建筑的设计要求、结构要求、性能要求、防火要求等和预制墙板构件的制造与装配工艺结合起来，将研发出的一体化的预制墙板构件作为房屋的结构和围护系统，不仅满足设计的要求，更满足制造和装配的要求。

在制造与生产阶段，工人只需将三维模型转换为二维制造工程图纸，直接导入数控机床，就可以批量地生产预制构件。在建造阶段，预制构件采用企业自行研发的带有专利技术的标准化连接方式和装配工艺，工人只需紧固预制构件顶部的螺栓套筒，就可以方便快捷地装配构件。这种面向制造与装配的建筑协同设计方法能够使这种结构和围护一体化的预制墙板构件在研发初期就可以将建筑的多种要求和构件的制造、生产、装配和建造过程相匹配。

本项目在建筑协同设计技术、并行工程技术以及面向制造与装配的设计技术（DFMA）的支持下，整个工期缩短了 30% 以上。工程现场工期从 2015 年 9 月 9 日预制构件进场到 2015 年 9 月 11 日房屋主体部分完工仅花了 20 个小时，约 2 天半的工作时间，具有高度工业化的特征（图 6-29）。整个项目

第一天　工程时间 0 小时

第一天　工程时间 8 小时

第二天　工程时间 16 小时

第三天　工程时间 20 小时

约 80% 的工作量在工厂完成,有效减少了现场垃圾、粉尘和噪音的排放量。

综上所述,东南大学的轻型结构建筑(轻型房屋建筑系列产品)、"忆徽堂"住宅项目和澳大利亚的 The Meyer Timber NSW Office(悉尼迈耶木业办公楼)项目展示了建筑"产品化"策略要点中典型设计技术的应用,这些技术能够使起源于制造业的精益思想和并行工程技术正确有效地应用到项目的整个建造流程中去,从而真正实现建筑的"产品化"。

6.3.5　生产线流水作业

生产线就是产品生产过程所经过的路线,即从原料进入生产现场开始,经过加工、运送、装配、检验等一系列生产活动所构成的路线。生产线最初是伴随产品的生产而出现的,现已广泛地应用于汽车行业以及整个产品制造业。而对预制装配式建筑来说,建筑的一部分工作从工地现场转移到了工厂,预制构件开始具有产品特征,随着标准化、通用化、模块化等建筑设计理念的出现,建筑预制构件变得可以像产品一样,在生产线上按照特定的路线和程序,通过相应的设备和人工辅助,流水线式地完成建筑预制构件的批量生产。

澳大利亚以木材、交错层压木材(CLT)、钢材、钢木混合轻型结构为主的预制装配式建筑给预制构件的生产线流水作业提供了先天优势,由于其构件材料单一、工艺简单、加工方便,因此其构件较易实现工业化程度较高、与制造业生产方式相似的生产线流水作业。而钢筋混凝土重型结构建筑的预制构件材料构件较多、工艺复杂,且最后通过流动状态的混凝土浇筑成整体,加工存在一定的难度。因此,生产线流水作业只适合于出筋简单的平板形状的板类构件。澳大利亚的预制装配式建筑构件以木材、交错层压木材(CLT)为主。

数控机床是数字控制机床(CNC, Computer numerical control machine tools)的简称,其是一种装有程序控制系统的自动化机床(图 6-30)。该控制系统能够逻辑地处理具有控制编码或其他符号指令规定的程序,并将其译

图 6-30　TBS-Timber Buiding systems(木材房屋公司)的CNC设备和Strongbuild(斯特朗公司)的生产线
图片来源:作者自摄

码，从而控制机床的动作，即按图纸要求的形状和尺寸自动地将构件加工出来。目前澳大利亚大部分建筑工程公司的数控机床都是从德国引进的，主要用于加工木板材或石膏板材等轻质材料。数控机床在面对整块板材时，能够在软件的支持下优化切割布局，同时满足预制构件二维制造工程图纸的要求，从而最大化地提高效率和减少浪费。

Cadwork 和 Autodesk Inventor 是两款在澳大利亚的预制装配式建筑相关企业中运用比较广泛的机械／工业产品设计软件，通常和 Archicad（3D BIM 建模软件）导出的建筑信息模型协同工作，能够直接生成构件的二维制造工程图纸，导入数控机床进行制造和生产（图6-31）。

澳大利亚 TBS-Timber Building Systems（木材房屋公司）的 The Meyer Timber NSW Office（悉尼迈耶木业办公楼）项目中的预制墙板构件在 Autodesk Inventor 软件和 CNC 设备的配合下实现了流水线生产模式。其项目负责人乔治·康斯坦茨（George Konstandakos）在访谈中提到在 Hassell（哈塞尔建筑事务所）应用 Archicad（建筑信息模型 BIM 软件）出具建筑方案图纸和建筑信息模型之后，TBS 公司使用 Autodesk Inventor（机械／工业产品设计软件）导入建筑信息模型，提取预制墙板构件的相关信息，再由 Autodesk Inventor（机械／工业产品设计软件）直接生成二维制造工程图后导入公司生产线上的数控机床（CNC），实现了预制墙板构件的数控化自动流水线式的批量生产模式，最后将预制构件运输到工地进行现场装配（图6-32）。

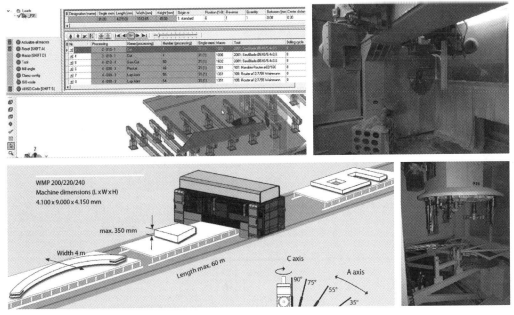

图 6-31　XLAM(CLT木材公司)的CNC设备和Cadwork软件配套应用
图片来源：XLAM(CLT木材公司)提供

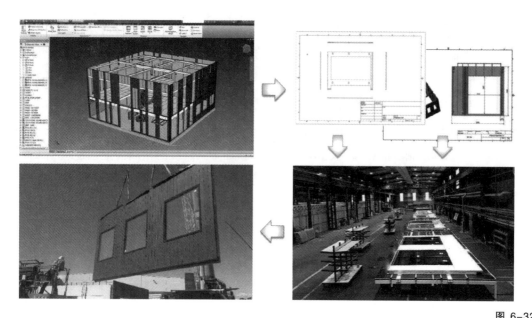

图 6-32 The Meyer Timber NSW Office(悉尼迈耶木业办公楼)预制墙板的流水线生产
图片来源: TBS–Timber Building Systems (木材房屋公司)提供

6.4 秩序构成秩序的产品化

6.4.1 系列化技术积累

"系列化"的技术积累是"方案阶段"层级中建筑"产品化"策略的要点，即在设计 / 开发子流程中方案阶段所运用的"产品化"设计方法。这种典型的建筑"产品化"策略要点应用于东南大学的轻型房屋建筑系列产品和澳大利亚 TBS–Timber Building Systems（木材房屋公司）的 The Meyer Timber NSW Office（悉尼迈耶木业办公楼）项目、Corporate Office Penrith（彭里斯综合办公楼）项目。

东南大学的轻型房屋建筑系列产品在方案阶段，前几代产品"系列化"的技术积累是后续产品方案设计和技术研发的重要依据，而上文提到的"轻型房屋构件库"实际上是这种主要依据的一种具体表现形式。在方案设计阶段，就已经应用了包含人文性和技术性内容的构件来进行技术设计，而这些构件又是经过实际项目验证的。因此在这种方案设计模式下，可以直接和后续的生产和施工阶段相匹配，从而避免"二次配套设计"和"二次修补设计"。

以东南大学轻型房屋建筑系列的外围护（体）系统为例，从"紧急建造庇护所"的铝板泡沫混凝土装饰保温一体化构件，到"自保障多功能活动房""台创园多功能办公房"和"梦想居未来屋"的铝板聚氨酯装饰保温一体化构件，再到"微排未来屋"木板岩棉保温装饰复合构件，虽然外围护构件的性能要求越来越高，种类要求也越来越多样，但其本质的技术原理和构造做法等并未改变。

以结构（体）系统为例，从"紧急建造庇护所"铝框架结构箱体单元的原型开发，到"台创园多功能办公房"铝框架结构箱体单元的拓展组合尝试，到"微排未来屋"铝框架结构箱体单元进一步和其他结构模块集成，再到将"梦想居未来屋"的铝框架结构箱体替换为钢框架结构箱体，无论房屋形式和房屋功能如何变化，其主体模块（箱体单元）结构框架本质的技术原理和构造做法等并未改变，都采用 6 m×2.9 m×3 m 尺寸的结构框架、相配套的基座框架以及相应的连接件和加强件（角码、角钢、斜撑等）。

澳大利亚 TBS-Timber Building Systems（木材房屋公司）的 Corporate Office Penrith（彭里斯综合办公楼）项目在方案阶段也采用了和公司之前 The Meyer Timber NSW Office（悉尼迈耶木业办公楼）项目相同技术原理和构造做法的预制墙板构件。这使得公司在后续项目的方案阶段可以基于之前项目的技术积累在不改变基本生产和施工方法的条件下实现建筑方案的快速转变。

综上所述，东南大学的轻型房屋建筑系列产品以及澳大利亚 TBS-Timber Building Systems（木材房屋公司）的 The Meyer Timber NSW Office（悉尼迈耶木业办公楼）项目、Corporate Office Penrith（彭里斯综合办公楼）项目，一方面展示了一种方案阶段基于技术积累的"有秩序"的方案设计方式，另一方面这种方式和汽车的平台化概念十分类似，虽然建筑功能、建筑尺寸、建筑外观截然不同，但主体结构和外围护结构技术几乎一样，同时这种方式也更好地贯彻了模块化、标准化、通用化的原则。

6.4.2　批量定制化生产

1987 年，斯坦利·戴维斯（Stanley Davis）在其《未来的理想》一书中正式提出"大批量定制（Mass Customization）"的概念。大批量定制是以近似大批量生产的效率生产商品和提供服务以满足客户的个性化需求。在产品品种的多样化和定制化需求急剧增加的情况下不相应地增加成本。具体来说，批量定制是一种集企业、客户、供应商、员工和环境于一体，在系统思想指导下，用整体优化的观点，充分利用企业已有的各种资源，在标准技术、现代设计方法、信息技术和先进制造技术的支持下，根据客户的个性化需求，以大批量生产的低成本、高质量和高效率提供定制产品和服务的生产方式。

经过近 30 年的发展，这一概念已经在制造业的各个领域得到了广泛应用。其基本思路是基于产品族零部件和产品结构的相似性、通用性，利用标准化、模块化等方法降低产品的内部多样，增加顾客可感知的外部多样性，通过产品和过程重组将产品定制生产全部或部分转化为零部件的批量生产，从而迅速向顾客提供低成本、高质量的定制产品。

批量定制化生产是"制造阶段"层级中建筑"产品化"策略的要点，即在生产／施工子流程中制造阶段所运用的"产品化"设计方法。实际上，模块化、标准化、通用化的设计指导原则和系列化的设计最终目标是批量定制化生产的充要条件。一方面，这些设计原则和目标需要在设计之初就融入方案设计之中，从而给批量定制化生产创造先决条件；另一方面，批量定制化生产是企业快速更新产品系列、迎合市场需求的重要生产方式和技术手段。

这种典型的建筑"产品化"策略要点应用于澳大利亚的 Parkwood（园木公司）、Strongbuild（斯特朗公司）和 MAAP House–Modular Architectural Adaptable Panel（模块化可变建筑板材房屋公司）的系列化住宅产品。这几家公司一方面在设计层面，已经实现将个性化的"建筑作品"转化为模块化、标准化、通用化的系列化"住宅产品"，为批量定制化生产提供了必要条件；另一方面，批量定制化的生产方式和技术手段又能够使公司及时根据市场和客户需求的变化快速更新产品系列。

6.4.3 程式化装配工序

预制装配式建筑的系列化产品理念、模块化建筑设计、批量定制化生产同时也给其施工过程中构件装配的"程式化工序"提供了可能性。"程式化装配工序"在汽车行业体现为机器（程序）主导的装焊生产线，而预制装配式建筑暂时无法实现汽车装配时的自动化，其装配过程依然需要依靠人工主导，但标准化、规范化、程式化的建造工序对提高整个建造流程效率、最终建筑质量起到重要的作用。程式化的装配和连接工序作为"装配和连接阶段"层级中建筑"产品化"策略的要点，在东南大学的轻型房屋建筑系列产品以及澳大利亚 TBS–Timber Building Systems（木材房屋公司）、Parkwood（园木公司）、Strongbuild（斯特朗公司）、Shawood（沙木公司）的项目中得到了广泛应用。

在东南大学的轻型房屋建筑系列产品中，得益于系列化的技术积累，整个产品系列在基本技术原理和构造做法的框架下，构件间的基本装配方式和连接手段并未改变。简单来说，模块化、标准化、通用化的原则在应用于设计阶段之后，后续构件的生产、装配和连接环节同样具备了相同的特征，这为构件最终的"程式化装配和连接工序"提供了先决条件。随着每代产品的技术优化和团队的经验积累，其轻型房屋建筑系列产品的装配和连接工序也愈加趋向于标准化、规范化、程式化。

在澳大利亚 TBS-Timber Building Systems（木材房屋公司）、Parkwood（园木公司）、Strongbuild（斯特朗公司）、Shawood（沙木公司）的项目中，"程式化的装配和连接工序"在预制装配式建筑项目中起到重要作用。如 TBS-Timber Building Systems（木材房屋公司）的预制墙板构件采用企业自行研发的带有专利技术的标准化连接方式和装配工艺即"后张连接系统"（posttensioning connection system），工人只需紧固预制构件顶部的螺栓套筒，就可以方便快捷地装配构件（图 6-33）。在 The Meyer Timber NSW Office（悉尼迈耶木业办公楼）项目和 Corporate Office Penrith（彭里斯综合办公楼）项目中，整个预制墙板构件的装配和连接工序被简化为"吊装就位—辅助支撑—旋转套筒"的程式化工序，大大提高了节点的连接质量和房屋的整体质量，同时，也大大缩短了项目的工期。

此外，澳大利亚园木公司（Parkwood）的工程师约翰·麦克杜格（John Mcdougall）和沙木公司（Shawood）的建筑师真琴落合（Makoto Ochiai）在访谈中都共同提到了"程式化的装配和连接工序"在预制装配式项目中的重要性。约翰（John）提道："标准化装配使得建筑师在绘制图纸时只需了解公司所能生产的基本构件的尺寸信息，并出具基本装配图纸，并不需要进行专门的细节大样或施工图设计，因为在后续的环节中工人们都默认采用公司自行研发的标准化的装配和连接方法，这可以大大提高项目的进程。"同时约翰（John）还提道："我们非常希望能和有这方面背景的建筑师合作，这将大大提高我们的合作效率和产品质量。"落合（Ochiai）提道："在公司的项目中，我几乎感觉不到方案图纸与实际生产、施工的脱节，建筑师只需关注自己的方案设计，并不需要花精力解决项目在现场工地施工中所遇到的问题，公司有完善的标准化生产和施工工序。"

图 6-33　TBS-Timber Building Systems（木材房屋公司）的"后张连接系统（posttensioning connection system）"
图片来源：TBS-Timber Building Systems（木材房屋公司）提供

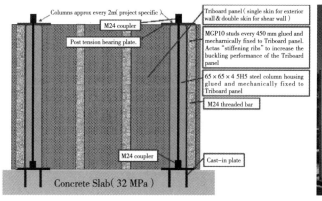

虽然预制装配式建筑在建造过程中还不能做到汽车在生产过程中的机器（主导）的自动化程度，仍然需要依靠人工主导完成最终的装配和连接过程，但标准化、规范化、程式化的建造工序的作用已经被重视。澳大利亚的企业也非常重视相关技术的自主研发工作，如 TBS–Timber Building Systems（木材房屋公司）、Parkwood（园木公司）、Strongbuild（斯特朗公司）、Shawood（沙木公司）等都根据企业的自身特点研发出相应的技术，并已经将企业自己的"程式化装配和连接工序"标准应用于实际的工程项目。

6.4.4　衍生的使用功能

移动运输和维护快捷是"衍生使用功能（系统目的性）"层级中建筑"产品化"策略的要点。随着人们对建筑功能需求的不断提高，建筑衍生出移动运输和维护快捷的使用功能，向着汽车的本质使用功能靠近，建筑不再一成不变地在同一地点，而是可以方便快捷地拆卸和组装，变换地点。

东南大学的轻型房屋建筑系列产品从第一代快速突发性灾害救援背景下的"紧急建造庇护所"到第四代临时社区服务背景下的"梦想居未来屋"，房屋的移动运输和维护便捷一直是团队研发的重要目标之一。团队采用将建筑划分为和集装箱尺寸类似的主体模块（箱体单元）的方式，使用现有车辆和设备来运输和吊装，从而实现了移动运输这一功能（图 6–35）；通过应用模块化、标准化、通用化的原则，实现了建筑构件的可替换性。澳大利亚 Parkwood（园木公司）的 Gosford Hospital（戈斯福德医院）项目也采用了将建筑划分为 7 个主体模块的方式，来实现移动运输这一功能，但主体模块单元更大，运输车辆也更大，上面需配套相应的辅助机具（图 6–34）。MBS– Modular Building System（模块化房屋系统建筑公司）的 Marsden Park Anglican School（马斯登公园圣公会学校）项目，TBS–Timber Building Systems（木材房屋公司）的 Corporate Office Penrith（彭里斯综合办公楼）项目也采用了相似方式。

图 6–34　台创园多功能办公房和 Gosford Hospital（戈斯福德医院）主体模块的移动运输
图片来源：作者自绘、自摄

6.5　建筑产品化策略的应用模式启示

6.5.1　已经实现的应用

综上所述，东南大学建筑技术科学系的建筑工程实践和澳大利亚相关企业的预制装配式建筑项目在"建筑的工业化构成秩序的产品化"的策略框架中的应用程度如表 6-1 所示。

表 6-1　建筑"产品化"技术策略要点的应用程度

产品化技术策略要点应用		典型东南大学项目	典型部位	应用程度	典型澳大利亚项目	典型部位	应用程度
物质系统	一体成型	轻型房屋系列产品、"忆徽堂"项目	墙板构件	高	悉尼迈耶木业办公楼 彭里斯综合办公楼	墙板构件	极高
	独立系统		整体	极高	无		
	系统性		整体	高	悉尼迈耶木业办公楼	整体	一般
	标准性		墙板构件	较高	彭里斯综合办公楼	墙板构件	极高
技术系统	标准化 模块化 通用化 系列化	轻型房屋系列产品	整体主体模块	高 一般	园木公司、斯特朗公司、模块化可变建筑板材房屋公司的系列化住宅产品	住宅整体	极高
	精益思想 并行工程	轻型房屋系列产品、"忆徽堂"项目	整体	高	悉尼迈耶木业办公楼、彭里斯综合办公楼	整体	高
	流水生产线	无			园木公司、斯特朗公司、木材房屋公司的项目	整体	高
秩序系统	技术积累	轻型房屋系列产品	整体	极高	园木公司、斯特朗公司、木材房屋公司、模块化可变建筑板材房屋公司的项目	整体	极高
	大批量定制			一般			高
	程式化工序（工法）	轻型房屋系列产品		高			极高
		"忆徽堂"项目		较低			
	衍生功能	轻型房屋系列产品		高	戈斯福德医院		一般
		"忆徽堂"项目		一般			
不断更新							

表来源：作者自绘

物质系统中，东南大学的轻型房屋建筑系列产品和澳大利亚 TBS-Timber Building Systems（木材房屋公司）的 The Meyer Timber NSW Office（悉尼迈耶木业办公楼）、Corporate Office Penrith（彭里斯综合办公楼）项目应用和展示了一种一体成型的墙板构件，具有标准性特征。但相比较而言，澳大利亚 TBS-Timber Building Systems（木材房屋公司）的预制墙板构件兼具建筑结构、围护等功能，"一体成型"程度更高。东南大学的轻型房屋建筑系列产品和"忆徽堂"项目应用和展示了"独立系统"的划分方式，使得建筑具有"系统性"倾向，"独立系统"程度更高。

技术系统中，东南大学的轻型房屋建筑系列产品和澳大利亚的 Parkwood（园木公司）、Strong（斯特朗公司）、MAAP House–Modular Architectural Adaptable Panel（模块化可变建筑板材房屋公司）的系列化住宅产品都采用了标准化、模块化和通用化的原则，并研发出系列化的建筑产品。但相比较而言，澳大利亚公司的建筑产品已经作为商品推向市场，其"系列化"程度更高。东南大学的轻型房屋建筑系列产品、"忆徽堂"项目和澳大利亚的 The Meyer Timber NSW Office（悉尼迈耶木业办公楼）、Corporate Office Penrith（彭里斯综合办公楼）项目都应用和展示了较为成熟的精益思想和并行工程技术。但相比较而言，在流水生产线方面，上述澳大利亚公司的项目已经实现商业化运作，其"生产线流水作业"程度更高。

秩序系统中，东南大学的轻型房屋建筑系列产品和澳大利亚的 Parkwood（园木公司）、TBS–Timber Building Systems（木材房屋公司）、Strongbuild（斯特朗公司）、MAAP House–Modular Architectural Adaptable Panel（模块化可变建筑板材房屋公司）在方案阶段都采用了"系列化技术积累"的设计方法。但相比较而言，在制造阶段以及装配和连接阶段，上述澳大利亚的公司已经实现了批量定制化的生产方式和程式化工序（工法）的技术手段，其"大批量定制"和"程式化"程度更高。在衍生功能方面，东南大学的轻型房屋建筑系列产品在一开始就将房屋的移动运输和维护便捷作为团队研发的重要目标之一，因此具有更好的移动运输和维护快捷功能。

6.5.2　未来应用的展望

综上所述，表6-1以东南大学的预制装配式建筑工程实践和澳大利亚的预制装配式建筑项目为例，初步展示了建筑"产品化"策略应用现状以及"建筑的工业化构成秩序"的"产品化"程度。各个系统、各个层级的建筑"产品化"策略要点被全部、部分或尚未应用于这些项目当中。

在物质系统中，一体成型和标准性要点在东南大学和澳大利亚项目中应用程度都较高，而独立系统和系统性要点则在东南大学项目中应用程度更高。

在技术系统中，标准化、模块化和通用化要点在东南大学和澳大利亚项目中应用程度都较高，而系列化要点则在澳大利亚项目中应用更高，精益思想和并行工程技术要点在东南大学和澳大利亚项目中应用程度都较高，而流水生产线和系列化要点则在澳大利亚项目中应用更高。

在秩序系统中，技术积累要点在东南大学和澳大利亚项目中应用程度都较高，而大批量定制和程式化工序（工法）要点则在澳大利亚项目中应用更高。此外，衍生使用功能要点在东南大学项目中应用程度较高。

除了上述已经在东南大学建筑技术科学系的建筑工程实践和澳大利亚相

关企业的预制装配式建筑项目中应用程度比较高的建筑"产品化"策略要点，还有尚未应用，未来有发展可行性和应用空间的策略要点，如技术系统中"典型设计技术"层级的敏捷制造和逆向工程，"辅助机具"层级的机器人等；秩序系统中"阶段划分"层级的测试环节，"前期阶段"层级的 APQP、QFD、SWOT、产品对标，以及"深化阶段"层级的建筑试制和生产准备等。这些策略要点在汽车行业以及制造业发展得较为成熟且得到了广泛的应用，但在建筑业的应用仍然处于起步或空白阶段，有进一步发展和应用的空间。

目前处于起步阶段的典型策略要点应用如朱竞翔团队运用敏捷开发原则设计建造的童趣园项目，团队通过合理的架构，应用敏捷开发的原则对项目中不同阶段、不同人员、不同专业的需求变化做出快速反应，调整设计和建造过程，以适应需求的变化；又如建筑外墙喷涂机器人，它是试图采用机器全部或部分替代人工外墙涂刷工作的大胆探索和尝试；再如一些建筑部品或建筑产品，整体厨卫模块、小型房屋产品等，由于体量较小，在深化阶段增加了建筑试制和生产准备环节。

而目前仍然处于空白阶段，但有进一步发展可行性和应用空间的典型策略要点应用如"前期阶段"层级中的 APQP、QFD、SWOT、产品对标。以 QFD 思想（质量功能展开）为例，其核心是新产品开发设计过程中的所有工作都是由客户需求来驱动的。QFD 从质量保证的角度出发，通过一定的市场调查方法获取顾客需求，并采用矩阵图解法将顾客的需求分解到产品开发的各个过程和各职能部门中去（图 6-35），通过协调各部门的工作来保证最终产品

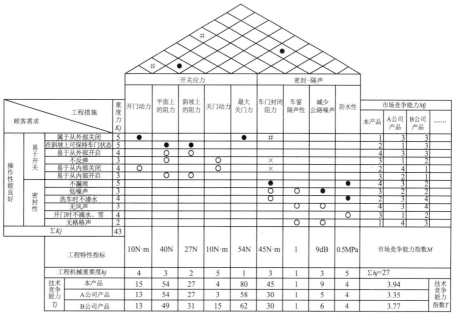

图 6-35　客户需求驱动的 QFD 质量功能展开矩阵图

图片来源：黄金陵，龚礼洲，马天飞，等. 汽车车身设计[M]. 北京：机械工业出版社，2017：10.

的质量，使设计和制造的产品能真正满足客户的需求。

建筑"产品化"策略要点应用程度的提高是一个系统而又漫长的过程。一方面，在"建筑作品"模式下，建筑的风格千差万别，建筑技术纷复繁杂，具有强烈的个性化特征；另一方面，一些策略要点的应用也依赖于成熟有序的市场的建立和完善，比如汽车行业前期策划阶段应用较为成熟的 APQP、QFD、SWOT、产品对标等方法需要建立在有一定可行性和数量的"参照对象"上，这些则需要市场有大量的、符合要求的系列化的对标产品，而这在建筑业中很难实现。

6.5.3 建筑产品化策略应用框架模型

基于东南大学的预制装配式建筑工程实践和澳大利亚的预制装配式建筑项目，通过对真实预制装配式建筑的建筑"产品化"策略应用的分析，"建筑的工业化构成秩序"的"产品化"策略应用框架模型可以总结如下（图6-36）：

以建筑设计理念模式的转变为必要的先导和内在驱动力，以"建筑产品模式"的宏观发展战略和"构件法建筑设计"的中观技术策略为设计层面上的支撑，以建筑"产品化"策略框架模型中"技术策略要点"的微观技术路线为技术层面上的支撑，以"建筑的工业化构成原理"为秩序层面上的支撑，推动物质（系统）构成秩序、技术（系统）构成秩序和秩序（系统）构成秩序的"产品化"应用，从而推动整个"建筑的工业化构成秩序"的"产品化"进程。

"建筑的工业化构成秩序的产品化"策略的应用以汽车及其车身为基本的"产品化"参照物，分析了预制装配式建筑的"产品化"应用模式，从而探索和验证了一种将制造业融合进建筑业的可行技术策略和路线。

"秩序"在"建筑的工业化构成系统"中的含义可概括为：对物质系统（物质层面）而言，"秩序"是符合"预制"和"装配"建造工艺的构件物质构成，即构件分类和材料选择，其"产品化"具体体现为具备"一体成型"和"独立系统"构件划分依据以及"系统性"和"标准性"构件功能特征等；对技术系统（技术层面）而言，"秩序"是符合"预制"和"装配"建造工艺的建筑及其构件的设计原则、制造规律、装配秩序和连接法则，其"产品化"具体体现为模块化、标准化、通用化和系列化的设计原则，流水生产线式的制造规律以及自动化的装配秩序和连接法则等；对秩序系统（秩序层面）而言，"秩序"是依据"有秩序"的物质系统和技术系统，使建筑的设计、生产和施工等整个建造流程和子流程具有条理性、组织性和纪律性，具备高度的操作自律性，其

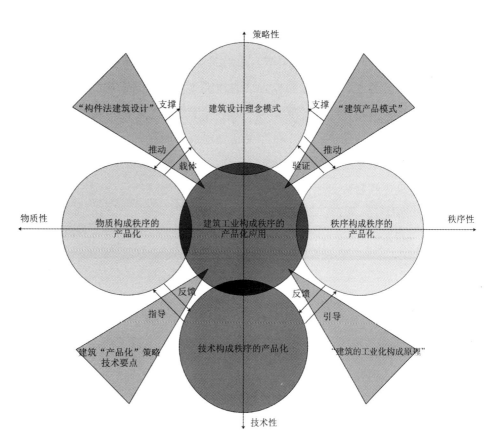

图 6-36 "建筑的工业化构成秩序"的"产品化"策略应用框架模型
图片来源：作者自绘

"产品化"具体体现为基于技术积累的方案流程，程式化工序（工法）的装配和连接流程等。

因此，"预制"和"装配"是建筑工业化视野下构成视角的具体体现，即"建筑工业化视野下建筑构成"；"秩序"是围绕"预制"和"装配"而建立的"建筑的工业化构成原理"框架内容的具体体现；"产品化"是围绕"建筑的工业化构成原理"框架内容，以汽车及其车身为参照物，对将制造业融合进建筑业进行的一种可行技术策略和路线的应用探索和案例验证。

6.5.4　是建筑还是汽车

此外，对"预制装配式建筑是否真的能实现像造汽车一样建造？"这一历史问题，一方面，根据本书第五章的研究结果两者的趋同性数值（24.6%）和融合可行性趋势数值（41.4%）可以发现，预制装配式建筑目前只能部分实现或在将来逐步增加实现的比例；而根据两者的差异性数值（75.4%）和融合局限性趋势数值（58.6%）可以发现，两者目前仍然具有较大差异性，并且受限于两者融合的局限性，即使在将来随着人文环境和物质环境的不断变化可能会增加实现的比例，但建筑仍不可能完全实现"像造汽车一样造房子"的美好愿景。

　　另一方面，由此衍生出的问题"（预制装配式）建筑实现像工业产品（汽车）一样制造就一定有利于实现建筑工业化的目标吗？"也值得我们深思，虽然制造业有其值得建筑业学习的地方，但建筑业毕竟不同于制造业，有利于工业产品（汽车）的（技术要点）不一定有利于建筑。因此，建筑业在学习和融合制造业时应持谨慎态度，在当今新型建筑工业化时代，建筑师要持怀疑与自我怀疑、批判与自我批判的态度，以一种全面、系统、综合、客观的视角来审视建筑业和制造业。但无论时代如何改变，建筑师重建物质世界秩序的历史角色却从未改变过，不忘初心，方得始终。

总结

本书在当今新型建筑工业化时代建筑业和制造业趋同性的背景下，以建筑构成的视角对将制造业融合进建筑业进行了策略性的研究。具体内容可以总结为：

1. 分析传统的建筑构成和建筑秩序理论。

2. 拓展建筑工业化视野下的建筑构成和建筑秩序理论，构建"建筑的工业化构成（秩序）原理"的理论框架。

3. 以典型建筑类型——预制装配式建筑和典型工业产品——汽车（车身）为例，填充和完善"建筑和产品的工业化构成（秩序）原理"理论框架的内容。

4. 对预制装配式建筑和汽车（车身）进行基于"建筑和产品的工业化构成（秩序）原理"框架内容的"半定量"类比分析，构建建筑"产品化"策略框架模型，填充和完善其中的技术策略要点。

5. 对东南大学的预制装配式建筑工程实践和澳大利亚的预制装配式建筑项目进行建筑"产品化"策略要点的实证分析和研究。

相应地，可以得出如下结论：

1. 传统的建筑构成理论将抽象的"点、线、面、体"作为构成的基本要素，将建筑造型、建筑形态等艺术形式和空间的创造性设计作为最终目标（第二章）。

目前的建筑构成理论实际上是针对传统建筑项目，在美学、心理学的层面，从建筑的抽象元素，如数理图形、几何形式（形体）的组合设计出发，对建筑造型设计进行探索。目前的建筑构成理论的研究对象是理性思维模式下建筑形态的艺术性创造过程中的构成秩序、构成法则和构成方法等建筑构成的原理，其构成的基本要素是抽象的"点、线、面、体"。

2. 建筑构成理论在当今新型建筑工业化的背景下需要拓展新的外延和内涵，以补充传统建筑构成理论的相关内容。建筑的工业化构成理论和秩序是建立在建筑物质构成基础上的构件组合秩序（第二章）。

"建筑的工业化构成原理"将建筑的技术性作为主要关注的重点，在建筑设计中基于"建筑是由基本物质要素'构件'构成的"这个视角，以建筑（预制）构件到最终建筑的路径为线索（建造），结合建筑工业化特征，从建筑构成的物质层面、技术层面、秩序层面这三个层面，研究建筑的构成秩序、构成法则和构成方法等建筑构成的原理。实际上，只是在目前的建筑构成理论对人文性关注的基础上加强了对技术性的关注，以满足工业化的需求，与传统的建筑构成理论是互为补充、渗透、交融和整合的。

3. "建筑的工业化构成秩序"是由物质（系统）构成秩序、技术（系统）构成秩序和秩序（系统）构成秩序组成的，"预制"和"装配"的"构件构成"建造观念是填充和完善，以及类比预制装配式建筑和典型工业产品"工业化构成原理"框架内容的重要方法和类比依据（第三章、第四章）。

预制装配式建筑的"工业化构成秩序"可归纳为：

其物质（系统）构成秩序是围绕预制构件的独立性、叠合性、复合性和联系性特征，在建筑物质构成层面依据"预制"和"装配"的建造工艺，对预制装配式建筑件进行有秩序的构件分类和材料选择。

其技术（系统）构成秩序是遵循符合"预制"和"装配"建造工艺的预制装配式建筑及其构件的设计原则、制造规律、装配秩序和连接法则，对建筑的预制构件进行有秩序的设计和制造、装配和连接。

其秩序（系统）构成秩序是依据"预制"和"装配"的建造工艺，建立建筑设计环节、建筑生产环节和建筑施工环节的流程秩序，从而使得建筑建造总流程和子流程之间具备高度的操作自律性。

工业产品的"工业化构成秩序"可归纳为：

其物质（系统）构成秩序是围绕车身部件的复合性、系统性、标准性和工艺性特征，在产品物质构成层面依据"制造"和"装配"的生产工艺，对工业产品（汽车车身）进行有秩序的部件划分和材料选择。

其技术（系统）构成秩序是遵循符合"制造"和"装配"生产工艺的产品（汽车车身）及其部件的设计原则、制造规律、装配秩序和连接法则，对工业产品（汽车车身）进行有秩序的设计和制造、装配和连接。

其秩序（系统）构成秩序是依据"制造"和"装配"的生产工艺，建立产品开发环节和产品生产环节的流程秩序，从而使产品创建总流程和子流程之间具备高度的操作自律性。

4. 预制装配式建筑和工业产品在"建筑的工业化构成系统"中的趋同性数值为24.6%，差异性数值为75.4%。两者融合的可行性趋势增量数值为16.8%，其中设计相关领域继续融合的潜力最大，占到可行性趋势数值的68.7%（第五章）。

预制装配式建筑和工业产品（汽车车身）在整个"工业化构成系统"中的趋同性数值为 24.6%，差异性数值为 75.4%，可行性趋势增量数值为 16.8%，可行性趋势数值为 41.4%，局限性趋势数值为 58.6%。设计理念模式、使用功能定位、材料选用标准、生产地点差异、最终外形尺寸是五个最重要的局限性因素。但两者在设计相关领域继续融合的潜力较大，在整个可行性趋势增量中占到很高的比例（68.7%）。在设计理念模式层面寻求继续融合的突破口是将制造业引入建筑业的一种新思路，因此，建筑"产品化"策略框架模型和其中的技术策略要点是一种将制造业融合进建筑业的可行技术策略和路线。

5. 建筑业和制造业虽然在新型工业化的背景下越来越具有趋同性，但仍然具有无法改变的固有差异性，将制造业融合进建筑业时应持谨慎态度，需用全局的视角来审视和权衡建筑业和制造业的融合利弊（第五章）。

建筑业在学习和融合制造业时应持谨慎态度，新型工业化背景下有利于工业产品的（技术要点）不一定有利于建筑。因此，在今天新型建筑工业化时代，建筑师要持怀疑与自我怀疑、批判与自我批判的态度，以一种全面、系统、综合、客观的视角来审视和权衡建筑业和制造业的融合利弊。

6. "建筑的工业化构成秩序的产品化"是基于"构件法建筑设计"的"建筑产品模式"，是一种将制造业融合进建筑业的重要手段和有效途径，并且已经在一些真实的建筑项目中得到成功应用（第六章）。

东南大学的预制装配式建筑工程实践和澳大利亚的预制装配式建筑项目初步展示了建筑"产品化"策略应用现状以及"建筑的工业化构成秩序"的"产品化"程度。各个系统、各个层级的建筑"产品化"策略要点被全部、部分或尚未应用于这些项目当中。在这些建筑工程实践中，东南大学建筑学院新型建筑工业化设计与理论团队应用建筑"产品化"策略，探索了"建筑产品"的应用模式，并应用"构件法建筑设计"的新型建筑设计方法，建立了"轻型房屋构件库"，构建了"建筑产品化策略应用框架模型"，初步验证了"建筑产品模式"和"构件法建筑设计"对建筑设计理念模式转变的重要作用，以及这种将制造业继续融合进建筑业的手段和途径的可行性和重要性。

参考文献

[1] 纪颖波. 建筑工业化发展研究 [M]. 北京：中国建筑工业出版社，2011.

[2] 张利，陶全军. 论建筑业与制造业生产和管理模式的趋同性 [J]. 建筑经济，2001（11）：7-9.

[3] 潘明率. 制造视角下的小尺度建筑设计策略研究 [J]. 华中建筑，2016（7）：48-52.

[4] Koskela L. Application of the new production philosophy to construction[M]. San Francisco：Stanford University Press，1992.

[5] Groak S. The idea of building：thought and action in the design and production of buildings[M].London：Taylor & Francis，1990.

[6] Gann D M. Construction as a manufacturing process? Similarities and differences between industrialized housing and car production in Japan[J]. Construction Management and Economics，1996，14（5）：437-450.

[7] 李忠富，李晓丹. 建筑工业化与精益建造的支撑和协同关系研究 [J]. 建筑经济，2016，37（11）：92-97.

[8] Womack J P，Jones D T，Roos D. The machine that changed the world：the story of lean production[M]. New York：Harper Perennial，1990.

[9] 董凌，张宏，史永高. 开放与封闭：现代建筑产品系统的演变 [J]. 新建筑，2015（4）：60-63.

[10] 陈科，朱竞翔，吴程辉. 轻量建筑系统的技术探索与价值拓展：朱竞翔团队访谈 [J]. 新建筑，2017（2）：9-14.

[11] 朱竞翔. 轻量建筑系统的多种可能 [J]. 时代建筑，2015（2）：59-63.

[12] Luo J N，Zhang H，Sher W. Insights into architects' future roles in off-site construction [J]. Construction Economics and Building，2017，17（1）：107-120.

[13] 张宏，丛勐，张睿哲，等. 一种预组装房屋系统的设计研发、改进与应用：建筑产品模式与新型建筑学构建 [J]. 新建筑，2017（2）：19-23.

[14] 小林克弘. 建筑构成手法 [M]. 陈志华，王小盾，译. 北京：中国建筑工业出版社，2004.

[15] Alexander C. The nature of order：An essay on the art of building and the nature of the universe [M]. California：Center for Environmental Structure，2002.

[16] 李大夏. 路易·康 [M]. 北京：中国建筑工业出版社，1993.

[17] 徐洪岩. 浅析建筑设计中的建筑构成秩序 [D]. 南京：东南大学，2005.

[18] Barlow J，Ozaki R. Building mass customised housing through innovation in the production system：lessons

from Japan[J]. Environment and Planning A：Economy and Space, 2005, 37（1）: 9-20.

[19] Venables T, Courtney R G, Stocker K. Modern methods of construction in Germany：playing the off-side rule[R]. London：Report of a DTI Global Watch MissionLondon, 2004.

[20] Abdul K M R, Lee W P, Jaafar M S, et al. Construction performance comparison between conventional and industrialised building systems in Malaysia[J]. Structural Survey, 2006, 24（5）: 412-424.

[21] Blismas N. Off-site manufacture in Australia：current state and future directions[M]. Brisbane：Cooperative Research Centre for Construction Innovation, 2007.

[22] Mahapatra K, Gustavsson L. Multi-storey timber buildings：breaking industry path dependency[J]. Building Research and Information, 2008, 36（6）: 638-648.

[23] Gibb A G F. Standardization and pre-assembly-distinguishing myth from reality using case study research[J]. Construction Management and Economics, 2001, 19（3）: 307-315.

[24] Song J, Fagerlund W R, Haas C T, et al. Considering prework on industrial projects[J]. Journal of Construction Engineering and Management, 2005, 131（6）: 723-733.

[25] 刘东卫, 蒋洪彪, 于磊. 中国住宅工业化发展及其技术演进[J]. 建筑学报, 2012（4）: 10-18.

[26] 郭正兴, 朱张峰. 装配式混凝土剪力墙结构阶段性研究成果及应用[J]. 施工技术, 2014（22）: 5-8.

[27] 张树君. 装配式现代木结构建筑[J]. 城市住宅, 2016（5）: 35-40.

[28] 丁成章. 工厂化制造住宅与住宅产业化[M]. 北京：机械工业出版社, 2004.

[29] 李靖. 浅谈模数系列在建筑工业化设计中的意义[J]. 建筑技艺, 2016（10）: 88-89.

[30] 蒋勤俭. 住宅建筑工业化关键技术研究[J]. 混凝土世界, 2010（3）: 34-36.

[31] 刘东卫. 住宅工业化建筑体系与内装集成技术的研究[J]. 住宅产业, 2011（6）: 44-47.

[32] 王玉. 工业化预制装配建筑的全生命周期碳排放研究[D]. 南京：东南大学, 2016.

[33] 童悦仲, 娄乃琳, 刘美霞, 等. 中外住宅产业对比[M]. 北京：中国建筑工业出版社, 2005.

[34] 社团法人预制建筑协会. 预制建筑总论[M]. 朱邦范, 译. 北京：中国建筑工业出版社, 2012.

[35] 中国城市科学研究会绿色建筑与节能专业委员会. 建筑工业化典型工程案例汇编[M]. 北京：中国建筑工业出版社, 2015.

[36] 上海市住房和城乡建设管理委员会, 华东建筑集团股份有限公司. 上海市建筑工业化实践案例汇编[M]. 北京：中国建筑工业出版社, 2016.

[37] Womack J P, Jones D T. Lean Thinking[M]. New York：Simon and Schuster, 1996.

[38] 安同信, 马荣全, 苗冬梅. 精益建造工程项目管理[M]. 桂林：广西师范大学出版社, 2016.

[39] Wright G. Lean construction boosts productivity[J]. Building Design and Construction, 2000, 41（12）: 29-32.

[40] Ballard H G. The last planner system of production control[D]. Birmingham：The University of Birmingham, 2000.

[41] Tilley P A. Lean design management：a new paradigm for managing the design and documentation process

to improve quality? [C]//Kenley R. 13th International Group for Lean Construction Conference: Proceedings. International Group on Lean Construction, Sydney, 2005: 283.

[42] Santos A D. Application of flow principles in the production management of construction sites[D]. Manchester: University of Salford, 1999.

[43] Ballard G, Howell G. Lean project management[J]. Building Research and Information, 2003, 31（2）: 119–133.

[44] Erik E P. Improving construction supply chain collaboration and performance: a lean construction pilot project[J]. Supply Chain Management: An International Journal, 2010, 15（5）: 394–403.

[45] Ballard G, Harper N, Zabelle T. Learning to see work flow: an application of lean concepts to precast concrete fabrication[J]. Engineering, Construction and Architectural Management, 2003, 10（1）: 6–14.

[46] Sacks R, Koskela L, Dave B A, et al. Interaction of lean and building information modeling in construction[J]. Journal of Construction Engineering and Management, 2010, 136（9）: 968–980.

[47] Pheng L S, Teo J A. Implementing total quality management in construction firms[J]. Journal of Management in Engineering, 2004, 20（1）: 8–15.

[48] Zimina D, Ballard G, Pasquire C. Target value design: using collaboration and a lean approach to reduce construction cost[J]. Construction Management and Economics, 2012, 30（5）: 383–398.

[49] 邱光宇, 刘荣桂, 马志强. 浅谈精益建设在施工管理中的运用 [J]. 工业建筑, 2006, 36（S1）: 985–987.

[50] 戴栎, 黄有亮. 精益建设理论及其实施研究 [J]. 建筑管理现代化, 2005（1）: 33–35.

[51] 邓斌, 叶青. 基于 LPS 的精益建造项目计划管理和控制 [J]. 施工技术, 2014, 43（15）: 90–93.

[52] 许成德, 侯恩普, 马国庆. 节地、节能、简约、美观: 精益建造思想在工厂建筑设计中的应用 [J]. 工业建筑, 2008, 38（9）: 1–3.

[53] 谢坚勋. 精益建设: 建筑生产管理模式的新发展 [J]. 建设监理, 2003（6）: 62–63.

[54] 殷彬. 精益建造: 建筑企业发展方向研究 [D]. 重庆: 重庆大学, 2009.

[55] 尤完, 马荣全, 崔楠. 工程项目全要素精益建造供应链研究 [J]. 项目管理技术, 2016, 14（7）: 63–69.

[56] 郑海波. 精益建造理论在兰州西客站工程项目管理中的实践及应用 [J]. 中国铁路, 2016（6）: 47–51.

[57] 赵彬, 牛博生, 王友群. 建筑业中精益建造与 BIM 技术的交互应用研究 [J]. 工程管理学报, 2011, 25（5）: 482–486.

[58] 林陵娜, 苏振民, 王先华. 基于精益建造体系的施工安全监控模式构建及运行 [J]. 中国港湾建设, 2010（6）: 78–81.

[59] 毛洪涛, 程培育, 王子亮. 基于精益建造的工程项目成本控制系统设计 [J]. 财会通讯, 2010, 505（29）: 126–127.

[60] 张何之, 陈江涛, 胡晓瑾. 中国精益建造白皮书（2010）[EB/OL]. http://www.hywit.com.

[61] Blismas N, Wakefield R. Drivers, constraints and the future of off-site manufacture in Australia[J]. Construction Innovation, 2009, 9（1）: 72–83.

[62] Ofori G. Greening the construction supply chain in Singapore[J]. European Journal of Purchasing and Supply Management, 2000, 6（3）: 195–206.

[63] Blismas N, Wakefield R, Hauser B. Concrete prefabricated housing via advances in systems technologies: development of a technology roadmap[J]. Engineering, Construction and Architectural Management, 2010, 17（1）: 99–110.

[64] Egan J. The Egan report: rethinking construction[R] //Report of the construction industry taskforce to the deputy prime minister, 1998.

[65] Fox S, Marsh L, Cockerham G. Design for manufacture: a strategy for successful application to buildings[J]. Construction Management and Economics, 2001, 19（5）: 493–502.

[66] Blismas N G, Pendlebury M, Gibb A, et al. Constraints to the use of off–site production on construction projects[J]. Architectural Engineering and Design Management, 2005, 1（3）: 153–162.

[67] Pan W, Gibb A G F, Dainty A R J. Strategies for integrating the use of off–site production technologies in house building[J]. Journal of Construction Engineering and Management, 2012, 138（11）: 1331–1340.

[68] 朱竞翔, 韩国日, 刘清峰, 等. 从原型设计到规模定制 如何在建筑产品开发中应用整体设计及敏捷开发?[J]. 时代建筑, 2017（1）: 24–29.

[69] 韩国日, 朱竞翔. 轻型建筑系统研发应用中的设计类型及其效能 [J]. 建筑学报, 2014（1）: 95–100.

[70] 张宏, 朱宏宇, 吴京, 等. 构件成型·定位·连接与空间和形式生成: 新型建筑工业化设计与建造示例 [M]. 南京: 东南大学出版社, 2016.

[71] 丛勐, 张宏. 设计与建造的转变: 可移动铝合金建筑产品研发 [J]. 建筑与文化, 2014（11）: 143–144.

[72] Don H. 建筑构成 [M]. 张楠, 译. 北京: 电子工业出版社, 2013.

[73] 朝仓直巳. 艺术·设计的平面构成 [M]. 吕清夫, 译. 台北: 梵谷图书出版事业有限公司, 1985.

[74] 朝仓直巳. 艺术·设计的立体构成 [M]. 林征, 林华, 译. 北京: 中国计划出版社, 2000.

[75] 朝仓直巳. 艺术·设计的色彩构成 [M]. 赵郧安, 译. 北京: 中国计划出版社, 2000.

[76] 朝仓直巳. 艺术·设计的光构成 [M]. 白文花, 译. 北京: 中国计划出版社, 2000.

[77] 王中军. 建筑构成 [M]. 2 版. 北京: 中国电力出版社, 2012.

[78] 张亚峰. 构成理论在建筑设计中的应用 [D]. 哈尔滨: 哈尔滨师范大学, 2012.

[79] 侯学渊, 范文田. 中国土木建筑百科辞典: 隧道与地下工程 [M]. 北京: 中国建筑工业出版社, 2008.

[80] 维特鲁威. 建筑十书 [M]. 高履泰, 译. 北京: 中国建筑工业出版社, 1986.

[81] 柯布西耶. 走向新建筑 [M], 陈志华, 译. 北京: 商务印书馆, 2016.

[82] 李威. 建筑秩序的回归 [D]. 天津: 天津大学, 2004.

[83] 弗兰克·劳埃德·赖特. 赖特论美国建筑 [M]. 姜涌, 李振涛, 译. 北京: 中国建筑工业出版社, 2010.

[84] 赫曼·赫茨伯格. 建筑学教程: 设计原理 [M]. 仲德崑, 译. 天津: 天津大学出版社, 2003.

[85] 鲁道夫·阿恩海姆. 艺术与视知觉 [M]. 孟沛欣, 译. 长沙: 湖南美术出版社, 2008.

[86] 程大锦. 建筑: 形式、空间和秩序 [M]. 刘丛红, 译. 天津: 天津大学出版社, 2008.

[87] 汤凤龙."匀质"的秩序与"清晰的建造"[M].北京：中国建筑工业出版社，2012.

[88] 汤凤龙."间隔"的秩序与"事物的区分"[M].北京：中国建筑工业出版社，2012.

[89] 汤凤龙."有机"的秩序和"材料的本性"[M].北京：中国建筑工业出版社，2015.

[90] 主华.建筑工业化是行业现代化的关键[J].建筑，2004（7）：57-59.

[91] 张亚峰.构成理论在建筑设计中的应用[D].哈尔滨：哈尔滨师范大学，2012.

[92] 简明不列颠百科全书编辑部.简明不列颠百科全书[M].北京：中国大百科全书出版社，1991.

[93] 王受之.世界现代设计史[M].北京：中国青年出版社，2002.

[94] 范梦.世界美术简史[M].太原：山西教育出版社，2001.

[95] 顾馥保.建筑形态构成[M].武汉：华中科技大学出版社，2010.

[96] 辛华泉.形态构成学[M].杭州：中国美术学院出版社，1999.

[97] 李钰.建筑形态构成审美基础[M].北京：中国建材工业出版社，2014.

[98] 老子.道德经[M].北京：世界图书出版公司·后浪出版公司，2012.

[99] 田学哲.形态构成解析[M].北京：中国建筑工业出版社，2005.

[100] 臧克和，王平.说文解字新订[M].北京：中华书局，2002.

[101] Gaudet J. Elements and theory of architecture[M]. Urbana：University of Illinois Press，1916.

[102] 雷纳·班纳姆.第一机械时代的理论与设计[M].丁亚雷，张筱鹰，译.南京：江苏美术出版社，2009.

[103] Banham R. Theory and design in the first machine age[M]. New York：John Wiley and Sons，1980.

[104] 王晖.勒·柯布西耶的模度理论研究[J].建筑师，2003（1）：87-92.

[105] 克劳斯·彼得·加斯特.路易斯·I. 康：秩序的理念[M].马琴，译.北京：中国建筑工业出版社，2007.

[106] 戴维·B. 布朗宁，戴维·G. 德·龙.路易斯·I. 康：在建筑的王国中[M].马琴，译.北京：中国建筑工业出版社，2004.

[107] 肯尼斯·弗兰普顿.建构文化研究[M].王骏阳，译.北京：中国建筑工业出版社，2007.

[108] 原口秀昭.路易斯·I. 康的空间构成：图说20世纪的建筑大师[M].徐苏宁，吕飞，译.北京：中国建筑工业出版社，2007.

[109] 肯尼思·弗兰姆普敦.现代建筑：一部批判的历史[M].张钦楠，译.上海：生活·读书·新知三联书店，2012.

[110] 尼古拉斯·佩夫斯纳，J. M. 理查兹，丹尼斯·夏普.反理性主义者与理性主义者[M].邓敬，王俊，杨矫，等译.北京：中国建筑工业出版社，2003.

[111] Mccarter R. Unity temple：Frank Lloyd Wright[M]. London：Phaidon Press，1997.

[112] 项秉仁.F.L. 赖特[M].北京：中国建筑工业出版社，1992.

[113] Wright F L, Pfeiffer B B, Frampton K. Frank Lloyd Wright collected writings[M]. New York：Rizzoli，1992.

[114] C. 亚历山大.建筑的永恒之道[M].赵冰，译.北京：知识产权出版社，2002.

[115] E. H.贡布里希.秩序感:装饰艺术的心理学研究[M].杨思梁,徐维,范景中,译.南宁:广西美术出版社,
      2015.

[116] 石玉翎.视觉艺术教育中的理性与直觉[J].新美术,2008,29(1):92-95.

[117] 李慧民,赵向东,华珊,等.建筑工业化建造管理教程[M].北京:科学出版社,2017.

[118] 金虹.建筑构造[M].北京:清华大学出版社,2005.

[119]《中国总工程师手册》编委会.中国总工程师手册[M].沈阳:东北工学院出版社,1991.

[120] 郭学明.装配式混凝土结构建筑的设计、制作与施工[M].北京:机械工业出版社,2017.

[121] 李忠富.住宅产业化论:住宅产业化的经济、技术与管理[M].北京:科学出版社,2003.

[122] 张良皋.从悉尼歌剧院论到北京国家大剧院[J].新建筑,2001(1):45-48.

[123] 渡边邦夫.PC建筑实例详图图解[M].齐玉军,译.北京:中国建筑工业出版社,2012.

[124] 赵辰."立面"的误会:建筑·理论·历史[M].上海:生活·读书·新知三联书店,2007.

[125] 同济大学,西安建筑科技大学,东南大学,等.房屋建筑学[M].5版.北京:中国建筑工业出版社,
      2016.

[126] 聂洪达,郄恩田.房屋建筑学[M].3版.北京:北京大学出版社,2016.

[127] 李必瑜,王雪松.房屋建筑学[M].5版.武汉:武汉理工大学出版社,2014.

[128] 舒秋华.房屋建筑学[M].5版.武汉:武汉理工大学出版社,2016.

[129] 金虹.房屋建筑学[M].2版.北京:科学出版社,2011.

[130] 弗朗西斯·D.K.程,卡桑德拉·阿当姆斯.房屋建筑图解[M].杨娜,孙静,曹艳梅,译.北京:中国
      建筑工业出版社,2004.

[131] 文林峰.装配式混凝土结构技术体系和工程案例汇编[M].北京:中国建筑工业出版社,2017.

[132] Anumba C J, Evbuomwan N F O. Concurrent engineering in design-build projects[J]. Construction Management
      and Economics, 1997, 15(3):271-281.

[133] 上海城建职业学院.装配式混凝土建筑结构安装作业[M].上海:同济大学出版社,2016.

[134] 张峻霞.产品设计:系统与规划[M].北京:国防工业出版社,2015.

[135] Herbert G. The synthetic vision of walter gropius[M]. Johannesburg:Witwatersrand University Press,1959.

[136] 李春明,王景晟,冯伟.汽车构造[M].北京:机械工业出版社,2012.

[137] 丁柏群,王晓娟.汽车制造工艺及装备[M].北京:中国林业出版社,2014.

[138] 林程,王文伟,陈潇凯.汽车车身结构与设计[M].北京:机械工业出版社,2014.

[139] 赵晓昱,刘学文.汽车车身制造工艺[M].北京:清华大学出版社,2016.

[140] 何耀华.汽车制造工艺[M].北京:机械工业出版社,2012.

[141] 黄金陵.汽车车身设计[M].北京:机械工业出版社,2007.

[142] 陈占祥.建筑师历史地位的演变[J].建筑学报,1981(8):28-31,83-84.

[143] 张早.建筑学建造教学研究[D].天津:天津大学,2013.

[144] 安妮·谢弗-克兰德尔.剑桥艺术史:中世纪艺术[M].钱乘旦,译.南京:译林出版社,2009.

[145] Hearn F. Ideas that shaped building [M]. Massachusetts：The MIT Press，2003：32.

[146] Andrzej P，Julia W R. The discipline of architecture[M]. Minneapolis：University of Minnesota Press，2001：1–9.

[147] 丁沃沃 . 过渡与转换：对转型期建筑教育知识体系的思考 [J]. 建筑学报，2015（5）：1–4.

[148] 格罗比斯 . 新建筑与包豪斯 [M]. 张似赞，译 . 北京：中国建筑工业出版社，1979.

[149] 顾大庆 . 中国的 "鲍扎" 建筑教育之历史沿革：移植、本土化和抵抗 [J]. 建筑师，2007（2）：97–107.

[150]《南京大学建筑学院成立十周年纪念册》编辑委员会 . 南京大学建筑学院成立十周年纪念册 [M]. 南京：南京大学出版社，2011.

[151] 赵辰 . 国际木构工作营 [M]. 北京：中国建筑工业出版社，2008.

[152] 范霄鹏，杨慧媛 . 建筑学教育体系建构与传统建筑文化发展分析 [J]. 中国勘察设计，2014（10）：67–69.

[153] 王德伟 . 建筑学专业建造课程的比较研究 [D]. 重庆：重庆大学，2007.

[154] 住房和城乡建设部住宅产业化促进中心 . 大力推广装配式建筑必读：技术・标准・成本与效益 [M]. 北京：中国建筑工业出版社，2016.

[155] 张宏，罗佳宁，丛勐，等 . 为何要建立新型建筑学？ [C]// 全国高等学校建筑学学科专业指导委员会，深圳大学建筑与城市规划学院 . 2017 全国建筑教育学术研讨会论文集 . 北京：中国建筑工业出版社，2017：18–21.

后 记

本书不仅是对我在东南大学八年读书生涯学习成果的总结，更是对走上工作岗位继续从事科研工作的一种鞭策。在整个过程中，我得到了身边的老师、同学、家人以及朋友的帮助和关怀。

感谢我的导师张宏教授多年来的悉心栽培，张宏老师渊博的学识和敏锐的洞察力使我无论在学业上，还是在为人处世上都获益良多。从我 2010 年进入东南大学建筑学院以来，张宏教授就一直鼓励我勇于挑战，使我完成了许多当时看似不可能实现的目标。

感谢我的国外导师 Willy Sher 教授和 David Chandler 教授在我以联合培养博士生身份在澳大利亚纽卡斯尔大学留学期间提供的学习和研究方面的指导、支持和帮助。尤其是 David Chandler 教授作为我的行业导师给予了建筑企业方面的大力支持，使我顺利完成在澳期间的学习和研究工作。同时也感谢墨尔本大学、新南威尔士大学、西悉尼大学和英国拉夫堡大学的各位老师，如 Andrew Dainty 教授、Andrew Baldwin 教授、Peter Davis 教授等。此外，特别感谢澳大利亚预制装配式建筑的相关机构、企业和个人对我研究的支持和帮助。

此外，我还得到了一些老师和专家的指导和帮助，郑忻教授、钱强教授、杨俊宴教授、傅秀章教授提出了宝贵建议。另外还要特别感谢石邢教授、李永辉教授、金星教授、方立新教授、吴京教授、陆可人教授、张弦老师、朱宏宇老师对我的指导和帮助。同时，也要感谢张宏教授工作室的全体同学，特别感谢刘长春、丛勐、姚刚、王海宁、邵如意、赵虎、张弛、姜蕾、曹婷在我硕士刚入学时对我的帮助。感谢我的同窗张李瑞、张莹莹、刘聪、张军军、段伟文、苏义宸等，同时也感谢工作室的其他同学，因为你们，我才有了在东南大学难忘的八年学习生涯。

感谢我的妻子茆亚男女士、双方父母以及家里其他长辈多年来对我学业上的大力支持和生活上无微不至的照顾，没有你们，我不可能完成博士阶段的学习。此外，也要感谢远在澳大利亚的同学和朋友们，Olabode、Lara、Reza、David、路遥、王涛、严玉波、王旖旎、侯杰希、许小凡等，陪我度过留学生涯中最美好的一段时光。

2020 年 3 月于南京工业大学建筑学院